An overview
of the development
of western
modern urban
planning
theory

西方现代城市
规划理论进展概要

路 宁
周国艳　主编
于 立

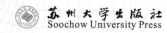

苏州大学出版社
Soochow University Press

图书在版编目（CIP）数据

西方现代城市规划理论进展概要／路宁，周国艳，于立主编. -- 苏州：苏州大学出版社，2023.9
ISBN 978-7-5672-4471-9

Ⅰ.①西… Ⅱ.①路… ②周… ③于… Ⅲ.①城市规划—理论研究—西方国家—现代 Ⅳ.①TU984

中国国家版本馆 CIP 数据核字（2023）第 149072 号

书　　名：西方现代城市规划理论进展概要
主　　编：路　宁　周国艳　于　立

责任编辑：刘　冉
装帧设计：吴　钰

出版发行：苏州大学出版社（Soochow University Press）
社　　址：苏州市十梓街 1 号　邮编：215006
印　　装：苏州市深广印刷有限公司
网　　址：http://www.sudapress.com
邮购热线：0512-67480030
销售热线：0512-67481020

开　　本：787 mm×1 092 mm　1/16　印张：14.25　字数：310 千
版　　次：2023 年 9 月第 1 版
印　　次：2023 年 9 月第 1 次印刷
书　　号：ISBN 978-7-5672-4471-9
定　　价：68.00 元

若发现印装错误，请与本社联系调换。
服务热线：0512-67481020
苏州大学出版社邮箱　sdcbs@suda.edu.cn

编 委 名 单

主　任：路　宁① 周国艳② 于　立③

副主任：周江评④ 桑　劲⑤ 陈雪明⑥

编　委：陈雪玮⑦ 刘来玉⑧ 张　泽⑨

　　　　吴　敏⑩ 顾大治⑪ 徐　震⑫

① 路　宁，男，青岛理工大学建筑与城乡规划学院讲师，博士，青岛市城乡规划学会海域海岸带学术委员会委员。

② 周国艳，女，中国-葡萄牙文化遗产保护科学"一带一路"联合实验室骨干研究员，苏州大学中国特色城镇化研究中心研究员，苏州大学金螳螂建筑学院教授，博士，注册规划师，中国城市规划学会理事，中国城市规划学会国外学术委员会委员。

③ 于　立，男，英国卡迪夫大学中英生态城市与可持续发展研究中心主任，教授，博士。

④ 周江评，男，香港大学建筑学院城市规划与设计系长聘副教授，博士，城市规划硕士项目主任。

⑤ 桑　劲，男，广州市城市规划勘测设计研究院上海分院院长，博士，正高级工程师，注册规划师。

⑥ 陈雪明，男，美国弗吉尼亚联邦大学城市与区域研究规划系主任，终身教授，博士。

⑦ 陈雪玮，女，华东建筑设计研究院有限公司规划师，博士，LEED AP。

⑧ 刘来玉，男，上海同济城市规划设计研究院有限公司城市开发规划研究院高级工程师，注册规划师。

⑨ 张　泽，男，苏州大学建筑学院讲师，博士，注册规划师。

⑩ 吴　敏，女，合肥工业大学建筑与艺术学院教授，博士，注册规划师。

⑪ 顾大治，男，合肥工业大学建筑与艺术学院副教授，博士，注册规划师。

⑫ 徐　震，女，合肥工业大学建筑与艺术学院副教授，博士。

内容提要

本书以时间为轨迹，全面地阐述了西方现代城市规划理论的演变脉络。系统性地介绍了西方现代城市规划理论的产生、发展、成熟和演变的过程，对于各个不同时期或阶段的主要思潮和论点做出了简要的论述。同时，对于现代西方的主要城市规划体系和城市规划理论类型进行了较为完整的介绍和评论。最后，通过简要地分析城市规划理论演变过程，揭示了西方现代城市规划理论在城市规划的本质性认识方面提升和发展的基本路径，也从公共政策和制度安排的角度，重点剖析了新制度主义经济学理论在城市规划领域中的运用，提供了科学评价城市规划实施成效的新思维。并就如何理解和评价城市规划的实施成效进行了理论演变的回顾，以英国为例，介绍了英国皇家城镇规划学会（RTPI）2020年的重要研究和实践成果，即基于规划成效影响的综合评价"工具包"的产生、框架和应用方法，为全面、客观、科学地评价城市规划的成效提供了富有价值的最新参考。

本书得以顺利完成，完全得益于所有参编人员的认真、敬业和负责的精神。特别值得指出的是，本书的参编者有来自国内外高等院校，有来自规划设计单位，充分反映了研究探索和实践运用兼及的立意，也是理论构想和实践相互推动的西方近现代规划数百年发展历程的映射。这是本书的特色所在。

本书由路宁、周国艳、于立负责全面统稿编撰。第一部分由路宁统稿，周江评、桑劲、陈雪明审定；第二部分由于立统稿，周国艳、周江评审定；第三部分由周国艳统稿，周江评、桑劲、陈雪明审定。

具体编写分工如下：

第一章：徐震；第二章：陈雪玮、吴敏、顾大治、刘来玉；第三章：于立、桑劲；第四章：于立、路宁；第五章：于立、路宁、桑劲；第六章：周江评、张泽；第七章：周国艳；第八章：周国艳、刘来玉。

前 言

理论是一种系统地理解、解释现实或者预测未来的方法论。《大英百科全书》中对于"理论"一词的解释为"由实践概括出来的关于自然界和社会的知识的有系统的结论"。亚历山大（Alexander）认为，理论一方面为人类理解世界奠定了基础，另一方面还为开发各种工具和技能提供了前提。实践脱离了理论的指导会出现盲从。理论用于指导实践，并在实践中不断完善或者被新的理论替代，从而更加趋向科学。

在西方的理论文献中，规划理论与实践的脱离是备受批判的一个现象。但是，理论与实践之间的差距客观存在，并非可以因此否认理论的重要性。西方的现代城市规划理论就是在和实践的相辅相成中不断得到深化、完善和发展的。

本书的内容实际上分为三大部分。第一部分以时间为序，全面、系统地阐述了西方现代城市规划理论的演变脉络。第二部分对于现代西方不同类型的城市规划体系与范式做了完整的介绍和评论。第三部分为如何理解和评价城市规划的实施成效提供了理论思路和实践参考。

本书是在编者2010年由东南大学出版社出版的《西方现代城市规划理论概论》基础上的更新版本。《西方现代城市规划理论概论》自出版以后，已被多所大学用作城乡规划课程教学的重要参考书。鉴于西方现代城市规划理论也在不断地发展，编者受到多所大学同仁的鼓励，为了更为全面、系统和及时地跟踪西方现代城市规划的理论进展，对原书的总体架构进行了结构性调整，更新并丰富了内容，增加了案例介绍，展现了理论前沿与发展轨迹。

本书不是一本纯粹的关于某种理论的研究著作，而是一本重点介绍西方现代城市规划理论演进的概要类书籍。本书因为具有全面性、系统性、通俗性和及时性的特点，为从事城市规划教学、科研、设计等人员以及大专院校的学生认识和理解西方现代城市规划理论的价值，分析性地汲取其经验提供了一个窗口，也可供从事城市规划理论和实践研究、城市规划管理和希望了解现代西方城市规划理论的专家、学者或者政府工作人员参考。

本书得以顺利完成，完全得益于所有参编、审定人员的认真、敬业和负责的精神，在此一并致谢！

目 录

第二部分 西方现代城市规划体系概述

第三部分　城市规划实施成效及其评价的理论进展与概要

引　论

一、城市规划的概念和功能

在西方国家，"规划"被认为是"文献中有最大争议的题目"[1]。它面对的是未来发展和多种选择的各种不确定性。不同的利益群体、阶层，甚至规划师之间，由于不同的认识和价值观，对于规划必然有不同的看法。在特定的社会、经济和政治背景条件下，目标的不同，需要解决的问题不同，规划也有着不同的含义。

美国规划行业协会（APA）对于规划的定义是规划就是试图通过为现在和将来创造更加方便、公平、健康、有效，以及更具吸引力的场所来改善人们的生活福利和社区质量。好的规划有助于创建一些可供人们有更好的机会来选择生活在何地及如何生活的社区。规划帮助社区成员预见其社区的发展方向，而且帮助他们在新的发展和基本服务、环境保护和创新变化之间寻找到平衡。

英国皇家城镇规划学会（RTPI）则对于"什么是规划"做了这样的说明：规划涉及同时发生的一对活动——管理互相矛盾的空间使用用途，以及营造具有价值和个性的空间场所。这些活动关注社会、经济和环境变化中的空间区位和质量。

在我国，"城乡规划是各级政府统筹安排城乡发展建设空间布局，保护生态和自然环境，合理利用自然资源，维护社会公正与公平的重要依据，具有重要公共政策的属性"①。

早在 20 世纪 60 年代以前，规划被认为是关于物质空间的一种设计"蓝图"。在相当长的一段历史时期，规划被广泛地认为是政府通过引导和控制土地利用和开发，对市场进行干预，保证公共的利益，实现公平和公正的重要手段和途径。出发点不同，对规划的认识不同。有观点认为规划是关于社会理性决策的艺术。[2]系统规划理论则提出规划是有关人类相关能力和行动的最优化。[3]一些相对狭义的观点认为对公共资源的配置和分配就是规划。[4]一个被广泛接受的有关规划的概念就是：规划是解决一些"令人头疼的问题"（wicked problems），解决这些问题的答案和办法仅能被区分为更好一点，或更差一些，很难通过实验证明是否正确。[5]

---

① 全国人大常委会法制工作委员会经济法室. 中华人民共和国城乡规划法解说［M］. 北京：知识产权出版社，2016：19.

随着人类社会的发展，在当今的社会，特别是在多元的市场经济中，规划已不再仅仅是专业规划师的任务了。其他一些利益相关者，包括开发商、投资者、社区组织、中央和地方政府及其所属的部门等，都或多或少地参与和影响了规划。

在新的世界环境条件下，一种较综合而被普遍接受的城乡规划定义就是，城乡规划是一种在社会多元群体和成员之间为实现其追求社会、经济或环境效益所达成的共识和目标的框架，是一种可以在各种矛盾和利益之间进行谈判、讨价还价或和解的机制，是能够针对未来的各种不确定因素具有灵活性的政策行动程序及实施方案或建议。

规划中很重要的一条准则就是"公平性"，即要充分体现弱势群体的利益。这也是规划师应当持有的基本价值观。城市规划是科学，更是艺术。作为一种科学，城市规划应当发挥的是"守门员"（gate keeper）的作用。通过规划科学的理性，尽可能避免某些开发造成对不可再生自然资源的破坏和过度的开采，促进城乡社会、经济和空间环境的可持续发展。

因此，规划是人们实现社会、经济和环境可持续发展的一个工具和途径。由于经济、环境和社会背景等因素的制约和变化，以及规划制定的技术手段、方法和实施过程中的各种不确定性因素，一定时期城市规划的目标既可能实现，也可能会出现偏离。城市规划本身就是一个学习的过程。

城市规划的功能和作用受到不同社会的政治、经济、文化背景的影响，也受到城市规划的整体或一般性的目标的影响。

随着市场经济的发展，当时普遍的观点认为，市场无法合理而公平地为所有的人提供"公共产品"或者说平等利用公共资源的机会，因为市场无法自行合理配置土地和空间资源，也不能自行协调社会的近、远期发展目标，所以需要政府干预市场，而规划即作为政府干预市场以解决市场失效的重要途径。进入现代社会，特别是 20 世纪 70 年代以来，由于经济、政治和社会的全球化，特别是世界各地区之间的相互竞争，规划已被定位是促进发展、提供良好的投资环境的主要手段。规划用于控制和规范开发的作用受到削弱，而作为发展促进者的作用却得到强化。20 世纪 90 年代以后，随着环境污染的问题越来越严重，以及人们对自然资源和不可再生资源的消耗的重新认识，可持续发展成为世界上许多国家的整体性目标。

要建立一个和谐、可持续的社会，规划的功能主要应当包括下面这些内容：① 合理配置土地资源，引导社会整体经济的稳定增长；② 改善投资环境和提高生活质量；③ 有效地引导物资流向和提供公共物品，以满足所有人的整体需要；④ 引导公共资金投入到那些回报率低、投资额又比较大，但有利于提高人民生活水平的领域；⑤ 实施可持续发展，保护环境资源，防止未受约束的市场和政治权力对环境和资源的破坏；⑥ 通过进行资源的再分配，建立更为公平和公正的社会秩序；⑦ 规划应当代表公众的利益，协调、控制、监督管理土地的利用和开发；⑧ 通过营建高质量的社区，促进社会、经济和环境整体效益和目标的实现。

二、城市规划面临的现实挑战

未来的不确定性是规划必须面对的一个普遍问题。有关规划的大量文献[6-8]涉及该内容。市场经济中，有关未来的唯一确定因素就是未来是不确定的，因此规划的一个主要任务就是发掘、评估和解决不确定性。规划的不确定性不仅仅表现在规划编制方面，还指规划所涉及的有关未来发展和实施过程中的不确定性。

克里斯坦森（Christensen）用一个矩阵说明规划中的各种不确定性，提出了规划可能面对的四种情况[7]：① 技术方法明确，目标一致；② 技术方法不明确，目标一致；③ 技术方法明确，目标不一致；④ 技术方法不明确，目标不一致。

明格斯和罗森黑德（Mingers & Rosenhead）提出了规划过程中解决不确定性的战略方法[9]。这种方法是为了管理多元社会中，各利益主体和个人之间在决策和规划制定过程中潜在的不确定因素。规划之所以面临这些不确定性，主要是因为存在影响个体或组织决策行动方面的三种类型的不确定因素，即工作环境的不确定性、指导价值的不确定性和相关政策方案的不确定性。在第一种类型，即工作环境的不确定性中，参与决策或规划的人员需要通过调查、测量、研究和预测获得更多的信息和资料。第二种类型，即指导价值的不确定性，是城市规划中应考虑和执行的政策不明确。这需要得到政府有关部门更多的政策澄清。第三种类型，即相关政策方案的不确定性，实际指的是来自不同决策者所制定的政策之间的协调问题。在实践中，规划师们所遇到的问题经常是相互交错在一起的。认为解决这些不确定性影响的战略方法的核心是建立"决策范围"的模式。决策领域是关于参与决策（规划）的有关人员或部门针对未来所选择的各种行动的可能性考虑。每个决策范围首先需要得到各方面的认同，之后才能开始战略方法的实施。要解决决策范围的问题，就需要进行模式设计和模式比较。① 而模式设计和模式比较正是规划理论存在的缘由和目的。

三、城市规划理论的类型

（一）程序规划理论和实体规划理论

在规划理论的文献中，存在关于程序规划理论和实体规划理论的争论。程序理论被

---

① 模式设计就是针对具体的问题，决策者们说明他们认为可行的行动过程。在这个阶段，他们将就具体问题进行讨论和争论。通过讨论确定某些政策上或技术上的制约因素，及其可能对规划行动和政策的影响。在需要解决的问题上达成一致并确定可处理的决策领域后，下一步是在选择的每个决策领域中，就一系列选择方案达成一致。每个选择方案都应进行可行性比较。决策领域之中，当确定两个或更多的选择方案之后，应针对所需要解决的问题，对各个决策范围的选择方案进行比较，最终得出最适宜的方案。在模式比较过程中，决策者阐述他们所考虑的对不同的规划行动过程所进行的比较。为了便于比较，有必要建立一套标准，以便决策者们采用共同的评估办法进行讨论。

称为规划的理论（theories of planning），而实体理论则被称为规划中的理论（theories in planning），程序理论是定义和说明了有关决策和方法论等，涉及的是与规划相关的多学科理论，且主要关联到城市土地利用。该理论运用了更广泛的专业知识，借鉴了政治学、经济学、地理学、社会学和建筑学等领域的理论和观念。其关注的内容十分广泛，例如郊区化现象、城市复兴与改造等。

法卢迪（Faludi）曾提出："规划师应当把程序理论看作实体理论的'外套'，将实体理论包含在程序理论之中。"[10] 这个观点受到广泛批评，被认为这实际上是提倡非政治化的规划，将规划视为一种纯技术性的与政治无关的活动。这是一种狭隘的专业解释。因为在现实世界中，非政治化和纯技术性的规划是不可能存在的。就规划师本身而言，规划师的建议、方案受到自身教育和成长的背景的影响，受到业主的影响，还受到规划师所处社会、经济和政治环境的影响。后来，法卢迪也不得不承认："没有绝对的理性规划……因此谈客观的理性是毫无意义的"[10]。在实践过程中，我们不能把方法和结果分离。

（二）规划效能（performance）理论

规划效能理论由荷兰的学者们创立，马索普和法卢迪（Mastop & Faludi）[11]、朗热（Lange）[12]、达姆（Damme）[13]、尼德汉姆（Needham）[14] 等在 20 世纪 90 年代，都为理论的建立做出不少的贡献。传统的规划评价主要是根据规划实现的程度进行规划的评估。但是，在多元利益群体和价值观不断变化和不确定的环境里，城市规划在实施中脱离原规划的具体方案，甚至是偏离既定的目标也是完全可能的。从规划自身的特点来看，综合性、系统性使城市规划的效能评价呈现出复杂性。因此，有必要重新探索和建立评价规划效能的标准，其前提就是对城市规划的重新认识。这就是规划效能理论产生的原因。

四、西方现代城市规划理论分期

城市规划理论的发展是多种社会思潮推动的结果。正如尼格尔·泰勒（Nigel Taylor）在其 2006 年的著作《1945 年后西方城市规划理论的流变》（*Urban Planning Theory Since* 1945）中所表达的观点，"如果以为规划思想的发展是按这种逻辑发生，或简单地说它们是规划思想自我完善的结果，那就太天真了。事实上，是在更大的范围的多种社会思潮的推动下，促成了这个新理论的成长"[15]。城市规划理论的演化也就是基于社会经济中市场、政府与公民相互关系变化而引发的关于城市规划的假设，或观念的重新组合。[16] 学术思想和社会发展环境均是城市规划理论生长的土壤。

近年来，国外学者中从发展演变的角度介绍西方现代城市规划理论的不乏其例，但普遍缺少一个明确的主线或完整的框架，或是在关注规划过程的同时忽略了规划的本体，或是基于"后现代"这类不太明确的界定。例如，尼格尔·泰勒认为城市规划理论已经从现代主义转向后现代主义。[15] 耶夫塔克（Yiftachel）将城市规划理论分为两个阶段。[17] ① 20 世纪 60 年代之前，规划理论主要关注三类问题：其一，什么是城市规划，或称之为分析性的争论（the analytical debate）；其二，什么是好的城市规划方案，或称之为城市形态的争论（the urban form debate）；其三，什么是好的规划过程，或称之为程序的争论（the procedural debate）。此三者在不同的社会语境下相互影响，共同发展。② 20 世纪 60 年代之后，规划理论处于范式缺失（breakdown）的多元阶段，此阶段的城市规划理论明显开始分散，并相互交叉。希利（P. Healey）等对 20 世纪 70 年代以来的主要城市规划理论进行了分析，包括渐进主义、社会规划与倡导规划、政治经济学派、新人文主义、实施与政策、实用主义，并描述了不同理论之间的关系。[18] 弗里德曼（Friedmann）则按照时间顺序提出了四种规划思想传统[2]：① 作为社会改革（social reform）的规划，源于乌托邦思想，即预先设想一种理想社会形式，在现有体制内引导社会改良；② 作为社会动员（social mobilization）的规划，源于马克思主义，通常在社会转型期流行，关注社会解放、弱势群体等激进目标，针对体制本身；③ 作为政策分析（policy analysis）的规划，源于二战中发展起来的管理科学，关注公共事务管理，用实证分析、定量统计、决策等科学方法来解决社会问题，注重方法的客观性而非价值观；④ 作为社会学习（social learning）的规划，源于实用主义和马克思的实践观点，试图克服理论与实践、知识与行动间的矛盾，认为规划的精髓是行动。

国内学者通常认为，当代西方的规划思想深深根植于"现代性"的启蒙传统中，理性始终是西方规划理论演变背后的"内核"和"原动力"。例如，王丰龙等认为，近百年来西方规划理论范式围绕"理性"大体经历了四次重大的转变，并分别将其命名为"经验理性范式""工具理性范式""价值理性范式""沟通理性范式"。[19] 另外，有学者指出，理性在不同的历史时期有着不同内涵，从古典主义、中世纪、文艺复兴、启蒙运动、现代主义，到后现代主义时期，理性的内涵在西方世界发生了深刻的变化。[20] 有学者则从理性思想在城市规划中的内涵演变角度总结了从工具理性到有限理性再到交往理性的发展脉络。[21] 此外，何明俊将西方近现代城市规划理论分为三个阶段[22]：① 19 世纪至 20 世纪初，是自由资本主义时期、城市化和工业化初期。该时期的学术思想是结构与功能主义，规划模式为物质规划（physical planning）。② 二战后至 20 世纪80 年代，是城市化和逆城市化时期。受到福利国家和干预主义思想的影响，该时期的学术思想为干预主义与理性主义，主要的规划模式为理性规划（rational planning）和倡导式规划（advocacy planning）。③ 20 世纪 80 年代以后，是后工业化和再城市化时期。基于新公共管理和政府治理的思想，强化公民权是该时期城市规划的重要特征，对公民权的追求，从公众参与转向协商民主、合作沟通，主要的规划模式为合作规划（collaborative planning）。也有学者从应对不同时期城市化问题的角度总结了自现代城市规划诞生起西方城市规划理论演变的六次转折（仇保兴）[23]；或是从多元利益主体参与的公共政策视角，分析了 20 世纪 60 年代以来西方城市规划理论从渐进主义到倡导式规划再到沟通式规划和协作式规划的演进脉络（李东泉）[24]。

在前人理论著作的基础上，从历史和逻辑两个角度反思规划理论的演变规律，可以发现，前者强调按时间的背景、事件和主要观点，而后者更强调逻辑的连贯性。经过归纳和比较，大体得到以下基本结论：

二战后，由于经济恢复和战后重建的需要，规划的定义主要集中在物质空间层面的描述，认为"规划是一种物质空间形态的规划与设计行为"，城市设计是城镇规划的核心，是表达城市土地使用和空间形态结构的"终极蓝图"[25]。就内涵而言，即城市规划是一种"技术"行为，这种行为本身不带有政治性。在这一定义下，当时的很多规划师具有建筑师背景，很多城市规划论文也集中在对城市设计的论述。

20世纪50年代，西方出现了对规划性质的质疑以及对物质空间规划重点的争议，人们开始对规划的涵义有了新的诠释。布赖恩·麦克劳克林（Brian McLoughlin）从系统的角度出发，对先前的理论进行了修正，指出城市规划就是"从系统角度出发，对城市及区域范围进行分析和控制"[26]。此后，更多的城市规划学者开始强调规划的人本主义方面，规划成为一项政策评估活动。如诺顿·朗（Norton Long）提出了规划的政治属性——"规划就是政策"，即问题不是规划是否会反映政治，而是它将反映谁的政治。[27]保罗·达维多夫（Paul Davidoff）强调规划的价值属性，提出"规划是一个过程"[28]，并将公众参与机制正式引入法定规划中。1977年，国际现代建筑师大会发表《马丘比丘宪章》，正式摒弃了功能理性主义的思想基石，宣扬社会文化论的基本思想，城市规划的发展转向对公共部门规划所面临的主要问题的讨论。

20世纪80年代开始，伴随着哲学和社会学中的沟通理论和结构化理论的出现，规划也成为一个承载着沟通道德规范的"沟通过程"[29]。在此基础上，大量的规划理论学者开始关注规划的制度方面和面对权力的对话，规划师的角色从倡导者转变为沟通和谈判者，对规划的定义亦相应地有所调整。

目前西方主流的沟通规划理论根植于后现代的社会和哲学背景，试图用差异对抗理性的总体化，用合作来达到一致的行动。[30-32]它反对实证主义建立在真实基础上的系统化和普遍化，而更倾向于在后实证主义语境下利用语言的"生成意义"（making meanings），认为规划不是在寻求揭示现实，而是为我们所理解的实用性目标服务，故倾向于一种实用主义的准则——视规划的基础为解决问题并使事情发生。[33]但是，这种理论需要严格的"理想的言谈情境"，并不可避免地受到权力和政治经济结构，以及空间形式的巨大影响，社会权力本身就包括控制和引导沟通的能力，而这难以仅仅通过对话加以改变。[34]另外，当前的全球经济动荡也必然会对规划理论产生巨大的影响。

需要指出的是，就方法本身而言，类型划分是有局限性的。正如史舸等指出[35]：第一，任何类型划分及其所建立的概念和范畴总是有条件的、相对的，而现实世界总是动态发展的；第二，任何类型划分只是根据某方面属性对事物进行相对固定的划分，不能全面反映事物之间的多种联系和区别；第三，任何类型划分都很难应对那些亦此亦彼（中间状态、混合状态）的事物。

第一部分

西方现代城市规划理论及其历史沿革

第一章
西方现代城市规划理论的早期探索

　　现代城市规划最早萌动于 1830 和 1850 年间，而且不是在建筑师的事务所，事务所正在忙着讨论用古典主义风格还是用哥特风格作典范的问题，对工业及其产品不屑一顾。现代城市规划产生于工业革命所带来的不便，技术人员和卫生改革家试图通过自己的工作使现状有所改善。最早的卫生法并没有很深的基础，可是，当代城市规划立法的复杂结构却是以此为依据的。

——本奈沃洛《西方现代建筑史》[36]

　　据学者考证，现代意义上的"城市规划"（在英国主要称"town planning"）一词到 20 世纪初才出现。现代城市规划的诞生及在城市发展过程中发挥作用，是现代社会发展过程中的重要事件。

　　现代意义上的城市规划较之于古代的、传统意义上的城市规划，有着更多新的内容。首先，现代城市规划更注重对社会经济的考量，而不同于传统城市规划更多关注建筑物的布置，那仍属于建筑学的范畴。其次，城市规划在城市发展中的作用及其功能发生了变化，从纯粹的对建筑物的安排转变为对城市问题，尤其对城市卫生问题的解决，更注重城市公共设施的配置和对城市社会发展的控制。最后，城市规划自身性质不断变化，从建筑师的"图画"到社会改革家的理想阐述，再到以理想来改造社会现实的城市发展管理。城市规划根据城市发展方向，界定城市建设的结果，最终成为一种公共政策。

　　从城市规划作为社会实践的角度来看，城市规划制度基本上是从资本主义社会中内生出的制度，是以哈耶克所说的"自发秩序"为基础而发展起来的。城市规划的发展过程总的来说是由两方面所推动的，亦是两方面力量相互作用的结果：一是资本主义工业发展的迫切需要；二是国家对资本主义自由发展而导致的社会不平等、矛盾、危机等作出的反应。现代城市规划作为一种社会机制，就产生于资本主义自由市场经济力量，以及对健康性城市的实践性追求并建立公平秩序的社会力量的两者抗衡之中。

　　现代城市的形成是由各种因素共同作用的结果。其因素，我们可以借用恩格斯在论述人类历史发展过程中所提出的观点来说明："经济的前提和条件归根到底是决定性的，但是政治等的前提和条件，甚至于那些存在于人们头脑中的传统，也起着一定的作用，虽然不是决定性的作用"，"最终的结果总是从许多单个的意志的相互冲突中产生出来的，而其中的每一个意志，又是由许多特殊的生活条件，才成为它所形成的那样。这样就有无数互相交错的力量，有无数个力的平行四边形，而由此就产生出一个总的结果，即历史事变。这个结果又可以看作一个作为整体的、自觉地和不自觉地起着作用的力量的产物"[37]。

一、现代城市规划产生的背景

（一）政治背景——资产阶级革命

中世纪后期的城市文明和商业的发展，推动了市民中商人阶层的兴起和发展，现代意义上的资产阶级开始形成。资产阶级在经济和社会支配方面力量的不断提升，改变了西方社会中的政治结构，资产阶级为了获得与其经济地位相适应的政治地位，为了改变封建制度对自由市场经济发展的限制，奋起反对以国王为代表的君主政体，由此而产生的资产阶级革命，完全改写了西方的政治历史格局，并为以后的发展建立了制度性的框架。

资产阶级革命的第一阶段是英国革命。这次革命以建立起代议制立宪政体而告终。英国革命的主要意义在于确立了自由主义的原则，提出天赋人权（一切政治权力均由人民授予）、成文宪法、宗教自由等政治主张。这一革命运动表明其强调人民的权利理念基本成型。这是英国革命在政治史、思想史和社会史上具有重大意义的关键所在。

1789 年爆发的法国大革命较之于英国革命影响更大，它导致更大的经济变化和社会变化，原有民族国家内部政体全面颠覆。法国大革命不仅标志着资产阶级的胜利，也标志着广大民众的充分觉醒。法国大革命中产生的《人权宣言》阐明了关于自由、财产和安全的基本原则，"自由、平等、博爱"的口号传遍整个欧洲及全世界，成为资本主义的终极理想。

美国革命的起因是帝国权力和殖民自治这两股势力之间的对抗，但其价值并不在于创造了一个独立的国家，而在于充分体现了启蒙运动这场思想革命的深远意义。美国革命所导致的变革并不像法国大革命所带来的变化和影响那样广泛和深远，但一个独立的共和国在美洲的建立被广泛解读为：启蒙运动的思想是切实可行的，有可能制定一种在个人权利基础上的切实可行的政体。

资产阶级革命基本奠定了当今西方主要国家的政体结构及其基础。这一结构及其基础即现代城市规划形成的社会政治基础，完整意义上的现代城市规划就是在此基础上生长出来的。如果没有资产阶级革命及资本主义制度的建立，工业革命之类奠定现代化基础的一系列社会变革是不可能得到充分发展的。现代城市规划实践及其制度框架和具体内容首先是作为社会管制的组成部分而逐渐建构起来的，这也是资本主义社会制度的内在功能要求之一。另外，资产阶级所依据并不断深化的基本思想体系是现代城市规划思想体系的重要渊源，支配着现代城市规划的走向，又为现代城市规划所实践。

（二）技术背景——工业革命

工业革命指的是 18 世纪以来最先在英国物质生产领域出现的生产工具、劳动方式及相应的经济组织的大变革，亦称产业革命。从英国发起的这场技术革命开创了以机器代替手工劳动的时代。这场革命以工作机的诞生开始，以蒸汽机作为动力机被广泛使用为标志。这一次技术革命和与之相关的社会关系的变革，被称为第一次工业革命或者产业革命。从生产技术方面来说，工业革命使工厂制代替了手工工场，用机器代替了手工劳动；从社会关系方面来说，工业革命使依附于落后生产方式的自耕农阶级消失了，工业资产阶级和工业无产阶级形成并壮大起来。工业革命也对城市造成了巨大的影响。

工业革命在欧洲以资本主义的机器大工业代替了以手工技术为基础的工场手工业，是生产技术上的革命，又是社会生产关系的重大变革。其意义与影响远不止经济领域，而直接涉及社会结构、法律制度、阶级关系、价值观念乃至大众生活方式等，是一场深刻的革命。马克思在《哲学的贫困》中说，"手推磨产生的是以封建主为首的社会，蒸汽磨产生的是以工业资本家为首的社会"，这正是工业革命所具有的在社会整体上的划时代意义。在此基础上，人类才开始真正进入现代社会。

1. 英国工业革命

英国最早具备发生工业革命的条件。17 世纪和 18 世纪，英国的工场手工业在棉织、采矿、冶金、制盐、玻璃等行业中迅速兴起。工场手工业内部的分工也同时发展起来，生产技术不断改进，劳动工具日趋专门化，为过渡到大机器生产准备了物质技术条件。英国资产阶级革命的胜利，为资本主义工业革命提供了有利的政治条件。

英国工业革命始于 18 世纪 60 年代，到 19 世纪 40 年代基本完成。工业革命给英国带来深刻的社会变化：① 在工业革命过程中，英国从农业国发展为工业国，为英国成为世界工厂奠定了基础，但 1825 年后便开始出现周期性经济危机。② 出现无产阶级和资产阶级两个对立阶级，在宪章运动中，无产阶级已达到自觉反对资产阶级的水平。③ 人口从东南部迁移到北部，伯明翰-利物浦-赫尔三角地带成为人口最稠密的区域，除伦敦外，英格兰所有大城市均在此地区内。④ 工业进一步集中，且在集中区内还有不同分区，如毛纺织业集中于约克郡的西区。

2. 欧洲大陆工业革命

与英国比较，欧洲大陆工业革命的特点为：① 除德国、法国、丹麦、瑞典部分地区发生类似英国的圈地运动外，其他地区都没有出现这种运动；易北河以东、西班牙和意大利南部大地产占优势（都存在农奴制残余），农业增产与之有关。除此之外，其他地区主要是转变为资本主义的、集约化的家庭农场，起着增产的作用。② 国家干预程度较高，尤以重工业和机器制造业为甚。③修筑铁路一般与工业革命同时进行，甚至用铁路的修筑来带动工业革命。

西欧最早发生及完成工业革命的是比利时。拿破仑一世占领时期开始冶铁业工业革命，到19世纪40年代工业革命已完成，其机器能与英国竞争。1833—1834年开始兴建铁路。法国在18世纪末开始资产阶级革命后，通过统一度量衡和关税来统一国内市场。革命彻底摧毁了封建土地所有制，使本已在巴黎周围开始出现的近代集约化家庭农场得到发展，农业生产力得到提高。1850年已有铁路5 000公里。1830—1860年间，法国工业尽管绝对数字不及英国，但发展速度已超过英国。它的工业只集中在几个地区，人口流动没有英国明显，而农业在国民生产中的比重一直相当大。到19世纪60年代后期，法国工业革命已经完成。德国工业革命在19世纪40年代末期大为发展。棉纺织业中心在巴伐利亚、符腾堡和巴登诸邦，1847年始用蒸汽机作动力，19世纪50年代出现股份公司办的大工厂。重视重工业是德国工业革命的突出特点，铁路处于重要地位。到19世纪80年代，德国完成工业革命。

3. 工业革命对城市发展与城市规划的影响

随着工业革命的进程，工业文明这一根本不同于农业文明的新型文明逐步形成，其基本特点是以煤、石油、电等新能源为动力，以机器为工具，以工厂、公司为经济组织，以市场经济为经济形式，它不同于农业社会人靠体力与简单工具而进行劳作，而是具有高得多的生产力，其差别不仅在于劳动方式，还关乎经济组织、社会结构和活动。

19世纪的工业化促成了大规模的城市化，工业革命"把农民和牧民变成消耗非生物能的机械的奴隶。工业革命直接促进了城市化进程，把世界人口越来越多地引向城市地区"[38]。

1600年，英国只有2%的人口居住在城市之中；到1800年，有20%的人口居住在城市之中；而到了1890年，英国城市人口已占全国的60%。尤其是在大城市和工业城市，人口的增长则更为显著。如伦敦，1801年时人口为100万左右，到1901年发展至650万。而工业城市曼彻斯特比同期增长了8倍，从7.5万人增长到60万人。在美国，从1790年到1890年的100年间，城市人口从占总人口比重的5.1%上升到35.1%，城镇数量由24个激增至1 348个。其中人口大规模的增长主要体现在重要的港口城市，如纽约、波士顿、巴尔的摩和费城。

世界各地的城市以极快的速度发展，世界城市人口占总人口的比重由1800年的3%上升到1900年的13.6%，到1914年时，西方的许多国家，如英国、比利时、德国和美国，已使它们的绝大多数人民生活在城市里。19世纪城市化速度可见下表（表1.1）[39]。

表 1.1　城市的人口变化（以千为单位）

城市	人口数					
	1800 年	1850 年	1880 年	1900 年	1950 年	1950 年
纽约	64	696	1 912	3 437	7 900	13 300
伦敦	959	2 681	4 767	6 581	8 325	10 200
东京	800	365	1 050	1 600	5 425	8 200
莫斯科	59	250	612	1 000	4 700	6 500
上海	30	76	612	1 000	4 700	6 500
布宜诺斯艾利斯	40	50	236	821	3 290	5 300
孟买	200	600	773	776	2 180	3 050
悉尼	8	20	225	482	1 775	1 700
开普敦	20	不详	35	77	440	575

（三）思想文化背景——启蒙运动

　　启蒙运动是 18 世纪发生在欧洲的一场反封建、反教会的思想文化革命运动，它为资产阶级革命作了思想准备和舆论宣传。它最初产生在英国，而后发展到法国、德国与俄国，此外，荷兰、比利时等国也有波及。启蒙运动的中心在法国。法国启蒙运动的领袖是伏尔泰，他的思想对 18 世纪的欧洲产生了巨大影响。所以，后来的人曾这样说："18 世纪是伏尔泰的世纪。"法国的启蒙运动与其他国家相比，声势最大，战斗性最强，影响最深远，堪称西欧各国启蒙运动的典范。

　　启蒙运动是文艺复兴时期资产阶级反封建、反禁欲、反教会斗争的继续和发展，直接为 1789 年爆发的法国大革命奠定了思想基础。启蒙思想家们发展了人文主义者的思想，进一步从理论上证明封建制度的不合理，从而提出一整套哲学理论、政治纲领和社会改革方案，要求建立一个以"理性"为基础的社会。他们用政治自由对抗专制暴政，用信仰自由对抗宗教压迫，用自然神论和无神论来摧毁天主教权威和宗教偶像，用"天赋人权"的口号来反对"君权神授"的观点，用"人人在法律面前平等"来反对贵族的等级特权，进而建立资产阶级的政权。启蒙运动既是文艺复兴时期新兴资产阶级反封建、反教会斗争的继续和深化，也是资产阶级政治革命的理论准备。启蒙运动本质上是一场思想革命，启蒙运动中所提出的一系列思想成为现代社会的基本准则。甚至可以说，现代社会的思想体系就是由这一运动所倡导的基本思想建构起来的。

　　启蒙运动对于现代城市和城市规划的意义主要表现在以下两个方面：

　　一是启蒙运动及其所推动的理性主义思想创立了现代城市规划的方法论基础。现代理性主义的创始人是笛卡尔，笛卡尔认为由感官经验获得的知识是靠不住的，只有凭借理性才能获得确实可靠的知识。笛卡尔以城市为例，说明建立在自我意识基础上的理性才是可靠的，"那些原来只是村落，经过长期发展逐渐变成都会的古城，通常总是很不匀称，不如一位工程师按照自己的设想在一片平地上设计出来的城镇；虽然从单个建筑物看，古城里常常可以找出一些同新城里一样精美，或者更加精美的建筑，但是从整个布局看，古城里的房屋横七竖八、大大小小，把街道挤得弯弯曲曲、宽窄不一……单靠加工别人的作品是很难做出完美的东西的"[40]。经启蒙运动时代哲人们的阐述与推进，理性主义逐步成为社会的基本价值观。启蒙思想家将理性主义带离自然科学界而导向了社会和人类，孟德斯鸠在《论法的精神》一书中强调地理环境、气候和土壤对社会的影响，是一种典型的物质决定论。在后来的启蒙思想家的著作中，对机械的物质决定论则有着更为广泛的宣传。霍尔巴赫在《自然的体系》中谈道："在宇宙中，一切都必然在秩序中，一切都按照存在物的性质活动和运动……在这个自然之中，没有偶然，没有属于意外的事物，也绝没有充分原因的结果，一切的原因都遵循着固定的、一定的法则而活动。"启蒙思想及其理性主义思想奠定了现代城市规划早期物质空间决定论的思想基础。

二是自由与平等精神推进了对于城市整体问题的思考。平等和自由历来被视作人的基本权利，甚至是民主的真谛。从中世纪后期新型城市文明中就已经孕育了自由的精神。启蒙运动之后，自由的含义更加宽泛。法国 1789 年受启蒙思想影响而通过的《人权宣言》第一条即为："在权利方面，人们生来而且始终自由平等。只有在公共利用上面才显示出社会的差别。"在这个时期，社会的不平等是建立在传统的社会结构基础上的，因此，要取得社会成员间的平等和自由，就需要全面地改变社会的结构，这既是资产阶级的使命，也是资产阶级革命的成果。而在取得革命胜利后，就需要对社会的整体进行全面的重组，这样才能实现资产阶级的平等、自由的理想。

城市是社会的重要组成部分。由于人的自由与平等，社会中的每一个人都应当享受相同的条件，这必然引发对城市社会中所有人的生活环境的关注。传统的建筑学及城市规划大多局限在一个较小的领域和地区，对其物质空间进行改造，如市政厅等地区，但对于城市中的一般地区和平民居住的地区，特别是城市中拥挤不堪的贫民窟地区则是不闻不问的。在人人生而平等的思想影响下，更多地从城市整体，也就是从构成城市的所有人出发来考虑城市问题，成为这一时期内关注社会改革的思想家和实践家的核心工作内容，并进而推动了从城市整体及创造城市整体环境的角度来综合考虑城市问题。

（四）西方近代社会背景下的城市状况与城市问题

人们通常把农业的产生称为第一次产业革命，它使人类社会出现了固定的居民点。以瓦特发明蒸汽机为标志的近代产业革命则被称为第二次产业革命，它完全改变了城市发展的进程，使城市在人类社会的发展中起到决定性的作用。"农业革命使城市诞生于世界，工业革命则使城市主宰了世界。"[38]

工业革命之前的城市通常具有如下的特点[41]：

① 城市比较小，人口在 10 万人以下，人口增长速度缓慢。

② 城市中心为市政厅或宗教活动场所。

③ 城市中存在三重结构：贵族居住在市中心，商人和手工业者等一般市民居住在市中心周围，最底层的阶级如奴隶、少数民族和宗教团体则居住在城市最边缘。这些阶级分离还在区位、语言、着装、举止等方面得以加强。

④ 城市中没有土地使用的专门化，所有的土地都是多用途的，不存在生活和工作场所的分离。

⑤ 经济活动的开展由各类行会管理。

工业革命以后，城市人口以令人难以置信的速度增长。其结果是，在任何一个新的城镇中都存在极度的贫困、过分的拥挤和健康的恶化。利物浦有六分之一的人口居住在"地下室"，城市中高密度的、背靠背式的居住形式非常普遍；没有公园等城市公共空间，河流被用作敞开的下水道；出于追求土地商业利用最大化的目标，每一块土地上都尽可能建造了更多的住房，这导致了交通情况的恶化与公共服务设施的缺失；环境污染严重，卫生状况恶劣，工业城市中的人口预期寿命远低于农村地区。城市在缺乏规划和引导的状况下自发地建设和扩张。工厂集中在城市中，工厂的外围修建了简陋的工人居住区，也相应地聚集了为他们生活服务的各类设施。之后随着城市的进一步发展，又在这些居住区外围修建了工厂和相应的居住区，这样圈层式地向外扩张，成为工业化初期城市发展的典型状态。在这种条件下，产生了后来被称为"城市病"的大量城市问题。"城市病"主要体现为以下几方面问题：

① 城市人口急剧增长。大工业的生产方式，使人口像资本一样集中起来。城市人口以 5 倍、10 倍的速度猛增，如纽约的人口自 1800 年开始的 50 年内增长了近 9 倍，1850 年后的 50 年内又增长了近 5 倍，其他欧洲城市人口也以 3 到 5 倍的速度急剧增长。伴随着工业化和城市化的进程又出现了人口向大都市集中的明显趋向，这亦给社会带来了巨大的变化。

② 城市环境与卫生恶化。随着城市人口的快速增长，城市中居住设施严重不足，旧的居住区沦为贫民窟。同时由于市区内交通设施严重短缺，需要提供廉价的距工作地点在步行距离以内的住房，于是便出现了许多粗制滥造的住宅，由于房地产投机商和政府对工人住房缺乏重视，这些住房连基本的通风、采光都不能满足，且人口密度极高，公共厕所、垃圾站等严重短缺，排水设备落后、不足、年久失修，污水中垃圾堆积导致传染病流行。正如芒福德所说的："在 1820 年至 1900 年间，大城市里的破坏和混乱情况简直和战争时一样……工业主义产生了迄今以来从未有过的极端恶化的城市环境。"而这一时期多次发生的流行性传染病的大规模传播，给城市社会乃至整个经济制度的稳定发展带来了极大的压力，甚至影响到了生产和社会的正常运行。尤其是 19 世纪 30 年代蔓延于英国与欧洲大陆的霍乱被确认为首先发生于这些贫民区和工人住宅区，则更是

引起了社会和有关当局的恐慌。随着对城市问题的关注和生活水平的相对提高，要求提供更为普遍的洁净用水、减少甚至取消就近排水等呼声日益高涨，解决这些问题需要有覆盖全城的管道系统。

③ 城市结构与布局失调。在封建社会内部发展起来的早期资本主义城市，其城市结构和空间布局与先前封建城市相比无根本变革，有一些建设较好的巴洛克和古典主义城市尚有较好的布局和秩序，但工业革命之后出现了大机器生产的工业城市，引起城市结构的根本变化，破坏了原来脱胎于封建城市的那种以家庭经济为中心的城市结构与布局。城市中出现了大片的工业区、交通运输区、仓库码头区、工人居住区，城市以交通枢纽（火车站、码头等）为中心组织，完全不同于旧的传统城市格局。城市规模越来越大，城市布局越来越混乱，城市环境与面貌遭到破坏，城市绿化与公用设施异常不足，城市处于失控状态。

④ 城市土地开发与使用失控。政府缺乏对土地使用的统一管理，造成城市开发的混乱状况。工厂紧挨着住宅，公共设施周围出现了贫民区，绿地被各式各样的服务设施侵占等。城市土地成为资产阶级榨取超额利润的工具，土地因在城市中所处位置不同而地价悬殊。土地投机商热衷于建造更多的大街和广场，形成一块小街坊，以获取更多的临街面用于高价租赁。在城市改建过程中，大银行、大剧院、大商店临街建造，后院则留给贫民居住，这使城市中心地区形成大量建筑质量低下、卫生条件恶劣、不适于人们居住的贫民窟。

⑤ 城市阻塞严重，交通失控。19 世纪城市中出现了铁路，19 世纪下半叶又出现了地铁、有轨电车、电车和轻轨铁路等运输方式，新的交通方式基本上都需要固定的线路，需要建立大量固定设施及相应的交通枢纽。城市道路一改之前匀质的网络结构，以交通枢纽为中心与结点展开组织，道路组成形式发生了巨大变化。中世纪形成的适应于马车的街道空间在工业时代已不敷使用。街道空间尺度狭小，不堪使用，在新的土地开发中又未充分注意这一问题，有的城市还开辟了对角线街道，使交通更加复杂。特别是铁路线引入城市后，交通更加混乱。

⑥ 城市品质与美学水平失态。城市环境与卫生状况的恶化、人口的增长必然反映为城市面貌的失态和城市美学的急剧下降。"焦炭城"等新兴工业城市极端地表现了城市生活环境恶化的问题（图 1.1）。查尔斯·狄更斯在《艰难时世》中对此有形象的描写："这是个一色红砖房的城市，那就是说，要是烟和灰能够允许这些砖保持红色的话；但是，事实摆在面前，这个城市却是一片不自然的红色与黑色，像野蛮人所涂抹的花脸一般。这是个到处都是机器和高耸的烟囱的城市，无穷无尽的长龙似的浓烟，一直不停地从烟囱里冒出来，怎么也直不起身来。这里有一条黑色的水渠，还有一条河，里面的水被气味难闻的染料冲成深紫色。"[42]即使在伦敦等大城市，同样的问题仍然存在，而且当时伦敦已被认为是不宜居住的地方。

图 1.1　焦炭城的景观

图片来源：罗小未．外国近现代建筑史［M］．北京：中国建筑工业出版社，1996．

凡此种种"城市病"的表现，其根源在于经济基础与生产方式的改变，随着资本主义的发展"城市病"问题越来越突出，既危害了普通市民的生活，亦妨碍了资产阶级自身的利益，引起了统治阶级、社会开明人士和知识分子的恐惧，因此对城市的改造和管理刻不容缓。

二、近现代西方城市建设与管理实践

工业革命之后，城市产业集中，交通汇聚，破产的农民拥进城市成为产业工人，城市各种功能的质量都大幅下降，城市改造和新建的需求日益急迫。在这种状况下，开始了现代城市的早期发展，主要是以旧城区的改造形式进行,① 同时出现了带有城市规划雏形的空想社会主义社区和公司城建设实践。

（一）英国伦敦的早期改建

1．第一次改建与克里斯托弗·雷恩的规划

1666 年，伦敦发生了一场毁灭性的大火，三分之二的伦敦城市建筑被焚为灰烬，为改建提供了机遇。克里斯托弗·雷恩提出并主持了伦敦重建规划（图 1.2）。规划的

---

① 　该时期的城市建设与管理实例除首都的规划外，还有一些大城市的建设实践和城市公园建设实例，也具有一定的影响力。受篇幅限制，本节主要介绍一些首都建设案例。

街道网基本是方格形的，开辟了笔直的道路，设置了三个几何形的广场，一个是圆形的，在郊外，汇聚八条大街；一个是三角形的，为圣保罗教堂所在地，有两条道路斜向交汇；最重要的中央广场位于城市中心，为长圆形，皇家交易所居于正中，周围分布着邮局、税务署、造币厂和保险公司等。几条放射形商业大街贯穿了城市，而交汇到泰晤士河岸的海运码头，反映出海外贸易在英国经济中的地位。规划图解了资本主义经济和海外贸易的发展，反映了资本主义城市经济发展的要求，预示着资产阶级市场经济时代的来临，城市规划的核心思想是对城市经济职能的高度重视。

图 1.2　1666 年克里斯托弗·雷恩等伦敦重建规划

图片来源：L. 贝纳沃罗. 世界城市史［M］. 薛钟灵，等译. 北京：科学出版社，2000.

这个规划具有划时代的意义，在历史上第一次表明了资本主义对于城市布局的控制，但由于当时王权的薄弱、土地所有权的冲突和经济的拮据而最终没有得到实施。伦敦仍然在匆匆忙忙中混乱地建起来了，只是街道有所拓宽，房屋采用砖石等耐火材料等，重建后的街道和房屋都适合商业，兴建了海关和交易所，规模都很大，反映了新的社会经济状况。

2. 第二次改建

从 1811 年开始，英国政府和伦敦市政府委托建筑家约翰·纳什主持伦敦的新一轮改建工程。此次改建的特点在于在伦敦市内形成主要轴线，并安置了城市公园。纳什把摄政王大街、公园大道连成两公里长的主轴线，所有交叉口都设计了广场，路旁罗列商店、银行和公共建筑，形成伦敦新的城市中心，利用这个规划把伦敦的金融、商业和高级住宅区相连。伦敦市中心从王宫开始展开一条宽阔的大道，并以此为主轴在其中安置了一个自然风致式园林，称摄政公园；从南到北把伦敦市中心分成两边，并将原有的农田纳入公园的范围内，后来又加以扩大，向南建造了摄政大街（图 1.3），直达圣·詹姆斯公园，将摄政王的卡尔顿王府、白金汉宫及它们的广场、园林也组织了进来。设计建设的摄政公园和圣·詹姆斯公园是自然风致式园林在大城市的第一次尝试。

图 1.3　伦敦的摄政大街

图片来源：本奈沃洛. 西方现代建筑史［M］. 邹德侬，等译. 天津：天津科学技术出版社，1996.

（二）法国巴黎的改建

法国首都巴黎是欧洲文化、艺术、经济、政治最重要的核心，也是工业化以来欧洲最大的都会之一。自 1789 年法国大革命以后，巴黎经历了三次规模较大的改建和重新规划。

1. 雅各宾党专政时期的第一次改建

巴黎的第一次改建是在 1793 年开始的雅各宾党专政时期进行的。由于革命的影响，这次改造的中心任务是为贫困的劳动阶级解决居住和交通问题，方式是从贫困区开拓几条大道，包括通往巴黎轴线的香榭丽舍大道；增加供水井，增添街灯，建立垃圾处理中心，广泛进行市区绿化，封闭市内的一系列坟场。改造的土地总面积占巴黎市总面积的八分之一，应该说是相当宏大的都市改造计划。但是由于雅各宾党很快被推翻，这个规划没有能够全部完成。

2. 拿破仑时期的第二次改建

巴黎的第二次城市改造是在拿破仑执政时期（1804—1815），拿破仑对外战争连连告捷，帝国政治、经济、军事实力强大，因此，也开始大规模地投资文化、艺术和城市建设，通过这些形式彰显国力鼎盛。拿破仑时期的巴黎改建完成了以下几件重要的工作：

大规模兴建五层楼为基础的住宅公寓，如 1811 年兴建的巴黎里沃利大街（图1.4），沿街房屋一律为五层，下面用廊柱形成的人行道互相贯通，与宏伟的卢浮宫和皇家园林形成协调关系，迄今依然是巴黎最具有特色的建筑群之一。

图 1.4　巴黎的里沃利大街

图片来源：本奈沃洛 . 西方现代建筑史［M］. 邹德侬，等译 . 天津：天津科学技术出版社，1996.

建立以大凯旋门-协和广场-小凯旋门为中轴线的市中心区域。拿破仑一共建立了两个在同一中轴线上的凯旋门，即练兵场凯旋门和被称为"雄师凯旋门"的大凯旋门。两个凯旋门定下了巴黎市的中轴线，即 3 公里长的香榭丽舍大道。两旁形成开阔的绿化带和公园，宫殿建筑和公共建筑林立。环绕大凯旋门的繁忙交通区域设计了 12 条街道交会的放射状的圆形广场，被称为"明星广场"。巴黎的规划具有一个基本的格局和规划模式，以协和广场为枢纽，巴黎的市中心由广场、绿地、林荫道和大型纪念性建筑组成。

建立了一系列以纪念碑为中心的公共广场，除协和广场外，还建立了旺多姆广场等，使城市具有一系列环境艺术的视觉焦点。

3. 拿破仑三世时期的第三次改建

巴黎的第三次改建也是规模最大的城市改造和重新规划，是拿破仑三世时期进行的。随着铁路运输进入巴黎及工业化的发展，巴黎的旧城格局已经不符发展需求了，巴黎的第三次改造也是基于资本主义经济发展的基本需求进行的。

具体负责这个计划的是乔治·欧仁·奥斯曼。巴黎改建的目的有四：一是缔造一个壮观的首都；二是改善工业发展、经济发展和人口剧增压力下的城市功能，改善城市环境与卫生状况，消灭贫民窟；三是促进工业商业，便利交通；四是建立通达的道路网以方便镇压在巴黎屡次发生的平民起义。

巴黎第三次改建的主要内容如下：① 城市重新分区。巴黎从内向外被分成 20 个区，以顺时针方向从核心往外呈螺旋式扩展，将贫困人口迁到外环，形成豪华的巴黎市中心地带。② 建立交通基本格局。在巴黎市中心完成了两个大型道路系统的十字交叉，贯穿了东西南北，建设了两圈环形道路，即内环路和外环路。另外扩展和新建了数条宽敞的大马路，这几个工程把交通网联系了起来，形成了城市道路交通的基本格局。③ 形成了点、线、面结合的城市景观绿化带。以城市广场为中心形成景观节点，沿塞纳河岸形成宽敞的绿化带，进行了林荫大道的建设，并对城市中心进行了广泛的绿化布局，开辟了几个大型森林公园，建立了一个庞大的公园体系，在城市的东西侧建造了两个森林公园，在城市中配置了大量的大面积的公共开放空间。④ 统一了城市沿街立面。除对一系列纪念性建筑和广场进行了整体整治外，还对沿街建筑立面作出了规定。街道按照规律而通向重要的广场，沿主要街道的所有建筑立面应有统一的造型，出现了标准的住房平面布局方式和标准的街道设施。⑤ 改造了城市辅助系统。设计了新的自来水总管和塞纳河抽水系统，供水量从每天 11.2 万立方米提高到 34.3 万立方米，使长达 747 公里的自来水供水系统增加到 1 545 公里。建造了新的下水道系统，从原来的 146 公里增加到 560 公里，污水用排水管引走而非就近排入塞纳河。建立了利用新水源的点景喷泉、花园浇水系统，并安装了烯气街灯，建设了一系列新的桥梁（图 1.5，图 1.6）。

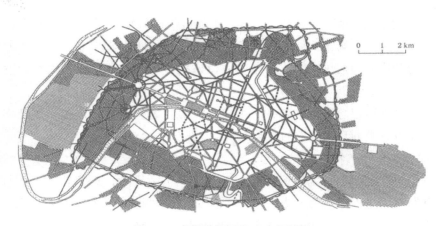

图 1.5 奥斯曼的巴黎改建规划图

图片来源：沈玉麟. 外国城市建设史 [M]. 北京：中国建筑工业出版社，2007.

图 1.6 巴黎埃德瓦地区

图片来源：本奈沃洛. 西方现代建筑史 [M]. 邹德侬，等译. 天津：天津科学技术出版社，1996.

奥斯曼的巴黎改建成效是显而易见的，它使巴黎基本具备了现代化的城市功能，使之成为当时世界上最壮观的首都之一。但奥斯曼的巴黎改建也存在缺陷，城市中很快出现了在富裕区域背后的新贫民居住区，当然这是制度性的问题，非规划所能解决；奥斯曼在空间的使用上留下了充分的余地，但最终仍然没能跟上大都会发展的需要，而且由于规划缺乏灵活性，使之对此无法做出任何应变，巴黎在20世纪成为最拥挤和最难规划的城市；奥斯曼对城市的理解只考虑到了静态方面，而没有考虑到动态方面，他以一劳永逸式的做法为巴黎制定规划，用几何对称来确定其布局，以整齐、明晰、准确而固定的轮廓线取代了传统城区的杂乱无章，但街道立面仅是一片外罩，建筑相互整合，却失去了个性。

巴黎经过三次改建，确立了城市的新形象，从而为当代资本主义城市的建设确立了典范，其所构建的城市形态及城市空间的组织手法，从19世纪80年代开始就成为欧洲城市改建的样板，并在大量的殖民地城市中得以广泛推行。

（三）美国华盛顿的规划与建设

美国首都华盛顿位于马里兰州和弗吉尼亚州的交界，阿巴拉契亚山脉东侧，处于农业型的南部和工业型的北部、文明水平较高的东部和较为蛮荒的西部的交界点。出于城市规划上的平等方法考量，其位置的选择兼顾了代表美国农业经济和工业经济两个不同体系的南方农场主和北方资产阶级的利益，亦兼顾了文化水平较高的东部和文化发展相对低下的西部的利益。

华盛顿的城市规划是法国工程师皮埃尔·查尔斯·朗方设计的。规划基本上是巴洛克式规划风格的翻版，城市宏大、宽敞，采用几何放射形布局，充满了权力的象征性，但也使华盛顿日后交通阻塞，道路辨认困难。另外在功能上，规划仅仅以政治象征性为设计的出发点，未考虑居住的功能需求，无论是布局、街道安排还是城市尺度，都不符合居民的居住需求，后来甚至被评为美国最不宜居住的城市之一（图1.7）。

华盛顿的城市规划是设计上过于考虑象征意义而忽视城市基本功能的失败之作，使得美国日后的城市建设又回归到简单单调的方格网形规划模式中去。

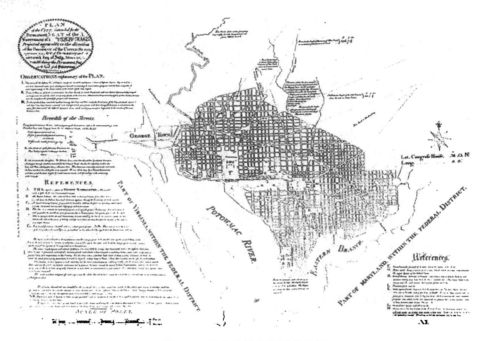

图 1.7　朗方的华盛顿城市规划

图片来源：本奈沃洛．西方现代建筑史［M］.邹德侬，等译．天津：天津科学技术出版社，1996.

（四）城市美化

城市美化源自文艺复兴后的建筑学和园艺学传统。自 18 世纪后，英国中产阶级对城市四周由街道和连续的联排式住宅所围成的居住区中只有点缀性的绿化表示出极端的不满，在此情形下兴起的"英国公园运动"试图将农村的风景庄园引到城市之中。这一运动进一步发展了围绕城市公园布置联排式住宅的布局方式，并让住宅坐落在不规则的自然景色中。与此同时，在美国以奥姆斯特德所设计的纽约中央公园为代表的公园和公共绿地的建设也意在实现与此相同的目标。以 1893 年在芝加哥举行的世界博览会为起点的对市政建筑物进行全面改进的城市美化运动，综合了对城市空间和建筑进行美化的各方面的思想和实践，在美国城市得到了全面的推广。

1. 英国公园运动

从 19 世纪开始，随着工业化的推进和城市经济的发展，城市中中产阶级的数量有了大量的增长。而中产阶级对于工业发展所带来的污染，生活居住用地与工业用地的混杂等极为不满，也对居住区中只有点缀性的绿化表示不满。在此情况下，由园艺师雷普顿倡导的"英国公园运动"试图将农村的风景庄园引入城市之中，强调城市空间组织和布局要创造健康的环境和展现优美的美学特征。这一运动进一步发展出了城市公园和围绕城市公园布置联排式住宅的布局方式，而在思想上则进一步将农村住宅坐落在不规则的自然景色中的现象纳入新的城市布局中，并企图以此来实现如画的景观（picturesque）的城镇布局。

2. 美国纽约中央公园建设与城市美化运动

美国以纽约中央公园建设为起点，开始对城市空间布局的要素进行整体性的安排。纽约市在此之前已形成棋盘式方格网形的城市规划布局，1862 年，奥姆斯特德设计的中央公园在城市中心预留的军事检阅用地上建成（图 1.8）。中央公园的设计按照英国如画的风景的传统而构想和布局，它包括一系列可用于社会活动的区域——群众性体育运动区、娱乐和教育区等，为城市生活增加了新的活动空间和休闲活动方式，因此市民以极大的热情接受了它（图 1.9）。公园中有四条城市干道穿过，但干道的布置巧妙，

(a)

(b)

图 1.8 纽约中央公园平面图

图片来源：张京祥. 西方城市规划思想史纲［M］. 南京：东南大学出版社，2005.

既能够确保公园完美地融入城市，又不会干扰景观的连续性。纽约中央公园的建成，不仅使城市公园成为城市中的一个重要的公共活动场所，确立了公园在城市中的地位，使其成为城市地区凝聚力的象征和组成政府公共事业的重要内容，同时中央公园的建设也使邻近地价飞涨，充实并扩张了城市收入，从而提升了美国各大城市对于在城市中心建造公园的热情。

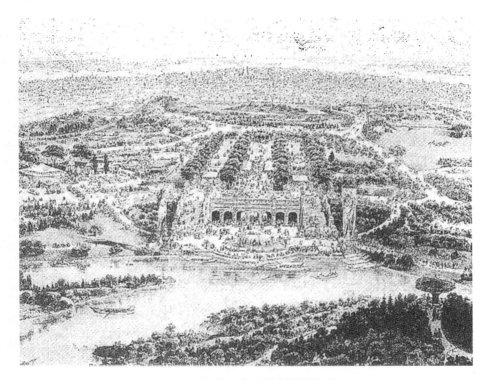

图 1.9　纽约中央公园内部景观图
图片来源：孙施文. 现代城市规划理论［M］. 北京：中国建筑工业出版社，2007.

　　美国的城市美化运动起源于 1893 年的芝加哥世界博览会。芝加哥世界博览会的景观体系是由奥姆斯特德构想的，最终选定的场址中包括了杰克逊公园。奥姆斯特德在这里设计了一片宽阔的林带，从密歇根湖顺着普莱桑斯中路向着华盛顿公园延伸过去。博览会主设计师伯纳姆在规划中全面贯彻了奥姆斯特德的构想，即通过景观建立一种统一的联系，以构建统一的、有计划的城市机体。芝加哥世界博览会获得了巨大的成功，共有 2 100 万参观者，报纸杂志竭力颂扬，并将之看成社会主义计划社会的缩影，认为它展示了人类对社会的美化、效用、统一的可能性，并且确立起只有通过很好的计划才能实现一个美好社会的观念。

　　在博览会建设的同时，芝加哥市内也进行了大规模的建设。建设以对市政建筑物及其周围环境进行全面改进为标志，以公共设施和纪念建筑为核心组织林荫路、城市广场和城市干道，对城市街道系统进行改造并加以拓宽，形成宽阔的林荫道，在这些大道前布置主要的公共建筑，采用统一的檐口线，在建筑前布置雕像、喷泉等。经过改造后的芝加哥，呈现与原来拥挤、杂乱的工业城市景观完全不同的形象，引领了美国各城市对于城市形象重新建设的风尚，进而引发在美国各个城市中普遍进行的"城市美化运动"。"城市美化运动"向人们传递了这样一种信念：只要经过人类有意识和有组织的规划和设计，就可以创造一种全新的城市环境，这种新的环境远远优于城市无序、自发的发展。

（五）空想社会主义社区与"公司城"建设——基于社会改革理想的城镇社区建设实践

近代历史上的空想社会主义源自 1516 年托马斯·莫尔（Thormas More）的"乌托邦"（Utopia）概念，"乌托邦"这个词是莫尔用希腊文拼合创造的，他将希腊文的"没有"（ou）和"地方"（topos）两词合成"乌托邦"，即"不存在的地方"。他借"乌托邦"之名，阐述了自己社会改革的立场，期望通过对社会组织结构等方面的改革来改变他认为当时存在的不合理的社会，建立理想社会的整体秩序，其中也涉及物质形态和空间组织等方面的内容，并描述了他理想中的建筑、社区与城市。

托马斯·莫尔的思想在文艺复兴之后经历代空想社会主义者在理论上的不断补充与完善，到 19 世纪已成为一个社区规划思想体系，其中包含了社会财富平均分配、生产资料公有制等核心思想。针对工业革命后城市出现的各种问题，19 世纪西方掀起了较大范围的空想社会主义社区建设实践浪潮，在当时较为普遍的"公司城"建设中也部分包含了社会改革的理想。

1. 空想社会主义社区建设

英国工业家罗伯特·欧文（Robert Owen）在美国印第安纳州哈莫尼（Harmony，英语，"和谐"的意思）购买了 12 万公顷土地进行试验，在这里建立一个称为"新协和村"的社会主义城镇，欧文认为社区的理想人数应在 300—2 000 人，最好为 800—1 200 人，人均耕地 0.4 公顷。城市由许多方形区域组成，按照方块结构工整分划，在这些方形区域中建立住宅、工厂和城市基础设施，提供给愿意参加试验的人居住和工作，在城市中建立了设备齐全的住宅，免费的幼儿园、图书馆和医院，并且建立了美国领土上第一家公立学校，希望能够达到形成人人平等、各尽所能、各取所需的"社会主义社区"目的。但是，在资本主义市场竞争的严峻条件下，这种试验只能是空想，欧文的"新协和村"很快就失败了。

另外一个努力通过城市社区实现乌托邦社会主义的人是法国社会主义改革家查尔斯·傅立叶（Charles Fourier）。他 1829 年撰写《工业与社会的新世界》一书，阐述自己的空想社会主义社区思想，提出建立称为"法朗吉"的社会公共生活单位，废除家庭小生产，以社会大生产取代，通过组织公共生活来减少私人生活、家务劳动造成的时间和资源的浪费；城市中最重要的是公共设施，比如食堂、学校等；建立大型建筑，类似大型宿舍，每个建筑容纳 400 个家庭，也就是大约 1 620 人居住。他的这种思想在1840 年前后开始影响美国的社会主义改革家们，后者在美国建立了 28 个类似的"傅立叶殖民地"（Fourierist colonies），但是在建立不久后均告失败。

虽然空想社会主义社区的思想与社会实际情况相距甚远，但是它却在公共设施布局、城市整体规划、社会活动的组织化、公共大型住宅建设等方面提出了一系列早期的探索和构想，对于城市公众福利的关注及对于城市整体关系的考虑具有思想先导的意义，对于日后的各种社区规划特别是郊区市镇的规划有借鉴意义，并在公司城建设中部分地得以践行。

2. 公司城建设

公司城是资本家为了解决其工厂中工人的就近居住问题，以提高工人的生产能力而出资建设的小型城镇。

公司城建设最早可追溯至 16 世纪，德国制造业家族富格尔在奥格斯堡建设了一个经过规划的城镇——Fuggerei（"富格尔之家"）。后来美国的设计师汉密尔顿提出了建设公司城的基本概念，有意识地将工厂与工人居住区结合在一起进行建设，并于 1792年由朗方和哈伯德在新泽西州规划了一个帕特森城。19 世纪以后，这类城镇在欧洲和美国广泛地建设，公司城建设的目的在于：适应规模化生产，提高工厂的生产效率和降低生产成本，通过为工人提供必需的社会服务体系以降低工人的交通成本和劳动力的再生产成本。

1859—1870 年，法国工业家戈丹在吉斯的工厂相邻处建立了一个公司城，新城完全按照傅立叶的设想来建设。新城包括了 3 个居住组团，有托儿所、幼儿园、剧场、学校、公共浴室和洗衣房等。后来这个公司城演变成了生产合作社。英国著名公司城阳光港镇位于利物浦附近的桑莱特港，于 1888 年开始建造，在 56.6 公顷的土地上建造了600 座哥特式的小住宅，组合成一个个小村庄，四周均是花园，并以合理的价格把它们租给公司雇员。设计遵循了英国当时最主流的如画风格的城镇布局思想，阳光港镇因采用风格化的建筑单体、低密度的布局及对自然地形的充分运用，成为当时的"样板城镇"。它的整体形象"提供了一幅没有冲突的社区图像，它的弯曲的街道和住房被绿地环绕着，与高标准的、设计良好的城镇风光一起，颇像一幅利弗工厂里生产出来的那种特殊商品的图解：阳光港镇是'卫生的城市''和平的村庄'，也是工作道德的表现（图 1.10）"[40]。

在工业大城市矛盾重重的背景下，包含着社会改良思想的公司城建设展现了城市建设的新思路，阳光港镇更被人称为是霍华德"田园城市"的直接先驱。在田园城市建设中发挥了重要作用的昂温和帕克等人也在公司城建设中起了重要作用，并积累了经验。

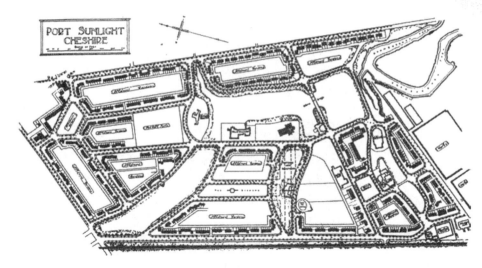

图 1.10　阳光港镇规划平面图

图片来源：孙施文 . 现代城市规划理论 ［M］. 北京：中国建筑工业出版社，2007.

三、现代城市规划的早期思潮与理论

自工业革命以来，西方城市人口急剧增加，城市功能急剧变化，城市改建此起彼伏，城市问题不断涌现，城市的设计及规划已不能再用以往的建筑学方法解决，城市规划作为一个专门的学科，逐渐从建筑学中独立出来，形成了自己独立的系统。

在自农业社会向现代工业社会转型的过程中，伴随对城市问题和城市建设实践的深入思考，形成了现代城市规划的早期思潮。

（一）城市规划面临的问题及解决方案的两种取向

1. 城市规划面临的问题

现代城市的设计及规划与 18 世纪以前的城镇设计有着本质的不同。现代城市的定位发生了较大变化，城市规划不仅仅包含对城市美学和空间品质的设计，也包含对社会、经济因素的考量。

城市规划需要提供社会以最大限度的方便、功能，亦需要考虑城市本身经济活动的方式和内容。城市规划需要解决的问题主要包括以下几个方面：① 城市分区与功能布局。尤其是工业区、商业区、住宅区的布局及其相互之间的联系，尽量实现每个区域在使用效果、经济支出等方面的平衡。除此之外还应考虑城市未来的发展需要。② 城市交通。应具备有效的市内交通与外部交通，交通达到最大限度的方便通畅。③ 城市基础设施。应经济、适用，具有发展的可能。④ 城市空间与环境美学。⑤ 城市公共空间。应考虑有关公共使用部分的设计，如休息、娱乐等设施的位置、布局与质量。⑥ 城市中各功能区域的设计。

2. 城市规划理论的两种取向——城市分散与城市集中

自霍华德"田园城市"开始的城市规划理论探索，一直是在"城市分散发展"与"城市集中发展"两种取向的相互交织中前行的。这两种取向不仅涉及宏观空间层次，即城市的区域发展研究，也涉及微观空间层次，即城市内部空间布局研究；不仅充分体现在城市规划的早期思想中，也一直贯穿城市规划理论的研究始终。

城市分散思想主要源自社会改革家对城市未来发展的认识。他们认为，大城市中的所有问题，都是由现代工业导致的人口大规模集聚而引起的。人口的高度集中导致了拥挤、污染以及贫困问题的产生。因此，解决城市问题的方法就在于疏散城市产业与城市人口。

城市分散思想以"田园城市"理论为代表，认为只有建设兼具城市和乡村特点的新兴城市结构类型，才能避免和解决大城市中的种种问题。任何城市发展都必须遵循严格控制人口和规划的原则，通过在大城市周围建设一系列规模较小的城市来疏解、吸引和接纳大城市的人口，从而缓解大城市的拥挤和不卫生状况。

城市集中思想从聚集经济理论出发，认为城市的本质及重要特征在于它的集聚性，城市就是由于人口和人的活动的高度集聚而出现、发展以及定义的。城市化是工业化的必然结果。

城市集中思想以柯布西耶的城市规划理论为代表，他认为可以通过对大城市结构的重组，在人口进一步集中的基础上，从城市内部解决城市问题，而不改城市集聚的本质。

城市分散思想和城市集中思想分别植根于不同的思想基础，城市分散思想产生于社会改革的理想，直接从空想社会主义出发而构建其体系，更多地体现出人文关怀和对社会公共福利的关注；城市集中思想则从城市发展的内在驱动力出发，以工程技术的视角，更关注于物质性的内容，并希望以物质空间的改造来完成社会结构的重组。

（二）田园城市

伦敦随着英国工业革命的迅速发展，很快成为欧洲最大的都市之一，从统计数字看，伦敦到 1850 年前后已有 226 万人口，是当时西方最大的城市。而这个城市完全没有为如此庞大的居住人口需要的设施规划与设计，因此城市生活品质急剧恶化，垃圾成山，瘟疫流行，犯罪率高。

英国社会活动家埃比尼泽·霍华德（Ebenezer Howard）于 1898 年出版了《明天——走向真正改革的和平之路》（1902 年修订再版时更名为《明日的田园城市》）一书，提出了田园城市（Garden City）的理论。这一设想主要针对当时大城市尤其是像伦敦这样的大城市所面对的拥挤、卫生等方面的问题，提出了一个兼有城市和乡村优点的理想城市解决方案。根据霍华德的定义，田园城市是"为健康、生活以及产业而设计的城市，它的规模足以提供丰富的社会生活，但不应超过这一程度；四周要有永久性农业地带环绕，城市土地归公共所有，由委员会受托管理"[43]。

霍华德田园城市构想的主要内容为：田园城市应该包含城市和乡村两个部分，城市四周由农业用地环绕，农产品就近供应，城市居民可得到新鲜农产品。城市居民生活于此、工作于此。田园城市居住人口总数约 3.2 万人，其中 3 万人住在城市，2 000 人散居在乡间。中心城市的规模略大，建议人口为 5.8 万人。城市边缘区建有工厂企业，城市规模必须加以控制，每个田园城市人口限制在 3.2 万人，超过这一界限就分流出去另建一个田园城市，以保证城市不过度集中和拥挤，不会产生大城市已有的各类弊病，同时也确保市居民可以方便地接近乡村自然空间。霍华德所称的"无贫民窟无烟尘的城市群"由若干个田园城市围绕中心城市构成。城市间的交通联系由铁路、公路等快速交通形式承载。同时霍华德还对城市运营的实施手段进行了探讨，包括资金来源、土地规划、城市收支、经营管理等。例如，土地归全体居民集体所有，房地产收益用来偿还银行开发借贷，城市内部房屋租金用于城市管理费用和日常运作开销等。

霍华德还提出了田园城市设计简图（图 1.11，图 1.12）。

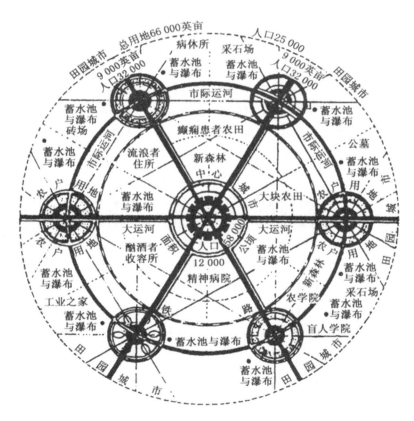

图 1.11　田园城市总平面

图片来源：沈玉麟. 外国城市建设史［M］. 北京：中国建筑工业出版社，1989.

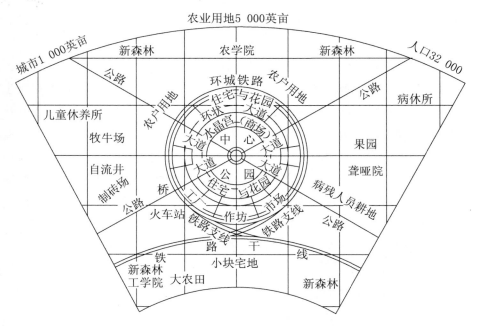

图 1.12　城乡融合的空间格局

图片来源：沈玉麟. 外国城市建设史［M］. 北京：中国建筑工业出版社，1989.

　　整个城市总用地 6 000 英亩（2 428 公顷）。城市居中，占地 1 000 英亩（405 公顷）；四周农业用地 5 000 英亩（2 023 公顷），含耕地、牧场、果园、森林、疗养院等，作为绿带永久性保留。城市平面呈圆形，圈层状布置，6 条主干道从中心向外放射，将城市分成 6 个扇形区域，最外边有环形市镇围栏。其用地布局模式为：最内侧的圆心布置的是公园式的市民活动中心带，含市民活动中心。环绕这个市中心的是居住区、公园、购物中心，组成市中心的第一个环形带。内部以功能划分为工业区、居住区、农业区，城市中心部分设计较紧凑，外部则保持田园状态。在城市半径靠外部三分之一处设一条环形林荫大道，形成补充性的城市公园，大道两侧均为居住用地，其中布置学校和教堂。四周的农业用地是永久保留绿带，包括耕地、牧场、果园、森林、疗养院等。在城市最外圈建设工厂、仓库、市场，一面对着城区最外层环形道路，一面对着环形铁路支线，交通十分方便。田园城市之间以铁路联系。

　　霍华德的田园城市理论主要有两个思想来源。一是 19 世纪上半叶的乌托邦传统，特别是欧文的传统，人们把它看成一个完美而自给自足的集体，一种城镇和乡村的综合体，有传统上与之相关的社会含义。二是坐落在绿树丛中的单个家庭的观念，在某种意义上，这是从 19 世纪后半叶维多利亚思想所具体体现的理想演变而来，所强调的是私密性，而不是社会关系，企图把家庭生活从大都市的拥挤和混乱中解放出来，尽量合理地使城镇变得和乡村一样。

　　霍华德的田园城市理想是其对约翰·斯图尔特·米尔（John Stuart Mill）的政治经

济学、赫伯特·斯宾塞（Herbert Spencer）的社会科学、查尔斯·罗伯特·达尔文（Charles Robert Darwin）和赫胥黎（Huxley）的进化论、彼特·克罗波特金（Peter Kropotkin）的无政府主义以及亨利·乔治（Henry George）的所有租金收入"单一税制"（single tax）设想等的综合与具体化，霍华德认为："简单地说，我的方案综合了3个不同的方案，我想，在此之前它们还从来没有被综合过。那就是：① 霍华德·吉本·韦克菲尔德（Edward Gibbon Wakefield）和阿尔弗雷德·马歇尔（Alfred Marshall）教授提出的有组织的人口迁移运动；② 首先由托马斯·斯彭斯（Thomas Spence）提出，然后由赫伯特·斯宾塞先生作重大修改的土地使用体制；③ 詹姆斯·西尔克白金汉（James Silk Buckingham）的模范城市"。因此，霍华德认为，田园城市的设想与方案是在吸取了以上各个方案中的优秀部分并剔除了其可能存在的问题后进行综合而获得的结果。但霍华德的田园城市触及了城市发展的全部问题，不仅涉及其物质建设的增长，而且涉及社区内部各种城市功能的相互关系和城乡结合的模式，一方面使城市生活充满活力，另一方面使乡村生活在智力和社会方面得到改善。①

霍华德于1899年组织田园城市协会，于1903年组织田园城市有限公司，筹措资金建立了第一座田园城市——莱奇沃斯（Letchworth）（图1.13）。莱奇沃斯距伦敦80公里，规划设计人是帕克（B. Parker）和昂温（R. Unwin）。公司建造了道路和基本的公共设施，规定了花园和住宅之间的关系、栅栏和有待种植的树木类型等，并限制饲养家畜，禁止张贴广告，禁止建立冒烟和散发难闻气味的工业，禁止鸣汽笛等。城市原定人口3.5万，但增长缓慢，甚至30年后也未达到预定计划的一半。1919年霍华德成立了第二家公司，开始建造韦林田园城市（Welwyn Garden City）（图1.14），地点在莱奇沃斯和伦敦的中间。由于靠近伦敦，吸引了大量在伦敦工作的人居住于此，到第二次世界大战前已有了3.5万人口。

实践证明田园城市理论是可行的，这一点不同于空想社会主义社区，但是田园城市实践最终也并不符合霍华德的设想，后来演变成了一般农业城镇（莱奇沃斯）或大城市的郊区（韦林），对于这一问题在日后的卫星城和新城理论中有进一步的研究。

田园城市实践中展现出的优美的城市景观、田园景色、良好的居住条件，引起了人们广泛的兴趣，欧美国家纷纷效仿，但多数只是汲取"田园城市"之名而实质上是城郊居住区。二战之后，田园城市思想在西方现代化郊区规划中得到了进一步的发挥和应用。

---

① 这是芒福德在为1946年版的《明日的田园城市》所写的序言《田园城市思想和现代规划》中所指出的，同时他认为："20世纪初，我们的眼前出现了两件新发明：飞机和田园城市。二者都是新时代的前兆：前者给人类装上了翅膀，后者是让人类返回大地时有一个较好的住处。"

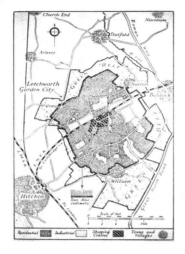 

图 1.13 莱奇沃斯规划　　　　图 1.14 韦林规划

图片来源：霍华德. 明日的田园城市 ［M］. 金经元，译. 北京：商务印书馆，2000.

霍华德针对现代社会出现的城市问题，提出带有先驱性的规划思想，就城市规模、布局结构、人口密度、绿带等城市规划问题，提出一系列独创性的见解，是一个比较完整的城市规划思想体系。田园城市理论对现代城市规划思想起了重要的启蒙作用，对后来出现的一些城市规划理论，如"有机疏散"理论、卫星城镇理论颇有影响，也启迪了格迪斯（Geddes）、芒福德（Mumford）和古特金德（Gutkind）等人的研究。20 世纪 40 年代以后，一些重要的城市规划方案和城市规划法规中也反映了霍华德的思想。

（三）带形城市

随着铁路交通的迅速崛起，铁路线连接起各个城市，使城市得到了大规模发展。在大城市内部，地铁线、有轨电车线改善了城市的交通状况，加强了城市内部及其与腹地之间的联系，从整体上促进了城市的发展。针对这个情况，西班牙工程师索里亚·玛塔（Soriay Mata）于 1882 年提出了带形城市理论。他认为，传统的从核心向外扩展的城市形态已过时，它们只会导致城市拥挤和卫生恶化。在新的集约运输方式条件下，城市将依赖交通运输线组成网络。玛塔提出，"城市建设的一切其他问题，均以城市运输问题为前提"。这是最重要的城市原则，最符合这条原则的城市结构，就是使城市中的人从一个地点到其他任何地点耗费的时间最少，城市的形状自然应该是以高速捷运铁路为骨架的沿其两侧布置的带形城市。"只有一个宽 500 米的街区，要多长就有多长——这就是未来的城市。"城市不再是分散在各个地区的一个个的点，而是由铁路和公路干道串联在一起的、连绵不断的城市带。一条贯穿性的道路作为城市的脊椎，供水、供电、排水等工程干线全部集中于这个干线下面，在干线两边按照城市要求自然出现住宅、工厂、商店、市场、学校、公共设施等，城市的尺度可以无限，甚至可以贯穿整个地球。玛塔还提出，城市平面应当呈规则的几何形状，具体布置时要保证结构对称，街坊呈矩形或梯形，建筑用地最多（占五分之一），要留有发展余地，要公正分配土地等（图1.15）。

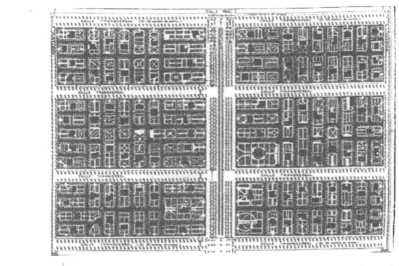

图 1.15　带形城市

图片来源：曼弗雷多·塔夫里，弗朗切斯科·达尔科. 现代建筑［M］. 刘先觉，等译. 北京：中国建筑工业出版社，1999.

1894年，玛塔创立了马德里城市化股份有限公司，开始建设第一段带形城市。这个带形城市环绕马德里，全长58公里，主轴是环形铁路干线，建筑物全部集中于这条干线的两侧。铁路线白天作客运，夜间作为货运使用。规划的横向街道穿越建筑地带，形成一个个居住街坊，在其中布置四周环绕绿地的独立式住宅。但由于经济和土地所有制的限制，这个带形城市只建设了大约5公里长的一段。

玛塔第一个意识到新城市和新的交通工具之间的紧密联系，他认为交通工具不只是应急的权宜之计，不只是为了在传统结构中方便交通活动，而应当指向新的城市结构，而且他首次涉及居住地与工作地之间的关系问题。

带形城市理论对20世纪的城市规划和城市建设产生了重要影响，苏联在20世纪30年代至40年代进行了系统的全面研究，提出了带形工业城市模式，并在斯大林格勒等城市建设中进行了实践运用。在二战后城市建设中，哥本哈根的指状发展和巴黎的轴向延伸等都是带形城市模式的发展。

（四）工业城市

"工业城市"是法国建筑师托尼·加尼耶（Tony Garnier）于 1904 年提出的。1917 年他出版了专著《工业城市》，阐述了工业城市的具体设想。工业城市的理论出于应对工业化对城市造成压力的问题的需要，其中包含的城市分区以及城市功能组织的观点最有价值。

加尼耶的工业城市理论依托于一个假想城市的规划方案。这个工业城市居民在 35 000 人左右，位于山岭起伏地带河岸的斜坡上，"靠近原料产地或附近有提供能源的某种力量，或便于交通运输"。城市规划中对于城市不同的功能区域进行了划分。位于中央的市中心设有公共活动设施，如博物馆、集会中心、展览馆、图书馆、剧院等。在市中心两侧布置居住区，居住区采用传统方格网状道路系统，汽车交通与行人交通完全分离。居住区内每个街坊（block）宽 30 米，长 150 米，其间以绿化带分割，内部各设一个小学校，生活区北部朝向太阳方向设计了医院和疗养院。工业区设在城市的东南面，有铁矿区、炼钢厂、机械厂、造船厂、汽车厂等，工业区位于河流的河口附近，下游是一条更大的主干河道，便于运输，大坝边上是发电站。所有不同的功能区域之间用绿化带分隔开，火车站布置在工业生产区附近，铁路把各个区域联系起来，城市内部交通主要采用高速公路（图 1.16）。

图 1.16 工业城市设想

图片来源：孙施文 . 现代城市规划理论［M］. 北京：中国建筑工业出版社，2007.

加尼耶的工业城市设想是西方自工业革命以来城市规划设想的集大成之作，表现出了从古典主义规划向现代主义规划转变的痕迹，也是当时社会思潮和技术手段转换的一种反映。工业城市方案摆脱了传统城市规划追求对称、气魄、轴线放射的理念。在城市空间组织中更注重各类设施本身的要求及其与外界的联系；工业区布置中将不同工业企业分组，环境影响大的工业企业远离居住区；居住区布置首先考虑日照和通风，放弃了传统的周边式布局而采用独立式布局，留出一半用地作为公共绿地，城市街道按交通性质进行分类等。

工业城市规划方案中各类用地按照功能进行划分的思路十分明确，"这些基本要素都互相分隔以便于各自扩建"，这是工业城市设想的基本出发点，这一思想直接孕育了《雅典宪章》中的功能分区原则，这一原则对于解决当时城市中工业区和居住区混杂而带来的种种弊病具有重要意义。工业城市以重工业为基础，具有内在的扩张力量和自主发展能力，相较于以前的城市规划理论更具可行性与现实意义，对后来的城市发展与城市规划具有启发性。

（五）西特的城市形态学说

与工业城市、田园城市等从城市的整体性功能和结构角度对城市规划和发展的探讨不同，西特的城市形态学说则与建筑学传统中对于城市空间美学的研究一脉相承。

19世纪末，西方城市空间组织一方面基本上还在延续着文艺复兴后形成的、由巴黎美院将之经典化并经奥斯曼巴黎改建后发扬光大并定型化的巴洛克式风格；另一方面，随着资本主义市场经济的发展及对土地利润的追逐，笔直僵硬的方格网形城市规划开始出现，呆板乏味的建筑轮廓线以及严重缺乏开敞空间等问题引起了人们对城市空间组织的批评。

卡米诺·西特（Camillo Sitte）在1889年出版了《建设艺术》，就城市空间组织与空间美学进行了探讨。西特认为，城市规划应当在美学的框架中实施，应是一个有机的整体，一个三维的整体艺术品。西特的论述只限定在"艺术"领域范畴内，他采用新旧对比的方法，对新城市的景观进行了观察并注意到了它的缺点：单调和极端规则化，为达到对称而不惜任何代价，没有很好地利用空间，空间与周围建筑不相称等。他将之与旧城市特别是中世纪城市作了对比，指出后者的建筑物组合别致而又具有功能化，布局不对称，空间的层次和建筑物完美地联系在一起，等等。他站在改造而非否定现代城市的立场上，进而提出了一些城市建设的准则：对于没有变化或太大的空间，可以再次适当地划分，从而产生界限分明的建筑综合体；不明确的形式可以被更明确的形式所取代；可以用部分对称来减少对称；可以把纪念物从几何形的广场中心移至不太显眼的地点；应该打破不按比例大规模扩展的维也纳圈（Viennese Ring），应该环绕主要建筑物建造规模适中的广场（图1.17）。

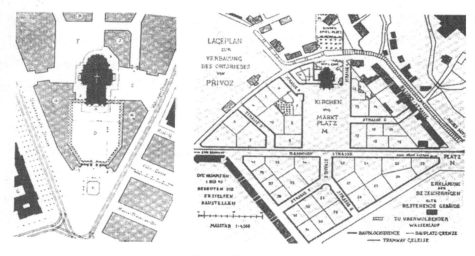

图 1.17　西特的空间概念与广场设计平面

图片来源：曼弗雷多·塔夫里，弗朗切斯科·达尔科. 现代建筑 ［M］. 刘先觉，等译. 北京：中国建筑工业出版社，1999.

　　西特的这本书是对 19 世纪单调、抽象和缺乏想象力的两向度的城市空间组织的美学批评，并没有过多地涉及城市发展的社会经济问题，但也表现出了他对于这些问题的认识，在社会结构发生根本性变革的状况下，"我们很难指望用简单的艺术规则来解决我们面临的全部问题"，而是要把社会经济因素作为艺术考虑的给定条件，并在这样的条件下提高城市的空间艺术性。即使是在方格网道路体系下，也同样可以通过对艺术性原则的遵守来改进城市空间，使城市体现出更多的美的精神。在现代城市追求土地使用经济性的同时，也应强调城市空间的效果，"应根据既经济又能满足艺术布局要求的原则寻求两个极端的调和"，"一个良好的城市规划必须不走任一极端"。他提出，在主要广场和街道的设计中强调艺术布局，而在次要地区则可以强调土地的最经济使用。

　　西特的城市形态学说对于城市规划思想有两大重要贡献。首先，他使人们对旧的城市重新产生兴趣，而不仅仅是对孤立的遗迹产生兴趣；其次，他所提出的极为简洁的形式上的建议，为建筑师提供了一种思想，这不可避免地引导他们去思索现代城市规划的基本问题。西特的学说虽然是从外部来处理问题的，但是他通过对比新旧城市提出了一种调整方法，缩短了理论和实践之间的差距，启发了一系列超越理论本身的探索，即从可见的事实入手，探寻不可见的原因。

（六）格迪斯的区域规划理论

　　城市对区域的影响类似于磁铁的场效应，每个城市的发展都离不开区域的背景。随着社会经济发展，城市与区域的发展关系也愈加密不可分。到了 20 世纪初，终于形成了这样一种认识：有效的城市规划必须从城市及其周围农村腹地的范围着手，甚至从若干城市构成的城镇集聚区及其相互重叠的区域腹地着手，由是，区域规划思想开始发展。

区域规划思想奠基于格迪斯等人的理论探索。格迪斯1915年出版的《进化中的城市》（Cities in Evolution）对后来的城市规划产生了重大影响。格迪斯作为一个生物学家，最早注意到了工业革命、城市化对人类社会所产生的影响。通过对城市进行基于生态学的研究，强调了人与环境的相互关系，揭示了决定现代城市成长和发展的动力。他认为，人类居住地与特定地点之间存在着一种已经存在的、由地方经济性质所决定的内在联系，场所、工作和人是一体的（图1.18）。他的研究突破了当时常规的城市概念，提出把自然地区作为规划的基本框架。他指出，工业的集聚和经济规模的不断扩大，造成了一些地区的城市发展显著集中。在这些地区，城市向郊外的扩展已属必然，并形成了这样的一种趋势：使城市结合成巨大的城市集聚区或形成城市群。因此，原来局限于城市内部空间布局的城市规划应当转变为对城市地区的规划，即将城市和乡村的规划纳入同一体系之中，使规划包含若干个城市以及它们周围的影响地区，由此提出了区域规划的思想。

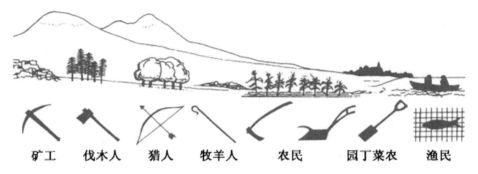

图1.18　格迪斯在1915年提出的"人-工作-场所"充分协调的模式，
是其区域发展概念的重要组成部分

图片来源：孙施文．现代城市规划理论［M］．北京：中国建筑工业出版社，2007.

格迪斯认为，城市发展应被看作一个过程，要用演进的目光来观察、分析和研究城市。"这种认识突破了19世纪规划家一味依赖建模的静态研究方法。"[44]因为城市发展是一个过程，所以不能简单地采用人口转移的办法，也不能像奥斯曼改建巴黎那样彻底翻新，"而只有在区域规模上进行规划——它是和生产力现象相联系的表达方式——才可以确保平衡地利用新技术时代进步的潜能"[44]。

格迪斯认为，城市规划必须充分运用科学方法认识城市，然后才改造城市。他倡导对城市进行系统的调查，倡导把城市的现状和地方经济、环境发展潜力和限制条件联系在一起研究，倡导城市规划中的公众参与。对于规划过程和规划方法，格迪斯提出"先诊断后治疗"，由此形成了"调查—分析—规划"的工作思路，即通过对城市现实状况的调查，分析城市未来发展可能，预测城市中各要素之间的相互关系，然后依据这些分析和预测，制订规划方案。

格迪斯的理论从思想上确立了"区域–城市关系"是研究城市问题的基本逻辑框架，启发了芒福德等人的研究，对于现代城市规划思想的成熟至为关键。

（七）亨纳德的城市改建思想

19 世纪末和 20 世纪初对城市问题的研究，主要是沿着新建城市的思路进行的，霍华德、玛塔或加尼耶均是如此。法国建筑师亨纳德另辟蹊径，以一种温和的态度，直面城市改进的问题。他以巴黎为例，提出了大城市改建的一些基本原则。亨纳德的城市改建思想主要表现在以下几个方面：

1. 关于道路交通。亨纳德敏锐地注意到了汽车交通的重要性，以及地方性交通在现代城市中的决定性作用，提出"地铁系统永远不能取代一般的地面交通"，因此需要全面改建巴黎城市道路网。亨纳德提出的交通改善计划有：过境交通不穿越城市中心；改善市中心与边缘区及郊区公路的联系。他设计了若干条大道和环形道路来疏解市中心交通运输压力。亨纳德认识到，城市道路干线的效率取决于交叉口的组织方法，就此提出了两种提高交叉口交通流量的方法，即建设"街道立体交叉枢纽"、建设环岛式交叉口和地下人行通道，这两种交叉口交通组织方法在日后的城市道路规划中都得到了广泛的运用（图 1.19）。

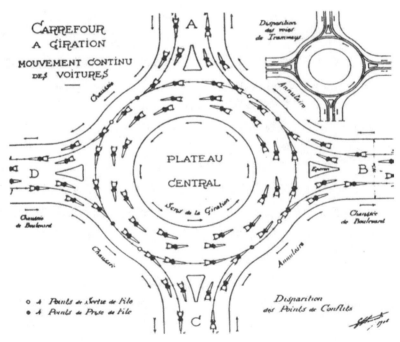

图 1.19 亨纳德 1906 年为巴黎所做的道路交叉口的设计方案平面

图片来源：孙施文 . 现代城市规划理论 ［M］. 北京：中国建筑工业出版社，2007.

2. 关于城市化绿地。亨纳德建议在巴黎建立一系列大型绿地，保证每个居民距大公园不超过 1 公里，离花园和街心花园不超过 500 米。这一观点后来成了现代城市规划中公共绿地系统组织的基本原则。

3. 关于城市中的历史建筑。亨纳德建议对历史古迹加以保护，尤其强调新的建设必须注意与古迹之间的关系。

亨纳德主要针对巴黎的具体情况和已经定型的城市条件，集中研究了巴黎的城市改建问题。其改建思想虽然仅局限于巴黎一地，亦未形成完整的理论，但其研究提供了许多理论性和实践性的启示，对后来的城市改建意义深远。

四、小结

纵观现代城市规划的早期理论探索，不难发现诸思想具有如下几个共同的特点：

1. 脱离了理想城市平面的研究，立足于城市问题的解决

自工业化以来，城市有了根本性的转变，城市规模、功能、设施、产业等均不同于以往。经过工业革命以来的历次城市改建，城市的面貌有了一定的改观，但城市的矛盾和问题并未得到彻底解决。现代工业化快速发展条件下的城市问题主要表现为：主导产业由农业、手工业转变为工业，由此产生出城市功能分区问题；工业化促进下城市人口大规模扩张；城市人口无序扩张引发了城市品质、卫生环境等的恶化；工业革命以来技术进步带来的城市交通、给排水等设施的更新改善等。

自田园城市肇始的城市规划早期理论思潮，脱离了以往局限于理想平面形式研究的城市规划研究传统，立足于城市问题的解决，分别从城市发展模式、城市品质、城市改建等不同角度对上述问题进行了研究。

2. 不同角度的研究体现了不同的研究立场

田园城市、带形城市、工业城市的研究，从城市布局发展的角度对城市合理发展模式进行探索；西特着眼于城市美学和空间品质的优化，研究了城市公共空间与节点空间的良好形态；格迪斯从生物学理论出发，首次从区域的范畴研究城市及其腹地，以及城市的区域发展；亨纳德以巴黎为例，探讨了现有城市条件下在交通形式、环境美化等方面的改建方法。

早期的城市规划理论研究分别体现了不同的研究立场，田园城市、带形城市代表了城市分散主义者的理想，表达的是社会改革家的主张，主要着眼于社会生活与公共福利；工业城市则代表了城市集中主义者的愿望，表达的是工程师的价值观，主要立足于城市的功能聚集和经济性。

3. 早期理论探索是未来理论发展的基础与源头

现代城市规划的早期理论中，关于城市及其发展的设想在之后的城市规划理论研究中均得到了进一步发展。田园城市思想在经过实践实施反馈后，在 20 世纪 20 年代孕育

出了"卫星城"理论，又经过二十多年的发展，到二战后产生出了"新城"规划理论，理论研究的递进关系清晰而明确。格迪斯的区域规划思想完成了区域规划理论的奠基，他所揭示的人、工作与场所之间三位一体的关系，后来经芒福德等人发扬光大，对区域规划理论影响深远，并开启了从经济地理学角度进行城市研究之先河。带形城市理论由于未考虑城市的经济属性，而被认为缺乏可操作性，因而一直以来发展缓慢，但它所包含的关于结合现代交通设施构成城市形态的观点和城市有序发展的思想启发了后来的城市指状发展理论。

第二章
现代西方主要城市规划理论产生及其历史演进

一、两次世界大战之间

(一) 西方经济、社会、技术等发展基本状况

20 世纪初，西方自由资本主义发展到顶峰，步入垄断资本主义阶段，资本主义国家经济得到了快速发展，资产阶级政权得到进一步的巩固，西方各国基本上都进入了繁荣的时代。垄断资本主义阶段发生的两次世界大战给西方世界各国经济和城市建设造成了极大的破坏，同时也使亚当·斯密（Adam Smith）的资本主义自由市场经济学理论遭遇实践的巨大冲击。随后，凯恩斯（Keynes）经济学理论应时而生，促使这一时期西方国家在政治、经济、社会领域的干预性全面增强，"国家强权主义"普遍出现。在二战以后，相对稳定、相互制衡的国际新秩序又逐步重新建立起来，西方世界又进入新一轮的黄金发展时期。

(二) 西方艺术的繁荣和艺术改革

从 19 世纪末开始，西方艺术家通过抽象的绘画形式表达感情和哲学观念，被视为现代主义的开端。艺术家们开始越来越将个人表现作为其所希望传达的内涵，例如后印象主义（Post-Impressionism）（图 2.1）、野兽派（Fauvism）等的尝试。而到了 20 世纪初，艺术上的个人主义已经发展到高潮，艺术家个人的表现欲望特别强烈，西方艺术也空前繁荣。达达主义（Dadaism）、表现主义（Expressionism）、超现实主义（Surrealism）、立体主义（Cubism）、未来主义（Futurism）等艺术运动和流派此起彼伏，加之新技术对生产与生活方式的冲击、生活的复杂化、都市的膨胀化及

图 2.1 带光晕的自画像（高更）

相应导致的各种政治思想与意识形态（马克思主义、无政府主义、民主主义、军国主义）等，都对现代艺术运动的发展起了进一步的推进作用。

总体上来说，20世纪以来，包括在两次世界大战期间，西方世界对人类自古典文明以来不断发展完善的传统艺术进行了全面的、革命性的、彻底的改革，经过一系列的艺术改革运动，从思想方法、表现形式、创作手段、表达媒介等方面完全改变了传统艺术的基本内容和形式，这就是我们通常所说的"现代艺术运动"。

（三）西方现代主义建筑与规划思想的产生

西方近代工业革命创造了前所未有的巨大财富，它在给城市带来了巨大的变化的同时也给城市带来了种种矛盾，并且随着社会的发展，城市中的各种矛盾诸如居住环境质量恶化、交通拥挤等一系列矛盾都日益尖锐起来。19世纪末20世纪初人们对城市展开了一系列的研究，空想社会主义、英国关于城市卫生和工人住房的立法、巴黎改建、城市美化运动等一系列的理论探讨与实践，为现代城市规划的形成和发展做了充分的准备。

与此同时，伴随着20世纪以来西方艺术的改革和繁荣，逐步走到历史舞台前的现代主义成了有别于传统艺术形态的一场革命，它包含了哲学、美学、艺术、文学、音乐、舞蹈、诗歌等几乎所有文化与意识形态的范畴。

艺术运动中未来主义者所强调和崇尚的机械美以及与传统决裂的、崭新的、现代的形式和风格，为现代主义建筑师冲击传统建筑提供了非常有力的意识形态和思想理论与方法的支持。现代主义建筑就是在这种历史背景下产生的，并且也成为现代主义整体文化构成体系中的一个重要组成部分。现代主义建筑主要有如下方面的特征：

① 功能主义特征。

② 在形式上提倡简单的几何造型与非装饰原则。

③ 奉行标准化、模块化的设计原则。

④ 在具体设计上重视空间使用方面的考虑，特别是强调对建筑整体空间的考虑，提倡室内空间尽量使用可灵活分隔的墙面以提供自由布局的可能。

⑤ 重视节约建设的费用与开支。[45]

自19世纪末期开始至20世纪30年代陆续出现的埃比尼泽·霍华德（Ebenezer Howard）的"田园城市"理论、勒·柯布西耶（Le Corbusier）的"光辉城市"设想、线形城市理论、工业城市理论等一系列理论研究真正成为现代城市规划发端的比较完整的理论体系和实践框架（图2.2）。

1909年，英国通过了《城市规划法》，并且在利物浦大学成立了世界第一个城市规划系；美国则举行了第一次全国城市规划会议，发表了伯纳姆（Burnham）的芝加哥规划，成立了芝加哥城市规划委员会。1916年纽约市制定了第一个区划法规（zoning law）。

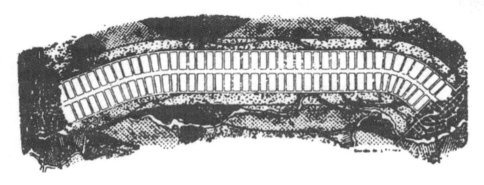

图 2.2 玛塔的带形城市方案

图片来源：沈玉麟. 外国城市建设史［M］. 北京：中国建筑工业出版社，1989.

现代城市规划的发展历程，基本经历了三个阶段：第一阶段是从 19 世纪末霍华德的田园城市开始，经过 20 世纪 30 年代现代建筑运动的推进，以《雅典宪章》的诞生为代表，主要是现代规划思想的产生及相关理论的探索与总结；第二个阶段是第二次世界大战后至 20 世纪 60 年代，现代城市规划理论的全面实践阶段，其实践活动主要集中于战后西方城市重建和全面快速城市化的发展阶段；第三阶段是自 20 世纪 60 年代以来为了适应新的国际秩序条件下的西方国家城市发展背景的巨大转型，以 1977 年《马丘比丘宪章》（*Charter of Machu Picchu*）的诞生为代表，对蓝图式的物质空间规划思想进行了批判式继承，新的规划思想与方法逐步发展建立起来。

启蒙运动、资产阶级革命和工业革命使现代意义上的建筑师试图利用和通过建筑的手段来达到改变社会现状、解决社会问题的目的。因此，从现代城市规划的产生与发展来看，现代城市规划基本上是 20 世纪上半叶在建筑学的领域内得到发展的，甚至可以说，现代城市规划的发展是追随着现代建筑运动而展开的，与现代建筑思想的形成具有同源性。

（四）功能主义规划思想

1933 年，国际建协召开了国际现代建筑协会（CIAM）第四次会议，会议的主题是城市功能，会议发表了影响深远的《雅典宪章》，《雅典宪章》成为现代城市规划中功能主义城市规划思想的宣言。

《雅典宪章》依据理性主义的思想方法，对当时城市发展中普遍存在的问题进行了全面的分析，其核心是提出了功能主义的城市规划思想，并把该宪章称为"现代城市规划的大纲"。

从思想方法的角度讲，《雅典宪章》是奠基于物质空间决定论的基础之上的，是一种典型的物质空间规划思想。它认为城市规划就是要描绘城市未来的终极蓝图，期望通过城市建设活动的不断努力而达到理想的空间形态，这是现代城市规划思想受到建筑学思维方式和方法的深刻影响的直接体现。这宪章同时强调了经济、功能原则对于城市规划的极度重要性。

城市的"功能分区"思想是《雅典宪章》中最为突出的内容，而且对以后的城市规划发展、实践影响也最为深远。《雅典宪章》认为，城市中的诸多活动可以被划分为居住、工作、游憩和交通四大基本类型——这是城市规划研究和分析的"最基本分类"，并提出城市规划的四个主要功能要求各自都有其最适宜发展的条件。

《雅典宪章》在思想上认识到城市中广大人民的利益是城市规划的基础，"人的需要和以人为出发点的价值衡量是一切建设工作成功的关键"，并要求以人的尺度和需要来估量功能分区的划分和布置，为现代城市规划的发展指明了以人为本的方向，建立了现代城市规划的基本内涵。

《雅典宪章》还认识到城市与周围区域之间是有机联系的，同时也提出了保存具有历史意义的建筑和地区是一个非常重要的问题。

《雅典宪章》运用了理性主义的思想方法，从对城市的整体分析入手，通过对城市活动进行分解，然后对各项活动及其用地在现实城市运行中所存在的问题予以揭示，针对这些问题提出了各自改进的具体建议，然后期望通过一个简单的"模式"和交通系统的粘连作用将这些已分解的若干部分重新结合在一起，从而复原成一个完整的、有秩序的城市，这个"模式"就是功能分区和其间的机械联系。

《雅典宪章》的通过与发表，成为这一时期及此后相当长时期内的城市规划设计和实践的有意识的实践原则，并促使现代城市规划沿着理性功能主义的方向发展，成为20世纪60年代之前城市规划发展和城市建设的主流。

二战后，柯布西耶在1950年为印度昌迪加尔所作的城市规划方案就是《雅典宪章》中功能分区机械联系的直接案例，这个规划方案也成为现代城市规划史上形而至上的代表（图2.3）。规划构思表达了充分的形式理性主义色彩：各个功能分区明确，以象征人体的生物形态构成城市总图的基本特征。"主脑"为行政中心，设在城市顶端山麓下；商业中心位于全城中央，象征城市"心脏"；博物馆、图书馆等是"神经中枢"，位于"主脑"附近的风景区；大学区位于城市北侧，宛如右手；工业区位于东南侧，宛如左手；水电等市政系统似血管神经一样遍布全城；道路系统构成"骨架"，象征人的"骨骼"；城市内各种建筑像肌肉贴附，在城市中心留出大量的绿化间隙空地，似人的肺部用于呼吸。[46]规划反映了《雅典宪章》的基本原则，各个区域与街道没有名称而全部用字母或数字命名，体现了一个高度理性化的城市特征。

昌迪加尔是现代城市规划运动中完全按照图纸付诸实施的第一个城市，但同时它也被批评规划方案无视具体地点、具体人文背景，是现代功能理性主义、形式理性主义城市规划的一个失败例子。

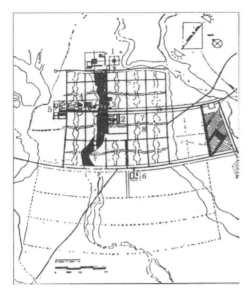

1—行政中心；
2—商业中心；
3—接待中心；
4—博物馆与运动场；
5—大学；
6—市场；
7—绿地与游憩设施；
8—传统商业街。

图 2.3　昌迪加尔规划

图片来源：沈玉麟. 外国城市建设史［M］. 北京：中国建筑工业出版社，1989.

（五）该时期主要的城市规划理论

1. 城市分散主义

城市分散主义主要是希望通过疏散大城市的发展压力来有效地进行城市建设和发展，在 19 世纪末、20 世纪初，霍华德田园城市理论与赖特的"广亩城市"的思想成为城市分散主义的思想代表。

1898 年，英国人埃比尼泽·霍华德提出了"田园城市"的理论。在《明日——真正改革的和平之路》（*Tomorrow：A Peaceful Path Towards Real Reform*）一书中，霍华德对此理论进行了详细的阐述。

霍华德指出"城市应该与乡村相结合"，一个 3 万人规模的同心圆的空间城镇、放射大道、内核是花园和公共建筑群体、外围是花园和建筑间隔的圈层空间以及沿同心圆设置的主要环形道路，就构成他的"田园城市"的主要空间形态。美国现代主义著名建筑师弗兰克·劳埃德·赖特（Frank Lloyd Wright）同时是一位自然主义者，他追求回归自然，美国西部广阔的大草原成为他思想驰骋的绝佳场所。赖特希望将人类的居住单元分散布置，用遍布的道路系统将它们联系起来，并将这种完全分散的、低密度的城市形态称为"广亩城市"（Broadacre City）（图 2.4），实质上是对当时城市的否定。赖特有关极度分散主义的规划思想集中反映在他 1932 年发表的《正在消失中的城市》（*The Disappearing City*）以及 1935 年发表的《广亩城市：一个新的社区规划》（*Broadacre City：A New Community Plan*）之中。

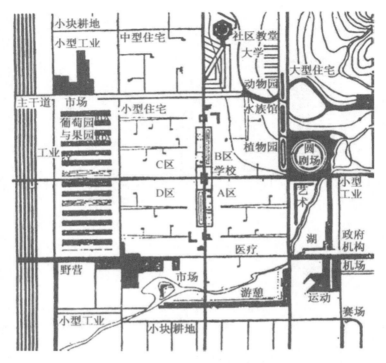

图 2.4　赖特的广亩城市平面示意

图片来源：张京祥. 西方城市规划思想史纲 ［M］. 南京：东南大学出版社，2005.

　　霍华德与赖特都被视为西方城市分散主义思想的代表者，但是霍华德的"田园城市"与赖特的"广亩城市"之间在很多方面有着很大的不同：从社会组织方式看，田园城市是一种"公司城"的思想，试图建立起劳资双方的和谐关系；而广亩城市则强调居住单元的相互独立与建立于汽车和电力基础之上的联系，是保持"农村生活方式"的城市。从城市特性上看，田园城市既想保持城市的经济活动和社会秩序，又想结合乡村的自然幽雅环境，因而是一种折中的方案；而广亩城市则完全抛弃了传统城市的所有结构特征，延续了分散的、低密度的农村生活思想，强调真正地融入自然乡土环境之中，实际上是一种"没有城市的城市"。从对后世的影响看，田园城市模式直接导致了后来西方国家的卫星城建设及新城运动，而广亩城市则成为后来欧美中产阶级郊区化运动的根源。

　　2. 城市集中主义

　　城市集中发展理论是基于城市经济活动的聚集之上的，正是经济活动的聚集使城市人口不断集中，使城市迅速扩张。

　　作为现代建筑运动与城市规划的激进分子与主将的勒·柯布西耶，对于西方建筑与城市规划中"机械美学"思想体系和"功能主义"思想体系的形成、发展，具有决定性的作用，同时也是城市集中主义规划思想的倡导与推行者，主张通过对城市本身内部的改造，使城市适应未来发展的需要，将改造重点置于物质要素的布局与改善。

柯布西耶在 1922 年发表了《明日城市》（*The City of Tomorrow*）一书，并于 1922 年在巴黎秋季美术展上提交了一个极其理性的城市规划方案，取名为"300 万人口的现代城市"（图 2.5），这个规划堪称现代城市规划范式的里程碑，也是世界上第一个完整的现代城市规划的观念展示。在这个方案中，中心区除必要的公共服务设施外，规则性地在周边分布了 24 栋 60 层高的可容纳近 40 万人居住在其中的摩天大楼。在摩天大楼围合的地域内及其周围是大片的绿地，建筑仅占总基地面积的 5%。再外围是可容纳 60 万居民的多层连续的板式住宅形成的环形居住带，而在最外围规划的是容纳 200 万居民的花园住宅区。整个城市平面呈现出严格的几何形构图特征，矩形和对角线的道路交织在一起，犹如机器部件一样规整而有序。柯布西耶反对传统式的街道和广场，而追求由严谨的城市格网和大片绿地组成的充满秩序与理性的城市格局，通过在城市中心建设富有雕塑感的摩天大楼群来换取公共的空地，阳光、绿地、空间是他所追求的。他充分阐述了从功能和理性角度出发的对现代城市的基本理解以及从现代建筑运动的思潮中所引发出的关于现代城市规划的基本构想。这种集中主义思想下的"花园中的城市"明显有别于霍华德的"城市中的花园"的田园城市思想。1925 年，柯布西耶发表了他的巴黎市中心区改建规划方案——伏瓦赞规划（Plan Vision），这是他的现代集中主义城市构想的再一次运用。在 1930 年布鲁塞尔国际现代建筑会议上，柯布西耶又提出了"光辉城市"的规划，进一步表达了他的现代城市规划思想。因此，人们又常常把他的设想统称为"集中主义城市"。

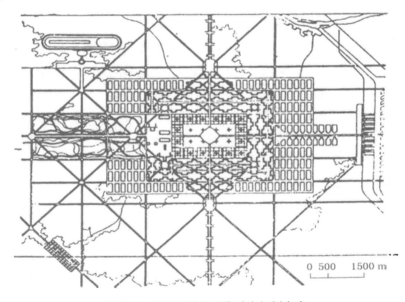

图 2.5　柯布西耶的现代城市规划方案

图片来源：沈玉麟. 外国城市建设史［M］. 北京：中国建筑工业出版社，1989.

柯布西耶对于这个体现高度功能理性的"集中主义城市"是这样设想的：

① 城市必须是集中的，只有集中的城市才有生命力。

② 城市中心地区对各种事物均有较大的聚合作用。传统的城市需要通过技术改造以完善市中心地区的集聚功能。

③ 拥挤的问题可以用提高密度来解决。

④ 集中主义城市并不是要求处处高度集聚发展，而是主张应该通过用地分区来调整城市内部的密度分布，使人流、车流合理地分布于整个城市。

⑤ 高密度发展的城市，必然需要一个新型的、高效率的、立体化的城市交通系统来支撑。[46]

如果说霍华德是希望通过分散发展与社会改革的手段来解决城市的空间与效率问题，那么显然，柯布西耶则是希望通过对大城市结构的重组，在人口进一步集中的基础上借助于新技术手段来改造物质空间要素，从而实现解决城市问题的目标。这体现出城市规划思想中两种基本的指向乃至阵营：分散发展与集中发展。分散发展的思想是希望通过建设一组规模适度的城市（城镇群）来解决城市无限度扩张可能带来的相关问题，而集中发展的思想则认为集聚给城市带来生命力，正是"密度带来了城市的多样性"（简·雅各布斯），希望通过对大城市内部空间的集聚方式与功能改造，使之能够适应现代社会发展的需要。

3. 城市有机疏散理论

1943年芬兰裔的美籍建筑师、规划师沙里宁（Saarinen）出版了著名的《城市：它的发展、衰败与未来》（The City：Its Growth，Its Decay，Its Future）一书，详尽地阐述了他关于有机城市及有机疏散（Organic Decentralization）的思想。沙里宁认为城市发展的原则是可以从自然界的生物演化中推导出来的，这正是他有机疏散理论的思想基础。

沙里宁在有机疏散理论中认为城市是一个有机体，是和生命有机体的内部秩序一致的，因此不能任其自然地凝聚成一大块，而要把城市的人口和工作岗位分散到可供合理发展的远离中心的地域上去。有机疏散的两个基本原则是：把个人日常的生活和工作称为"日常活动"的区域，做集中的布置；不经常的"偶然活动"的场所，不必拘泥于一定的位置，则做分散的布置。"对日常活动进行功能性的集中"和"对这些集中点进行有机的分散"这两种组织方式，是使原先密集城市得以实现有机疏散所必须采用的最主要的方法。

沙里宁指出有机疏散就是把传统大城市那种拥挤成一整块的形态在合适的区域范围分散成为若干个集中单元，并把这些单元组织成为"在活动上相互关联的有功能的集中点"，它们彼此之间将用保护性的绿化地带隔离开来。大赫尔辛基规划是其规划思想的体现（图2.6），他的有机疏散论在第二次世界大战后也成为欧美各国新城建设以及大城市向城郊有机疏散扩展的重要思想基础。

图 2.6　沙里宁的大赫尔辛基规划

图片来源：沈玉麟. 外国城市建设史［M］. 北京：中国建筑工业出版社，1989.

4. 城市地域空间结构的社会学理论

关于城市地域空间的社会属性特征的早期研究可追溯到 20 世纪 20 年代，最有代表性的是城市内部地域结构的三大经典学说。

（1）同心圆理论（Concentric Zone Theory）

美国学者伯吉斯（Burgess）的同心圆理论被认为是创造了社会生态学。1925 年伯吉斯在题为"城市的发展"的论文中曾提出："城市的发展如同生物的有机体一样，包含着集中和分散、分工和协作的整个发展过程，使城市空间形成了用途各异的空间地带，并且随着各地带的扩展和演变推动着城市地域呈圆形不断扩大。"伯吉斯认为，随着城市的发展，城市地区的半径由内向外不断增大，并形成一个个同心圆。他通过对美国芝加哥市的研究，根据芝加哥的土地利用和社会—经济构成的地域分异模式，从动态变化入手，提出了城市地域结构形成由内向外发展的同心圆模式，即城市功能的向心力、吸引力与离心力、排斥力之间的矛盾运动导致了城市地域的地带变异[48]。为此，可将城市的整个地域划分成五大用途各异的地带，即中心商业区、过渡带、工人居住区、高级住宅区、通勤居民区等五个同心圆状的结构模式。[49]

同心圆的城市空间结构模式（图 2.7）：① 中心商业区（Central Business District）。这是城市商业、社会活动、市民生活和公共交通的集中点，是城市的中枢。它拥有中心商业街、办事处、银行、俱乐部、时装公司和剧场等。② 过渡带（Transitional Zone）。该地原先是居住区，后来由于商业和轻工业的不断侵入，环境日渐恶化，最终成了贫民窟集中和犯罪率高的地区，所以也被称为退化带。③ 低收入居住带（Low Income Housing Zone）。这里主要是产业工人集中的两层建筑。④ 高收入居住带（High Income Housing Zone）。这是美国中产阶级和机关工作人员的居住区，独立建筑居多，具有一流的旅馆和高级公寓。⑤ 通勤带（Commuter Zone）。该地区是沿高速交通线路发展起来的，是城市中心工作人员的居住区，也称使用月票者居住区。伯吉斯的同心圆理论有许多可取之处：① 从动态变化入手分析城市空间结构；② 阐述了场地距中心点的距离与可聚性、土地租金的关系；③ 为研究城市空间结构提供了一种思想方法，忽视了城市中心辐射交通线路对用地及其土地租金的影响。

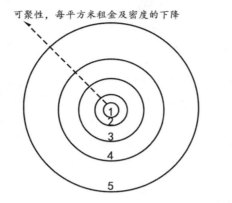

图 2.7　同心圆的城市空间结构模式

图片来源：叶锦远 . 国外城市空间结构理论简介 ［J］. 外国经济与管理，1985，（06）：22-24.

（2）扇形理论（Sector Theory）

扇形理论是美国学者霍伊特（Hoyt）于 1939 年创立的。霍伊特认为，沿一条特殊运输路线而发展起来的城市，其用地往往采用具有独特优势的形式，每一个扇形区由市中心向外伸展（图 2.8）。扇形理论是同心圆理论的变形，仍然是单中心属性。它将交通运输线路影响纳入考虑。同心圆理论和扇形理论都基于这样的假定：城市地区是由一个中心发展起来的。

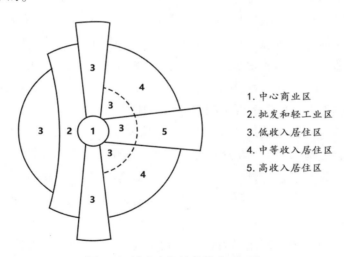

图 2.8　城市空间结构的扇形理论

图片来源：叶锦远 . 国外城市空间结构理论简介 ［J］. 外国经济与管理，1985，（06）：22-24.

（3）多核心理论之一：中心地理论（Central Place Theory）

德国学者克里斯塔勒（Christaller）于 1933 年创立中心地点理论，即中心服务点分布的理论。这一理论基于这样的假定：城市地区位于一块匀质的平地上，各个中心服务点有规则地分布在一个统一的整体内，每一个中心点的市场区或辐射范围呈六角形状，由此构成了一个六角形网络布局模式，即克里斯塔勒的中心地点布局模式（图2.9）。他提出不同级别的中心点有不同规模的六角形市场区和人口，他将中心地分为地区中心（District Centre）、郡中心（County Center）、乡中心（Township Centar）、村中心（Market Hamlet Center）等不同等级。克里斯泰勒的理论规定了各类中心点的商品和劳务的服务范围（3倍之差）。根据这一理论就可以克服其他布局形式因中心点分布不合理而导致的服务不均问题。

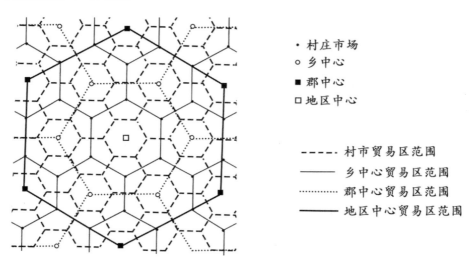

村庄市场
乡中心
郡中心
地区中心

- - - - - 村市贸易区范围
———— 乡中心贸易区范围
·········· 郡中心贸易区范围
———— 地区中心贸易区范围

图2.9　多核理论之中心地理论模型

图片来源：叶锦远. 国外城市空间结构理论简介［J］. 外国经济与管理，1985，（06）：22-24.

中心地点理论最早提出了"等级规模规则"，它为建设和管理城市地区及分配资源提供了必要的理论基础。斯梅尔斯（Smailes）在1938年的研究结果认为英格兰和威尔士的城市可分为：大城市（Major City）、大城镇（Major Town）、城镇（Town）、次级城镇（Sub-town）、村镇（Village）、村庄（Hamlet）。要取得第三级城市的资格，必须配有三家银行、一座仓库、一所小学、一家医院、一座戏院和一家周报报社。不具备这一系列服务功能的城市只能归类为次级城镇或村镇。城市不仅应拥有城镇的全部服务设施，而且还应拥有百货商店、专科医院和晚报报社。大城市除上述设施外，应拥有政府部门和私营公司的办公机关、大学和日报报社。

人们对中心地点理论提出的批评是，该理论得取决于匀质的地理条件，而忽视了不均匀性、地区特殊性、产业发展的影响以及商品和劳务服务的交叉性。

随着对城市问题研究的深入，中心地点理论在美国得到了进一步的发展。贝里（Berry）和加里森（Garrison）提出了"距离"和"界限"的概念。他们认为，"距离"和"界限"可以制约城市中心点的分布。所谓"距离"是指人们通过旅行去获取货物和劳务的距离，而"界限"是指维持中心地货物或劳务供给能力所需的最小购买力的供应界限。产品或货物的供给距离（距中心点的路程）会受到一定的限制，其上限取决于其他中心点供应相同的产品或劳务的竞争程度，其下限是供应界限须保证中心点功能的实现。

（4）多核心理论之二：多中心理论（Multiple-nuclei Theory）

美国学者哈里斯（Harris）和厄尔曼（Ullman）于 1945 年提出了多中心理论。在他们看来，许多城市的土地利用形态，并非围绕唯一核心，而是围绕有若干距离的多个核心（图 2.10）。他们还认为，城市可分为中心地城市、港口城市、特殊城市三类。而这些不同空间功能的核心主要是历史发展形成的。然而，该理论对于这些不同的核心如何形成和相互关系并没有进行系统的理论诠释。

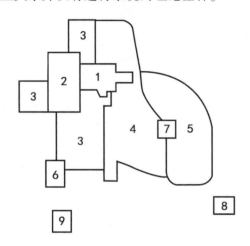

1. 商业中心区
2. 批发和轻工业中心区
3. 低收入居住中心区
4. 中等收入居住中心区
5. 高收入居住中心区
6. 重工业中心区
7. 市郊商业中心区
8. 市郊居住中心区
9. 市郊工业中心区

图 2.10　多核理论之多中心理论模型

图片来源：叶锦远. 国外城市空间结构理论简介 [J]. 外国经济与管理，1985，（06）：22-24.

（六）小结

现代城市规划脱胎于现代建筑运动。功能主义规划思想成为其产生及早期发展的主流思想。物质空间要素的设置与安排成为规划的核心内容。分散和集中成为人们对解决城市问题的两种物质规划的思考趋向。城市空间的内涵，即空间结构、社会属性关系和特征已经得到关注和研究，包括城市空间结构的单中心、多中心、多层级的分布特征。但是，社会文化、经济制度、公众参与等重要因素尚未成为规划的重要内容。

二、第二次世界大战以后至 20 世纪 60 年代

（一）西方经济、社会、技术等发展基本状况

二战后，西方经济遭到重创，但在战后迅速得到了恢复与发展，当时，欧洲面临的

重要任务：一是恢复生产，解决战后房荒；二是有步骤、有计划地改建畸形发展的大城市，建设新城，整治区域与城市环境，以及对旧城规划结构进行改造。这个时期世界各国城市的主要发展趋势是城市化进程仍在继续，发达国家中小城市仍不断增多，第三世界的人口继续大量增加。西方在较短时间内医治了战争的创伤，使整个社会的经济技术水平都得到了较大的发展，西方社会再次进入了普遍繁荣的经济时代，并且是进入到一个由政府管理及主导的经济快速发展的时期。

（二）二战后西方的科学、社会思潮

二战以后，随着科学的发展，以爱因斯坦等为代表的唯理论者将自然科学大大地向前推进了一步。人们对自然规律的认识已经远远超越了可以直接感知的"经验观察"范畴，于是人们更相信一切自然规律都是可以被认识、掌握、预测并能控制的。

在西方社会，科学主义思潮与实用主义（Pragmatism）哲学思潮成为诸多思潮中的主流与核心。注重实用与实效、崇尚实行与经验的价值哲学思想被越来越多的人所接受。

人们的价值观也在逐渐发生改变。凯恩斯（J. M. Keynes）提出的主张实施积极的国家干预的"凯恩斯主义"（Keynesianism）被各个垄断资本主义国家所接受，并成为国家对资本主义自由经济市场实施有效干预的理论支撑。"福特主义"（Fordism）成为二战后用来描述西方资本主义经济与社会总体形态的基本术语，它建立在以标准化、大批量、高效率为基本特征的"福特生产线"的思想基础之上，但其影响已经远远超越了生产流水线，他将"功能"、"实用"、"效率"等观念作为深入人心的基本观念植入到这个时代每个人的心中。"福利国家"成为战后西方民众对国家的向往和要求，中央政府和地方当局共同承担主要社会责任，并通过相应的措施来解决社会问题，为民众提供良好的生活环境及保障。

（三）二战后西方大城市的发展

二战以后，随着经济的快速恢复和增长，西方国家大城市迅速发展，特别是20世纪50年代以后，城市化进程大大加快。许多发达国家城市化平均水平达60%以上，一些大城市、特大城市急剧膨胀起来，有些大城市的集聚甚至失去控制，发展成为千万人口以上的超级城市。各种"大城市病"接踵而至，如何实现特大城市发展形态的优化又被重新置于一个重要的地位。

二战以后在西方城市规划思想中，"适度分散"已经基本成为共识，沙里宁的有机疏散思想成为特大城市功能与空间重组的重要理论基础。荷兰兰斯塔德地区的规划、丹麦大哥本哈根的指状规划、20世纪50年代至20世纪60年代华盛顿的放射长廊规划（图2.11）、20世纪70年代的莫斯科总体规划（图2.12）等，都是有机分散主义思想在特大城市空间、功能优化中的经典实践。

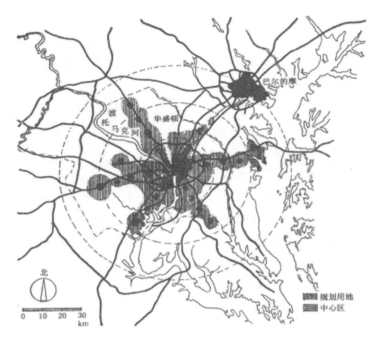

图 2.11　20 世纪 50 年代至 60 年代华盛顿的放射长廊规划

图片来源：沈玉麟．外国城市建设史［M］．北京：中国建筑工业出版社，1989.

图 2.12　1971 年莫斯科总体规划

图片来源：沈玉麟．外国城市建设史［M］．北京：中国建筑工业出版社，1989.

（四）二战后对于空间规划理论的批判

现代城市规划的思想基础是理性主义的城市规划思想，二战后，理性主义的城市规划思想得到了进一步的发展。1952 年，路易斯·基布尔（Lewis·Keeble）出版了理性规划思想的标准著作《城乡规划的原则与实践》（*Principles and Practice of Town and Country Planning*），在这本书中，基布尔集中阐述了城市规划中的理性程序，城市规划的对象依然是主要局限于物质方面，从现状调查直至各工程系统规划编制在理论上遵循了严密的逻辑，其思想方法代表了理性主义的标准理论，成为战后物质性城市规划的标准版本。

但对于基于物质空间规划基础上的理性主义规划理论的批判自其诞生之日起就不曾间断。主要是对理性主义规划理论多局限于物质形态而对社会问题少有关注的现象进行批判，同时对其工作方法及其行政管理过程也进行了批判性的思考，指出理性主义理论对决策者的立场缺乏充分的认识，忙于细部的综合性规划却往往放弃了最重要的城市发展战略。

1954 年国际现代建筑协会（CIAM）中的第 10 小组（Team 10）在荷兰发表了《杜恩宣言》，提出以人为核心的"人际结合"思想，指出要按照不同的特性去研究人类的居住问题，以适应人们为争取生活意义和丰富生活内容的社会变化要求。它明确地对《雅典宪章》的精神进行了反叛，其实质就是对理性主义规划理论的批判，因为从思想本质上来看，Team 10 是人文主义的，对社会问题的思考是他们规划思想的基础所在。

1958 年希腊成立了"雅典技术组织"，在道萨迪亚斯（C. A. Doxiadis）的领导下建立了研究人类居住科学、人类环境生态学的新兴交叉学科——人类聚居学（Ekistics），并指出人类居住环境由 5 个要素组成：自然界、人、社会、建筑物和联系网络，要求把建筑、自然、环境和社会（人群）结合在一起，以提高城市环境质量，增加环境舒适度，实现自然环境与人工环境的密切结合，并开始从社会与人群的角度考虑环境问题。1969 年美国的景观设计师麦克哈格（L·McHarg）出版了《设计结合自然》（*Design with Nature*），被视为城市生态环境学方面的奠基性学术著作。这些都为现代城市规划理论在新时期的发展注入了新的活力与思想源泉。

1977 年，《马丘比丘宪章》发表。《马丘比丘宪章》对《雅典宪章》的思想核心——生活、工作、游憩和交通这四项城市基本功能的理性分区进行了批判性阐述，认为追求功能分区牺牲了城市的有机组织，忽略了城市中人与人之间多方面的联系。而我们应该在城市中建设的是一个综合、多功能的生活环境，而不是机械、单一功能的城市区域，同时指出城市规划应该是一个动态的发展过程[40]。

（五）该时期主要的城市规划理论

1. 系统规划理论

20世纪初，系统规划理论在帕特里克·格迪斯（Patrick Geddes）的规划思想中就有所体现。格迪斯指出，城市规划家要把城市现状和地方经济、环境发展潜力与限制条件联系在一起进行系统研究，极力提倡在规划过程中逐渐认识城市的全部职能，反对命令式的形式主义的城市规划和单纯的专家技术规划。但一直到了20世纪60年代，系统规划理论才逐渐发展兴盛起来。

《牛津英语大词典》将系统定义为"组合的整体，有关联的事物或部分的集合"，"相关的、有联系的或互相依赖的一系列要素或要素的集合，形成一个综合体"。现代系统思想是将世界看成是系统与系统的集合，将研究和处理问题的对象作为一个系统来对待。

系统规划理论承认城市是复杂的系统，认为城市是不同区域位置的功能活动相互联系和作用的系统。因此，系统规划理论将重点放在了功能活动、城市活力和变化上，提出需要有更强适应性的、更灵活的规划，认为必须坦然面对城市的变化，将城镇规划看作一个不断变化的情形下持续的关注、分析、干预的过程，而不是为一个城市或城镇理想的未来形态制定一个"一劳永逸"的物质空间形态的蓝图。[50]

布莱恩·麦克劳克林（Brian McLaughlin）在1969年出版的经典著作《系统方法在城市与区域规划中的应用》一书中对系统规划理论就进行了相关的理论阐述，成为将系统方法、理性决策和控制论引入到城市规划之中的重要标志。根据他的方法，整个规划过程是以目的的建立为开始，而后为目的建立具体的操作性目标，并选择相应的实施过程和方案，以目标来进行评价，最后实施方案并进行阶段性的检验与反馈、修正。

系统规划理论可以被看作是对传统物质空间规划理论的批判。系统规划理论的目标是了解城市作为一个系统是怎样运行的，并努力分析系统各要素间复杂的相互关系，并为这些关系建立动态的模型，以适应城市的动态性与变化性。城市规划的过程性特征得到进一步的加强，城市规划开始被认为是战略决策的过程，"过程规划"的方法论思想出现并逐步发展起来。

2. 区域规划的理论

最早的区域思想应该在霍华德的"田园城市"中就已开始萌芽。1915年，格迪斯出版了《进化中的城市：城市规划与城市研究导论》一书，首次把自然地区作为规划研究的基本框架，提出区域综合规划的方法，并预见性地将城市扩大到更大范围内而集聚形成新的城市群体形态：城市地区、集合城市以及世界城市。20世纪20年代初开始进行的纽约市区域规划在区域规划层面进行了全面的探索，提出了政府干预和参与公共住房建设、"邻里单位（Neighbourhood unit）""雷德朋（Radburn）原则"等一系列理论，并进行了一系列的具体发展实践，成为后来区域规划的宝贵财富。但是，直到

1929 年至 1932 年的西方经济大衰退后，人们才完全意识到需要通过国家和区域规划来进行必要的发展调控，必须把城市与其影响、依托的区域联系起来进行规划。

区域规划思想奠基于格迪斯和芒福德（Lewis Mumford）等人的理论努力，格迪斯、芒福德等人从思想上确立了"区域—城市关系"是研究城市问题的基本逻辑框架，1938 年芒福德的《城市文化》被称为区域规划的经典著作之一。芒福德认为"区域是一个整体，而城市是它其中的一部分"，所以"真正成功的城市规划必须是区域规划"，"区域规划的第一不同要素需要包括城市、村庄及永久农业地区，作为区域综合体的组成部分"。他还曾强调把区域作为规划分析的主要单元，在地区生态极限内建立若干独立自存又互相联系的、密度适中的社区，使其构成网络结构体系。

二战以后，很多西方国家结合国内经济的恢复和发展，在一些发达的城市地区（伦敦、巴黎、汉堡、斯德哥尔摩等）和重要的城市工矿地区（如德国的莱茵-鲁尔地区）开展了大量区域规划工作。

1944 年英国著名规划学家帕特里克·阿伯克龙比爵士（Sir Patrick Abercrombie）制定的大伦敦规划（图 2.13），可以被认作是西方规划史上大都市地区（区域）的规划的典型代表。

"大伦敦规划"中，阿伯克龙比对西方城市规划理论与实践的最大贡献就是在一个比较广阔的范围内（即区域层面）进行特大城市的规划，他吸收了霍华德田园城市理论中分散主义的思想，以及格迪斯的区域规划思想、集合城市（Conurbation）概念，采纳了雷蒙德·昂温（Raymond Unwin）的卫星城建设模式，将伦敦城市周围较大的地域作为整体规划考虑的范围。当时被纳入大伦敦地区的面积为 6 731 平方公里，人口为 1

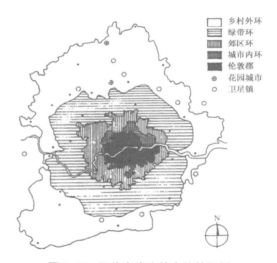

图例：
- 乡村外环
- 绿带环
- 郊区环
- 城市内环
- 伦敦郡
- 花园城市
- 卫星镇

图 2.13　阿伯克隆比的大伦敦规划

图片来源：张京详. 西方城市规划思想史纲 [M]. 南京：东南大学出版社，2005.

250 万。规划方案由内向外划分了四层地域圈，即内圈、近郊圈、绿带圈与外圈，结合放射路与同心环路直交的交通网，并且制定了相应的保护、控制、建设要求。对二十世纪四五十年代各国的大城市规划产生了深远的影响。

20 世纪 50 年代以后，在经济学界和地理学界的共同推动下，欧美学者在对区域经济、空间发展所进行的研究中提出了许多有关城市—区域发展的理论（最著名的如增长极核理论、空间扩散理论、核心边缘理论以及苏联的地域生产综合体理论等）。

3. 卫星城理论与新城运动

"卫星城"理论是霍华德当年进行田园城市实践的两个助手雷蒙德·昂温和巴里·

帕克（Barry·Parker）对田园城市中分散主义思想的发展与延伸。

1912 年昂温和帕克在合作出版的《拥挤无益》（*Nothing Gained by Overcrowding*）一书中，进一步发展了霍华德田园城市的思想，并在曼彻斯特南部的威森肖（Wythenshawe）进行了以城郊居住为主要功能的建设实践，进而总结归纳为"卫星城"的理念。1922 年昂温出版了《卫星城市的建设》（*The Building of Satellite Towns*），正式提出了"卫星城"的概念（图 2.14），卫星城市是一个经济上、社会上、文化上具有现代城市性质的独立单位，但同时又是从属于某个大城市（母城）的派生产物。

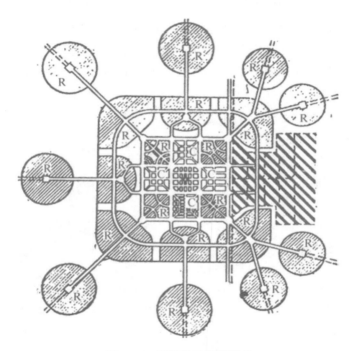

图 2.14　昂温的卫星城模式

图片来源：张京祥. 西方城市规划思想史纲［M］. 南京：东南大学出版社，2005.

二战以后，各个国家的大城市迅速发展，人口急剧增加，分散大城市过于集聚的功能和人口，在更大的区域范围内优化城市空间结构，解决环境问题，实现功能协调，已经成为西方各个国家都在探索的问题。"新城"运动即是这方面探索的产物。其中英国的"新城"运动具有很强的代表性。

1946 年，英国通过了"新城法"（New Town Act），并成立了新城建设公司，开始指定和规划所谓新城。英国的新城建设运动主要发生在二战后至 20 世纪 70 年代中期，英国建设新城的主要目标是：建设一个既能生活又能工作的、平衡的和独立自足的新城，新城不是单一阶段的社会，应能吸收各个阶层的人来此居住和工作。

英国的新城建设运动先后经历了三代新城的建设过程，其中在 1946 年至 1955 年期间建设的是第一代新城，大体体现了田园城市的规划思想。目标是满足基本的生活需求，总体规模比较小，人口密度比较低，功能分区明确，城市结构清晰等。哈洛（Harlow）新城是第一代新城的代表（图 2.15），它更多的是延续卫星城的规划思想，经济上依然是较大地依附于伦敦。1955 年至 1966 年间建设的是第二代新城，与第一代新城相比，规模增大，功能分区不如其那么严格，以创造有活力的城市环境为核心，人口密度提高，考虑新城作为地区经济发展的增长极等。坎伯诺尔德（Cumbernauld）是典型的第二代新城，已经作为经济发展点来建设自己的经济基础与区域经济。1967 年后建设的是第三代新城，期望新城建设成为一个能提供多种多样的就业机会，能提供自由选择住房和服务设施的城市，即一个独立的新城。米尔顿·凯恩斯（Milton Keynes）是典型代表（图 2.16），提出了反磁力吸引体系，企图在区域范围内进行全面的经济和社会规划，此时的新城已经成为一个平衡的社会体，成为疏散伦敦工业和人口的适应城市生活的独立城市。三代新城的发展反映出构建自身经济基础和组织自身生活体系对新城真正发挥舒缓大城市压力作用的重要性。

新城建设总体上来说是城市空间结构在一个基本空白区域上建立并发展的过程，一方面，它是《雅典宪章》中基本规划原则具体实践运用的典范，另一方面，它也成为人们对城市规划建设的自主反思与新的解读。

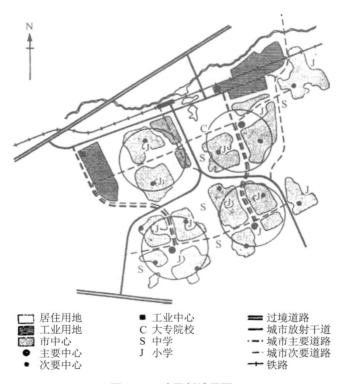

图 2.15 哈罗新城平面

图片来源：沈玉麟. 外国城市建设史 [M]. 北京：中国建筑工业出版社，1989.

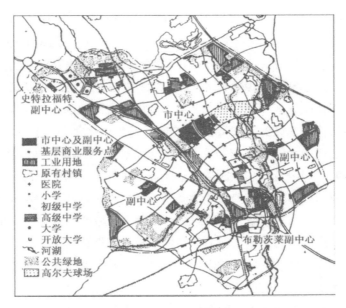

图 2.16　米尔顿·凯恩斯新城规划

图片来源：沈玉麟. 外国城市建设史［M］. 北京：中国建筑工业出版社，1989.

（六）小结

二战后至 20 世纪 60 年代是现代城市规划早期理论集中实践的阶段。二战后规划思想与理论的发展是基于对理性的功能主义规划思想的批判性继承与发展。二战后的社会文化思潮及信息论、控制论和系统论在规划领域的深入研究一方面促使系统规划理论、区域规划理论进一步发展，另一方面也促使了 20 世纪 60 年代之后城市规划理论的百花齐放。

三、20 世纪 60 年代至 70 年代

（一）西方经济、社会、技术发展状况

二战后至 20 世纪 60 年代中叶，西方一直保持兴旺的经济态势，政局也基本稳定。"但从 60 年代中期开始，社会和经济方面的紧张局势大大破坏了战后经济繁荣带来的和平稳定"[51]。1973 年起西欧进入停滞-通货膨胀阶段，通货紧缩，资产市场崩溃，金融机构面临严重困难，经济危机开始了，在 1971—1981 年间，英国减少了 200 万个就业机会，[52]美国在 20 世纪 70 年代期间也减少了 3 800 万个就业机会，[53]这其中的大部分都是传统工业、制造业和传统工业地区的职位，而这种衰退与那些在世界经济中技术已过时的生产形式有关。[54]1973 年和 1979 年发生了两次石油危机，阿拉伯石油输出国出于政治及经济方面的考虑，宣布对西方国家实行石油禁运，石油价格狂飙，对西方产业

及经济的震动极大，暴露出欧洲大部分基础工业（钢铁、造船、化工等）日渐陈旧并缺乏竞争力的问题。[55]这些表明，战后对提高经济具有巨大贡献的国家福利制度与凯恩斯主义已经逐渐丧失其效力，在一些外因的刺激之下，原本掩盖在经济发展中的体制上的固有矛盾暴露出来，最终导致了经济的波动与危机。随着经济态势的改变，规划也从20世纪中叶着重对发展进行控制与引导发展到后来的要极力促进发展的改变。[56]

20世纪70年代后，由于美国经济实力相对衰落，西欧、日本的经济逐渐发展壮大，资本主义世界中出现美国、西欧和日本三足鼎立的局面。20世纪70年代是美苏争霸的冷战时期，由于美国受石油危机的影响较为严重，所以这时期实行封闭经济政策的苏联成为名副其实的第二经济大国。苏联的经济实力在推动当时世界经济实力均衡对比方面发挥了突出的作用[57]。二战使德国分裂为东西两个部分，进入20世纪60年代后东西出现融通的现象，东西方的局势有所缓和，双方寻求积极的对话。其中以时任联邦德国总理维利·勃兰特（Willy Brandt）所做的努力最为巨大。法国戴高乐总统于1969年下台，蓬皮杜成为其继任者，一改其前任的高压独裁政策，开始改革以缓和紧张的社会局势，并采取自由主义市场竞争机制，力图使法国重返昔日荣光。英国在政治上也发生改变，人们对英国的福利状况普遍不满。英国的国家竞争力减弱，很多人认为是体制和赋税造成的。1979年撒切尔领导的保守党开始掌权，国内政策方面政治重心极大向右倾转移。作为对福利制度失败的弥补，以英国首相撒切尔夫人和美国的里根总统为代表，西方国家出现了从凯恩斯主义向新保守主义、新自由主义的转变。20世纪70年代后，新自由主义、新保守主义、全盘私有化正如国家干预在二十世纪五六十年代时的情况成为时代主流。西方各国积极采取各种政策试图振兴国内经济。美国联邦政府于20世纪60年代中后期也拿出上亿资金用于福利与反贫困计划，[58]并在此背景下诞生了1966年的"示范城市与大都市发展法"（Demonstration Cities and Metropolitan Development Act of 1966），法案抨击了城市萎缩与贫困现象，并拟订了"示范城市分计划"。经过这次调整，西方国家在一定程度上缓和了资本主义内部的较为激化的矛盾。

（二）影响城市规划理念的主要思潮

1. 后现代主义思潮

自20世纪60年代开始，西方发达国家的社会经济与文化发生了日益剧烈的变化，媒体、电脑以及新技术的广泛应用，给人类带来了全新的空间和时间经验。西方社会进入了所谓的"后现代社会"、"后工业社会"或者"晚期资本主义社会"时期。这种迥异于以往的社会形态，为"后现代"建筑、艺术、社会文化与哲学思想提供了一个独特的平台。

后现代主义是一场发生于20世纪60年代的欧美，并于20世纪70与80年代流行于西方的艺术、社会文化与哲学思潮。人本主义思潮成为后现代城市规划思想的核心。[46]文丘里（Robert Venturi）1966年的《建筑的复杂性和矛盾性》（Complexity and Contra-

diction in Architecture）拉开了批判现代主义、提倡后现代主义的序幕，被认为是"后现代主义的宣言"。建筑评论家查尔斯·詹克斯（Charles Jencks）疾呼"现代建筑已经死亡"，虽然是针对 20 世纪上半期以来的现代建筑风格（或称国际主义风格），然而却可视作是对西方自启蒙运动以来一直蓬勃兴旺的"现代主义"的挑战，宣告了"现代性"的危机。在这种后现代风潮的影响下，建筑界诞生了不少世界闻名的后现代风格作品，如法国巴黎的蓬皮杜艺术中心、美国的 AT&T 电话电报公司的总部大厦等。然而，一些后现代的建筑风格倾向于把历史中的各种风格以各种方式混杂在一起（如美国新奥尔良意大利广场上运用的各种虚假的、片段的历史性建筑符号），或者采取某种奇怪的、破裂的方式表现历史。艺术领域的后现代思潮在这一时期表现在波普艺术（Pop Art）的崛起上，望文生义，它其实就是一种大众化艺术，借以向传统的高雅、学院派艺术风格挑战。波普的宗旨就是把艺术通俗或贬义地讲，"一切物品都可以是艺术品""艺术就是生活""每个人都是艺术家"，[59]这也是抽水马桶入了艺术馆成为展品的原因。有人认为波普艺术的发源地是英国，但毋庸置疑美国是波普艺术的大本营，而二十世纪六七十年代是它最为辉煌的时期，代表人物如英国的理查德·汉密尔顿（Richard Hamilton）、美国的安迪·沃霍（Andy Warhol）等。这种艺术形式是美式大众文化的一个侧面，是在 20 世纪中叶以来的消费社会与商业化的背景下诞生的。

在社会学领域，后现代时期的学者开始意识到，我们对周围世界所作的论述，只是在特定的社会常规中运作的结果；我们无法在自己的研究领域中找到所谓"普遍性"的特征，即我们应对自己及自己所处的文化具有强烈的反省意识；后现代时期的学者对真理的看法已完全不同于以前，并已开始对实证研究是获得真理的必然途径的信念产生怀疑。

在城市规划领域也出现了众多的反现代思潮，例如林奇、雅各布斯、亚历山大等人的"非主流"论点。后现代主义认为，城市是一个由多元空间、多元关系网络组成的以人为参与主体的多要素复合空间。它绝不是现代主义因果关系的直线型思维、封闭的、终极式的结果，而是采用启发式的探询过程，是各要素构成的一个没有边际的整体，整个有机体维持着一种动态的自动平衡。这正是亚历山大所说的"城市就是一个重叠的、模糊的、多元交织起来的统一体"，也是罗伯特·文丘里宣称"杂乱而有活力胜过明确统一"的本意。而简·雅各布斯（Jane Jacobs）对城市开发中单一的区划和"总体"规划也进行了无情的鞭挞，认为单一的区划严重忽视了城市社会、经济结构的复杂性、多样性和城市活力。后现代的城市设计也重新讨论城市设计的意义，强调历史、传统、文化、地方特色、社区性、邻里感和场所精神，研究的重点从大尺度的城市空间和城市环境转变为尺度宜人的城镇景观。科林·罗（Colin Rowe）认为，现代城市需要几代人的努力才能形成，不同于帝王时代，可以在集中指导下使城市那么"统一""一致"，现代城市要由"局部""片断"，组成一个"拼贴画"（collage）。此后，很多城市规划学家开始陆续对规划决策过程和文化模式进行理论探讨，并从规划相关利益主体、利益机制、规划的公平等角度探讨社会规划学的问题。随着传统空间规划作用的弱化，越来越多的新内容、新方法、新目的不断填充在城市规划这门学科的框架中，例如，此时期的倡导性规划（advocacy planning）、连续性规划（continuous city planning）、行动规划（action planning）等。至《马丘比丘宪章》，重视环境、文化的人本主义精神已上升到重要地位，20 世纪 80 年代以来更是以"怎么都行"（anything going）的整体方法论思想领导了以实用主义为根基的多元共存局面，适应西方后工业社会的发展现实。

对"多样性"的追求远远不能概括后现代主义的全部。后现代主义的城市规划思想包含更深的内容，其根源可追溯到 18 世纪的欧洲启蒙运动。启蒙运动"世界观"主要的一点是信奉分析理性和科学理解，这是推动人类社会进步的主要动力。除"机器美学"（machine aesthetic）外，现代主义更多的是反映了这种启蒙运动的世界观，而后现代主义则就是与这种世界观针锋相对的另外一种思想。莱奥妮·萨德尔考克（Leonie Sandercock）首先对现代主义城市规划和后现代主义城市规划思想进行了比较，认为有两个很显著的对比：一个是涉及规划的本体论基础，另一个是关于城市规划的价值或标准理论。现代主义城市规划思想是"更为理性做出公共和政治决策"。在这个意义上，现代主义表现出来对工具理性（instrumental rationality）的依赖，其规划知识和技能是基于实证科学，采用数量模型来进行分析；这个"理性—科学"的城市规划思想在规划实际中一个重要的体现是"自上而下"的决策方式，追寻"总体综合"的规划理念。针对城市规划中的"自上而下"的国家引导方式，萨德尔考克认为城市规划不完全是"综合、整合的行为"，而在很大程度上是"协商、政治和集中的城市规划"，应该转变为"自下而上的社区规划"，从以国家的政策导向为主到"以人为中心"为主的城市规划。这种基于"社区规划"的后现代主义规划思想比理性模型的规划路线更能够把城市中的多元文化、价值观等综合因素考虑进来。[60]

2. 生态主义与城市生态学派

城市生态学最初由芝加哥学派创始人罗伯特·帕克（Robert Park，1864—1944）在 1915 年发表的《城市：城市环境下人类行为的探讨》一文奠定了城市生态学派的基础。帕克关于城市生态学的主要观点涉及以下内容：城市的初步布局是以自然环境为基础的，此后当城市人口不断增加时，由于个人兴趣、职业及经济利益等因素作用而使人口分布于城市的不同的位置。这些地域的分隔形成了许多具有独特文化、传统、历史的街区。在城市化之前，社区的社会经济制度建立在家庭关系、文化传统、社会地位等基础上。城市化之后，原先的社会经济制度遭到破坏，城市化促使人口不断流动和增加，人口的流动和增加又将人与人之间的关系变得非人性化。人与生俱来有各种本能和情感，各个邻里也兼具"道德地区"（Moral Zone）的功能。[61]帕克将城市生态学定义为研究城市人类活动与周围环境之间关系的一门科学。显然，城市生态系统在结构与功能上与自然生态系统及半人工生态系统均存在较大的差异。传统生态学中的生态关系以自然生态系统中的动物、植物、微生物及相关生存环境为主。而城市生态学则是将城市生态系统的结构与功能分析与人类的社会及经济活动紧密相连，是以生态学为主，以相关学科为补充，多学科相辅相成的一门典型的交叉学科。

20 世纪 70 年代后，随着后现代主义思潮对社会文化的重视，生态主义得到了更进一步的发展。最著名的是马克斯·卡斯泰尔（Max Castells）有关的研究，他的主要思想是：第一，把城市化看成是城市的生活方式；第二，社会结构和空间组织之间存在关系；第三，城市是一种生态系统。[46]

生态学家从生态学角度把城市看作高密度建筑区居民与其周围环境组成的开放的人工生态系统，该系统被人为地改变了结构、物质循环和生境。

虽然生态主义学派试图以加入文化—社会的新观点去弥补传统生态学的缺陷，但无论如何，他们的新观点仍无法解决以下两大问题：第一，生态学派并没有处理权力的问题，动植物界中强调强者生存弱者淘汰，这个强与弱的情况是建立在体质基础上的，可是强与弱在某种角度是由权力的多少划分的，不同的社会阶层拥有不同程度的权力，这些权力差异又是怎样影响城市资源的分配的？生态学派并未涉及这一点。第二，在信息高度发展的年代，现代人类生态学派并未能预见城市发展对全球化的推动作用。

3. 新马克思主义（Neo-Marxism）与新马克思主义城市理论

新马克思主义是 20 世纪产生于东欧的对马克思主义进行批评、修正和重新理解的一种思潮。在经典马克思主义理论形成过程中，马克思等人虽然对资本主义工业化时期城乡对立及城市阶级斗争进行了论述和总结，但城市问题并不占据中心地位，在他们看来，城市只是资本主义社会发展的重要环境条件而不是动因。而 20 世纪 60 年代以来，伴随着资本主义国家城市危机的出现，西方马克思主义学者重新审视城市问题，并在此基础上提出了新马克思主义城市理论。该理论是对资本主义城市社会的一种全新解读，它主张在资本主义生产方式理论框架下去考察城市问题，着重分析资本主义城市空间生产和集体消费，以及与此相关的城市社会阶级斗争和社会运动，力图揭示城市发展如何连接、反映和调节资本主义基本矛盾，以及如何体现出资本主义的运作逻辑。

新马克思主义关于城市理论的主要观点：第一，空间资本殖民化与城市空间生产。由于城市空间资本主义殖民化，现代资本主义已经从一种在空间背景中生产商品的系统发展到空间本身成为一种商品而被生产的系统，这样一来，城市空间的组织和变化就与资本主义体系有机联系起来。新马克思主义学者十分关心城市空间组织是如何去反映、表达并影响资本主义生产方式的基本矛盾的。在他们看来，城市空间并不仅仅是一种"容器"，空间和社会并不是相互分离和独立的实体，社会组织和空间过程不可分离地交织在一起。城市空间是在资本主义社会中产生和形成的，它本身就是资本主义社会生产关系的一种表现。因此，当资本主义被再生产时，城市空间形式也被再生产；当资本主义经济结构调整以对面临的危机做出反应时，其城市空间也将被重构调整。第二，劳动力再生产的空间单位与集体消费。新马克思主义学者认为，在资本主义城市社会，劳动力再生产所必需的商品供给潜在危机是资本主义内在、固有的，这是由资本主义商品生产的本性决定的。因为消费关注的是商品的使用价值，生产关注的是商品的交换价值，资本追求的是利润和交换价值，而劳动力要求的是需要和使用价值，这几者之间很难一致。这就导致了那些对劳动力再生产来说是极为重要的巨大消费空白空间，而这些空白的消费品生产无论是对个人还是对整个资本主义经济都是必要的，并由此造成了资本主义城市社会的"集体消费（collective consumption）"的危机。卡斯泰尔对"集体消费"的定义是"问题的特点和规模使得消费过程的组织和管理只能是集体而不是别的什么人"。集体消费危机是当代资本主义国家城市问题的具体表现，主要表现为住房供给短缺、医疗健康保护不够、社会设施缺乏等方面。城市集体消费危机造成了整个城市社会新的政治紧张并带来新的矛盾和斗争，国家为了维护社会稳定，被迫干预劳动力再生产过程以试图填补消费空白，结果就是越来越多的社会必要消费由国家来负责提供。卡斯泰尔认为，政府对集体消费品供给的干预本质上是服务于私人资本的。第三，城市社会的阶级斗争与阶级运动。在资本主义城市社会，伴随着空间资本殖民化以及集体消费的出现，城市社会矛盾和阶级斗争也表现出新形式，主要表现为围绕城市建构环境和集体消费危机引发的城市社会运动。在资本积累的同时，也伴随着供给水平下降所带来的对政府本身的下层阶级的反抗[62]。

4. 新古典主义学派与空间资源的最优配置研究

新古典主义学派（neoclassical approach）的理论基础是新古典主义经济学（neoclassical economics）。作为市场经济中的主流经济理论，新古典主义经济学是一种规范理论，探讨在自由市场经济的理想竞争状态下的资源配置的最优化。虽说是建立在新古典经济学基础上，研究城市空间结构的新古典主义学派注重经济行为的空间特征，引入空间变量（克服空间距离的交通成本），从最低成本区位（least-cost location）的角度，探讨在自由市场经济的理想竞争状态下的平衡，来解析城市空间结构的内在机制。

在20世纪60年代，新古典主义学派的主要研究领域是城市土地使用的空间模式。该学派用新古典主义经济理论解析了区位、地租和土地利用之间的关系，其中最有影响力的阿隆索（Alonso）[63]主要针对理想状态（如经济理性、完全竞争和最优决策）下的选址行为进行了研究。阿隆索指出，由于不同的预算约束，各个土地使用者对于同一区位的经济评估（单位面积土地的投入和产出）是不一致的。并且，随着与城市中心的距离递增（意味着区位可达性的递减），各种土地使用者的效益递减速率（边际效益的变化）也是不相同的。基于这样的假设，阿隆索提出的核心概念是不同土地使用者的竞租曲线（bid-rent curves）表示土地成本和区位成本（克服空间距离的交通成本）之间的权衡，类似于新古典主义经济学的无差别曲线（indifference curves）。不同的曲线表示不同的土地使用，曲线上的任何一点表示一种选址可能性。同一曲线上任何一种选择方案的经济效益（土地成本和区位成本之和）都是相同的。于是，城市土地使用的空间分布模式就可以用一组地租竞价曲线来加以表示。该学派在20世纪70年代的西方产生重要影响，作为一种规范理论，新古典主义学派的研究对象是理想状态下的空间经济行为，但关于理想状态的各种假设在现实世界中并不存在。

5. 行为主义和人文学派

行为主义的研究方法种类很多，很难给它下一个确切的定义。行为主义是在批评了新古典经济学的模型、生态学的模型及一般的计量模型对人类行为的分析过于简单化之后产生的。行为主义在模型的建立上，努力引入环境心理学、人类学、组织形态理论等领域里的实在论（realism）。他们对客观环境和个人或者集团所决定的形象进行基本划分，研究的中心从宏观转移到对个人和小团体的微观研究，但这种研究不是以结果的集合形成模型，而是只强调过程。例如，有些学者在研究有关场所效用、对家具的需求和期待、居住环境压力等意愿决定过程的问题上，试图建立看起来似乎单纯的消费者的购买形态，实际上与大商场的形象有着复杂关系的模型。20 世纪 70 年代后期，行为主义的研究方法在各方面都受到了攻击，它对个人行为的过分强调、认定和对行为关系过于简单化的理解都成了被批评的对象。新马克思主义者和新韦伯主义者批评了行为主义过分忽视由社会结构所决定的限制性因素和所产生的选择，而过分强调个人选择能力的倾向。

6. 结构学派

结构学派（structural approach）又被称作新马克思主义（Neo-Marxism）。从 20 世纪 70 年代中期开始，结构学派在城市和区域的理论研究中颇有建树。正如梅西（Massey）[64]所指出，结构学派对于新古典主义学派及其改良的行为学派的挑战，不仅是在方法论上而且是在认识论上，不仅是在理论上而且是在理念上。结构学派认为，新古典主义学派和行为学派的根本缺陷在于把对城市空间结构的解析建立在个体选址行为而不是社会结构体系的层面上，因为社会结构体系是个体选址行为的根源，资本主义的城市问题是资本主义的社会矛盾的空间体现。[65]因此，城市研究理论必须把城市发展过程与资本主义的社会结构联系起来，其核心是资本主义的生产方式和资本主义生产中的阶级关系。结构学派的一些早期研究过于片面化，忽视了资本主义生产方式以外的其他范畴中的社会过程对于城市空间结构的影响。从 20 世纪 80 年代开始，随着结构学派的继续发展，在理论上出现了许多新的观点，同时又不否认资本主义的生产方式和资本主义生产中的社会关系对于解析城市空间结构的重要性。除此之外，认识到带有普遍意义的社会过程在特定时期和特定地域的具体作用，结构学派不再只是局限于抽象的理论，而是越来越注重对于特定时期和特定地域的实证研究。

（三）西方城市规划理念的转变

整个 20 世纪 60 至 70 年代的城市规划理论界对规划社会学问题的关注超越了过去任何一个时期，简·雅各布斯（Jane Jacobs）于 1961 年发表的《美国大城市的生与死》是这一时期开始的标志。其中影响较大的有 1965 年保罗·达维多夫（Paul Davidoff）发表的《规划中的倡导与多元主义》，及其在此之前的 1962 年与托马斯·赖纳（T·Refiner）合著的《规划选择论》。他对规划决策过程和文化模式的理论探讨，以及通过过程机制保证不同社会集团的利益尤其是弱势团体的利益在规划中的体现具有重要的理论和现实意义。

1. 简·雅各布斯（Jane Jacobs）与《美国大城市的死与生》

1961年，简·雅各布斯出版了她的专著《美国大城市的死与生》（*The Death and Life of Great American Cities*），这是一本影响深远的名著，在城市规划科学发展史上，是一个重要的里程碑。作为一名记者和自由撰稿人，虽然雅各布斯被视为是城市规划的一名"外行"，但她的这部著作却是关于美国城市的权威论述：城市安全从何而来？怎样使城市良性运转？为什么这么多由政府领导的挽救城市的尝试以失败而告终？

该书矛头所指的是20世纪以来，特别是二战之后主导西方城市建设的物质空间规划和设计方法论，主要包括霍华德的"田园城市"理论、柯布西耶的"光明城市"理论，以及始于19世纪90年代流行于北美各大城市的城市美化运动。这些规划理论与实践被雅各布斯讥讽为"光明田园城市美化"（Radiant Garden City Beautiful）的"伪科学"[66]。它们不是从理解城市功能和解决城市问题出发，规划设计一个以城市居民的生活为核心且富有活力的城市，而是用一个假想的乌托邦模式和"反城市"的"田园"为目标，营造一个具有纪念性、整齐划一、非人性、标准化、分工明确、功能单一的所谓理想城市。[67]确切地说，雅各布斯所激烈抨击的是西方世界自文艺复兴以来一直延续下来的，特别是二战之后十多年里那种无视城市问题的大规模城市改造和重建方式。

《美国大城市的死与生》的核心思想是，城市规划必须以理解城市为基础。[68]正是从一个城市的居民生活体验出发，雅各布斯发现城市生命和社会经济的活力在于城市功能的综合性和混合性，而不是单一性。[69]因此，城市规划的第一要旨在于如何实现多种功能的混合，为各种功能提供足够的空间。城市功用的丰富多样性，才使城市有了活力，城市文明才得以延续和繁荣。[70]雅各布斯以纽约、芝加哥等美国大城市为例，深入考察了都市结构等基本元素以及它们在城市生活中发挥功能的方式，提出"多样性是大城市的天性"（diversity is nature to big cities）[66]。对于衰败的大城市中心，她又进一步提出了著名的四点补救措施[71]：保留老房子从而为传统的中小企业提供场所；保持较高的居住密度从而产生复杂的需求；增加沿街的小店铺从而增加街道的活力；缩小街块的尺度从而增加居民的接触，进而增强街道的安全感。

从某种意义上说，《美国大城市的死与生》代表了西方城市规划思想和理论的一个分水岭，在整个欧美开创了一个对现代城市规划进行反思的时代。[72]20世纪60年代初正是美国大规模城市更新计划进行得如火如荼的时候，雅各布斯的这部著作无疑是对当时规划界主流理论思想的强有力批驳。此后，城市逐渐清晰地被理解为一个系统，有着复杂的结构和丰富多样的功能，它们之间是相互联系、相互作用的。而城市规划绝不是以技术蓝图为终结，而是一个建立在对城市的理解基础上的系统的调控过程，是城市中复杂关系和不同人群利益的协调过程，更多的是一个政治过程。

2.《马丘比丘宪章》

1977 年，现代建筑国际会议（CIAM）在秘鲁利马（Lima）的玛雅文化遗址地马丘比丘召开，并制定了著名的《马丘比丘宪章》。与会的建筑师、规划师和有关官员以《雅典宪章》为出发点，总结了近半个世纪以来尤其是第二次世界大战后的城市发展和城市规划思想、理论和方法的演变，展望了城市规划进一步发展的方向，在古文化遗址马丘比丘山上签署了《马丘比丘宪章》。该宪章申明："《雅典宪章》仍然是这个时代的一项基本文件，它提出的一些原理今天仍然有效，但随着时代的进步，城市发展面临新的环境，而且人类认识对城市规划也提出了新的要求，《雅典宪章》的一些指导思想已不能适应当前形势的发展变化，因此需要进行修正。而《马丘比丘宪章》所提出的"都是理性派所没有包括的，单凭逻辑所不能分类的种种一切……"

《马丘比丘宪章》修正了《雅典宪章》的缺陷，树立了城市规划的第二座里程碑，[73]首先强调了人与人之间的相互关系对于城市和城市规划的重要性，并将理解和贯彻这一关系视为城市规划的基本任务。《马丘比丘宪章》宣扬社会文化论的基本思想，认为规划都"必须对人类的各种需求作出解释和反应"，并"应该按照可能的经济条件和文化意义提供与人民要求相适应的城市服务设施和城市形态"。《马丘比丘宪章》在对 40 多年的城市规划理论探索和实践进行总结的基础上，提出《雅典宪章》所崇尚的功能分区"没有考虑城市居民的人与人之间关系，结果使城市患了贫血症，在那些城市里建筑物成了孤立的单元，否认了人类的活动要求流动的、连续的空间这一事实"。

《马丘比丘宪章》认为城市是一个动态系统，要求"城市规划师和政策制定人必须把城市看作在连续发展与变化的过程中的一个结构体系"。在对 20 世纪 60 年代缘起的系统规划思想等一系列理论探讨的基础上作了进一步的发展，《马丘比丘宪章》提出"区域和城市规划是个动态过程，不仅要包括规划的制定，而且也要包括规划的实施。这一过程应当能适应城市这个有机体的物质和文化的不断变化"。在这样的意义上，城市规划就是一个不断模拟、实践、反馈、重新模拟的循环过程，只有通过这样不间断的连续过程才能更有效地与城市系统相协调。

20 世纪 70 年代西方城市规划理念的转变具体体现在以下几个方面：

第一，城市环境保护的新内容。20 世纪 70 年代城市环境保护的内容包含很多具体的内容，概括起来主要是生态环境、社会环境和物质形态环境三个方面协调。新的环境观念不仅表现在传统的物质形态上，而且还体现在社会环境的形成和创造上，诸如重视社区的作用，形成良好的社区结构和创造宜人的社会氛围。这些都远远超越了传统功能主义的理念"高度"[74]。

第二，人文关怀的社会学规划倾向。简·雅各布斯在《美国大城市的死与生》一书中从社会最底层的角度对绿地和城市更新等城市设计提出疑义。规划师从关注"如何做好规划"转而关注"为谁做规划"。此后，很多城市规划学家开始陆续对规划决策过程和文化模式进行理论探讨，并从规划相关利益主体、利益机制、规划的公平等角度探讨社会规划学的问题[75]。此时的规划师不再仅仅被视为技术性角色，同时是组织者、说服者、咨询者。城市规划师注重公众参与，协调土地开发中不同利益集团的利益关系。

第三，对大规模城市改造的反思和城市复兴思想。"反功能主义"思潮批评按功能主义设计的城市空间结构是一种严格、逻辑、理性主义，往往单调乏味，使城市充斥着玻璃、钢筋和混凝土及各种高架道路和立体交叉的机械般的冷漠印象。这种思潮影响促使人们重新去研究城市，研究城市的自然本性和网络结构，以及城市是如何适应人类各种需要的。先对城市旧区全盘推倒、大拆大建、彻底求"新"的做法得到了遏制。城市规划日益重视保护原有的社区结构，允许在适当地区形成合理的高密度，注重保护城市的历史文脉，保护有价值的自然和人文景观资源，重视传统的建筑形式和新旧建筑的有机结合。

解决贫民窟的环境恶化和影响以及城市中心区衰落的问题是西方国家的"城市更新"运动在20世纪70年代的主要目的。欧美城市所面临的主要问题是贫民窟在不断地恶性循环，进而影响着整个城市的运转。一方面，大量的贫民窟环境改造和公共设施建设需要大量的公共资金，相对而言，投资则持续减少。从经济学角度讲，改造城市中的贫民窟实际上是土地经济价值的不断变化以及价值逐步得以实现的过程。清除贫民窟沿着邻里重建向社区更新的脉络发展，指导旧城更新的基本理念也从主张目标单一、内容狭窄的大规模改造逐渐转变为主张目标广泛、内容丰富、更有人文关怀的城市更新理论。主要表现为从传统、大规模、以物质规划为核心的规划观念和大规模推倒重建，到保护环境、关注人文、可持续发展的城市复兴思想。

在可持续发展的思潮的影响下，西欧国家城市更新的理论与实践有了进一步发展，进而逐渐形成了城市复兴的理论思潮与实践。它一方面体现的是前所未有的多元化，城市复兴的目标更为广泛，内容更为丰富；另一方面继续趋向于谋求更多的政府、社区、个人和开发商、专业技术人员、社会经济学者的多边合作。

（四）该时期主要的城市规划理论

进入20世纪70年代，主导着规划理论领域的仍然是作为决策和行动理性过程的规划理论，以及系统规划理论。关于规划是研究什么的问题已经得到解决。但是，到20世纪70年代中期，这些理论都受到了批评。理论界普遍开始关注到城市规划的实施或实践问题，以及对于城市规划实施结果的实质性的解释。

1. 系统规划理论及其在规划过程中的应用

规划中的系统观点起源于20世纪60年代中期至晚期，由麦克洛克林和乔治·查德威克（George Chadwick）分别于1969年和1971年发表的《城市与区划规划》和《规划的系统观：针对城市与区域规划过秘的理论》（A system View of Planning：Towards a Theory of the Urban and Regional Process）为主要标志。两者都借用了生物学中关于系统论的观点来说明规划中的类似情况，并利用自然系统（或生态系统）来比拟人类系统，如城市和区域，查德威克还采用了物理学中的热力学定律作了类比。城市是一个复杂的系统，因此，规划人员需要了解"城市是怎样运行的"。系统规划理念有四大特征：

第一，一旦城市被称为不同区域位置的功能相互联系和作用的系统，那么一个局部所发生的变化将会引起其他局部发生的变化。所以，凡是提出任何一个新的开发项目，都必须从项目可能产生的后果方面进行评价。

第二，系统理论将重点放在功能活动、城市活力和变化上，提出需要有更强适应性的、灵活的规划。麦克洛克林在描述"规划的形式"时将城镇规划方案设想为若干条"轨迹线"，而不是为一个特定的未来制作的"蓝图"。

第三，坦然面对城市变化，将城镇看作一个在不断变化的情形下持续地监视、分析、干预过程，而不是为一个城市或城镇理想的未来形态制定"一劳永逸"的蓝图。

第四，把城市看作一个相互关联的功能活动系统，这意味着，应该从经济方面和社会方面来考察城市，而不是仅仅从物质空间和美学方面来研究城市。

系统理论和系统分析的理论运用统计学的调查方法极为严格，保证了学科成为建立在比较坚实的理论和科学基础之上的系统学科，不光对城市规划产生重要的影响，对其他学科如地理学科也产生了影响。

2. 理性过程规划理论及其在规划过程中的应用

与系统规划理论类似，理性规划理论也是由城镇规划的领域发起的一门综合性的学科。理性规划为规划、政策和决定给出理性的方法。一项理性规划活动至少满足三个基本条件：第一，规划决策的依据应当得到认真而全面的考虑；第二，规划决策的依据应当能够清楚表达；第三，如果规划的过程是理性的，那么规划过程的每一个阶段都是理性的。

从古希腊、古罗马时代起，理性主义就一直是西方思想的基本观念。从古罗马的"天人分离"到柏拉图的理性思辨，人们开始更客观地审视自身，城市发展体现出明显的应用理性特征，至巴洛克时期，强权控制使得规划的工具理性发挥到了极致。随着工业革命的到来，现代科学和技术受到大力推崇，理性思想对城市规划的影响开始从技术方法层面深入思维方式层面，即不仅是通过科学和技术手段解决城市问题，而且用现代的理性思维方式探索规划的决策过程。

现代城市规划被认为是"20世纪对19世纪工业城市的响应"，因此，这一时期备受推崇的逻辑推理和数理分析等方法，开始运用于城市规划中。首先是帕特里克·盖迪斯（Patrick Geddes）于1905年提出了"调查—分析—规划编制"的三阶段规划方法，其后又经芒福德（Lewis Mumford）发展为"调查—评估—规划编制—接受审查、修改"的四阶段方法，这便是理性规划模式的雏形。芒福德曾指出："如果规划在一开始就不敢预先接受各种审查和删改，而未能把思想明确地表达出来，就会失去规划的某些功效……规划方案必须允许做进一步调整，不给修改留出路的规划只能比无用的经验主义稍有一点秩序，更新、灵活、调节是所有有机规划的基本属性。"这样，规划模式就从比较静态的终极发展蓝图模式逐步发展为动态的实时监控模式。

3. 关于城市规划实施成效的评估和解释

直至 20 世纪 70 年代中期，城市规划理论的一个重大的发展就是认为城市规划实施的有效性评估不能脱离规划运行所在的市场政治经济环境。

关于城市规划实施成效评价的一个重要案例就是由英国雷丁大学彼得·霍尔（Peter Hall）率领一组研究人员在 1966—1971 年之间完成的英格兰城市控制结果的检验。通过调查，霍尔提出，20 世纪 70 年代时，英国战后规划体系已经产生了三大效果："城市控制""郊区化""造成土地和物产价格的上涨"[78]由此进一步研究得出结论，战后英国的规划在资源分配方面的效果是使大部分人的绝对物质生活标准提高了，但是，相对贫富差距却越来越大，"规划的效果一直是从穷人那里剥夺他们所拥有的少量财产，同时给予那些腰缠万贯的富人"[76]。

在源于资源"分配"的规划控制有效性评估方面，皮克万斯（Pickvance）指出，"评价规划控制有效与否需要检查规划的存在何种程度上对于土地资源的分配和'自由市场'或'非规划'情景下有什么不同"。他认为英国的规划对于土地资源分配和控制实际上是顺应市场趋势的结构规划，市场力量作为土地资源分配与控制的主要责任者决定土地开发结构。因此，可以推断，英国战后的城市开发的资源分配成效更多的是来源于市场的作用而不是规划控制。

关于城市规划成效的解释，一些规划理论学家借鉴了马克思主义历史唯物主义的基本理论观点，对于西方二战后至 20 世纪 70 年代的城市规划成效的形成原因做出了解释。

马克思主义者将资本主义看成一个集成，但不完美的经济和社会制度体系，而城市和规划都是这个制度的组成部分。因此，规划走不出这个制度体系的领地，而只能在实践中发挥着支持并维护资本主义市场的作用。所以，20 世纪 70 年代的马克思主义理论学者将规划的"效果"大致归因于资本主义的社会经济体制。

这种对于规划效果进行解释的"政治经济观"已经对于理论界关于规划研究的方法、城市规划作用的认识等方面产生了深远的影响。

4. 规划师作为倡导者（Planners as Advocators）的理论

倡导者理论起源于 20 世纪 70 年代，代表人物包括达维多夫（Davidoff）和丹尼斯（Dannis）等。倡导者理论认为规划师的思想是非中性的，因而否定了规划师是城市发展的客观评价者和决策者的观点。该理论倡导多元主义，具有以下特点[77]：

其一，社会权力是破碎且分散的。

其二，社会不平等也是分散的。

其三，权力分散使得政策的原有意义在制定和执行过程中被不断改变。

其四，政治权力运作远远超出政治舞台。

客观来看，倡导性规划引发了关于规划实践的争论，为日后的理论研究和新的规划模式提供了新的思路和方向。

5. 场所精神与场所理论

20 世纪初，随着工业化程度提高与速度加快，现代建筑变成了大规模的工业产品，"国际式风格"放之四海而皆准，导致建筑师不再面对特定的地域和场所，而是采用更加工业化、技术化、抽象化、普世化的现代主义手法进行建筑设计，这使得建筑师的创作失去了直接"体验"的生活世界的根基，建筑物成了丧失了"意义"的技术机器。

20 世纪 60 年代至 70 年代，面对建筑丧失意义的"危机"，一些具有批判意识的建筑师、建筑理论家、史学家纷纷从现代西方哲学的各种思潮中寻找思想资源，来应对这种"危机"。其中，挪威著名的建筑历史与理论家诺伯格-舒尔茨（Norberg-Schulz）运用现象学的方法研究人类生存环境，创立了建筑现象学。他以海德格尔的现象学理论作为哲学基础和指导思想，通过"回到事物自身"（return to things）即直接面对事物本身，从对现象的完整和准确表述中发现那些更为一般和具有普遍意义的本质讨论建筑中的本质，将场所精神归结为建筑现象学的核心内容，从而揭示人的存在与建筑空间创造的本质关系[78]。

诺伯格-舒尔茨认为，场所与物理意义上的空间和自然环境有着本质上的不同，它是人们通过与建筑环境的反复作用和复杂联系后，在记忆和情感中所形成的概念——特定的地点、特定的建筑和特定的人群相互作用并以有意义的方式联系在一起的整体；是由人、建筑和环境组成的整体；是由自然环境和人工环境有意义聚集的产物。为了进一步研究场所的理论，诺伯格-舒尔茨从场所的结构和场所的精神两方面进行了讨论[79]。

场所精神（spirit of place）是诺伯格-舒尔茨场所理论中又一重要概念，它表达了场所具有自己独特的精神和特性。它不仅具有建筑实体的形式，而且还具有精神上的意义。[80]在《场所精神：迈向建筑现象学》一书中，诺伯格-舒尔茨一直在寻求那被现代主义冷落、被人们遗忘的"场所精神"概念，并将"场所"置于"空间"之上，置于建筑研究之首。场所精神中的认同感（identification）意味着与特殊环境为友。人的生活早在他有自主的、独立的思维能力以前就已开始，与环境特质的联系常在儿时自发地形成。方向感（orientation）则指人辨别方向，明确自己同场所关系的能力。这意味着任何含义都可以体验成广泛时空秩序的组成部分，使人产生安全感。

诺伯格-舒尔茨的最终目标并不仅仅在于场所理论的建构，还在于用建筑现象学的视域与方法去透视与重塑整个西方建筑的历史，从存在论的深度重新追寻西方建筑的意义。他在《西方建筑的意义》一书的前言中写道："建筑是一种具体的现象。它包括大地景观和聚居地，以及房屋和有关房屋的种种阐释。然而它又是一个活生生的实在。远古至今，建筑帮助人们，使人们的存在富有意义。通过建筑，人们拥有了空间和时间的立足点。于是，建筑不仅仅关乎实际需要和经济因素，它还关系到存在的意义。这种存在的意义源自自然、人类，以及精神的现象，并通过秩序和特征为人们所体验……在建筑中，空间的形式意味着场所、路径和领域，也就是，人类环境的具象结构。因此，建筑定义的完满诠释，并不能从几何学或符号学的概念中得到。建筑，应该理解成富有意义的（象征的）形式……构成了存在的意义的历史。"

从总体上说，诺伯格-舒尔茨开创的建筑现象学，为解决技术时代建筑意义的丧失进而导致人类家园可能丧失的危机，指出了一条思想深刻的道路。沿着这条思想之路，不仅仅意味着建筑设计风格的转变，更重要的是必须从根本上改变我们对待建筑的态度，从人的存在方式来思索"何为建筑"，改变了建筑界流派蜂拥，而建筑却无"思"的现状。

6. 凯文·林奇与《城市意象》

1960 年，凯文·林奇（Kevin Lynch）提出了"城市意象"理论，其同名著作《城市意象》（*The Image of the City*）成为研究感知环境的一个里程碑。此后，地理学家、环境学家以及心理学家对感知环境的研究如雨后春笋，迅速展开。

城市意象研究始于对城市规划过程中量化研究方法的质疑与批判。至 20 世纪 50 年代末，关于城市空间组织的大量实证研究使人们逐渐认识到，理论模型的预测及量化分析与实际观察结果之间存在着许多差异。许多学者开始对根据小样本建立的模型运用到大范围区域或把有限的地区性模型无条件地推广到其他地区提出了疑问[81]。他们认为这种基于逻辑实证主义的量化分析研究是一种理论的假设，而且是一种机械的和非人道的方法。这种方法将场所乃至整个城市简化为一种抽象的几何空间，人只是这种空间中的一种无血性的符号表征[82]但是，人的行为并不完全由理性所控制，常常呈现出非理性的状态。正如行为学派认为的，一种决策的制定在很大程度上受人的不同品质、动机、偏好、态度、心理等因素所影响。只有对创造某种结构的行为者的决策活动加以研究，才能真正解释该结构的整个过程[83]。据此，需要将重点放在隐身于人类活动背后的思想和信念的研究，并且只有通过对某一空间和时间点上人的行为进行研究才能理解所存在的环境。这种行为研究方法能够直达个体体验，从而避免了科学或概念化知识的干扰。因此行为研究方法不仅导致了区域地理学的再发现，即用个体对空间和时间的感知来解释地理学现象，而且也直接影响了对城市问题的研究[84]。

在《城市意象》一书中，凯文·林奇认为在人类认识环境的过程中，环境记忆方式是极其重要的因素，而人对环境的心理意象是人们常用的一种记忆方式。他从"人的直觉中能否找到秩序"这一预先设定入手研究城市环境，通过提出"可读性""营造意象""结构与个性""可意象性"这些过渡概念，逐步解释"任何一个城市似乎都有一个共同的意象，它由许多个别的意象重叠而成"[85]。通过对波士顿、新泽西和洛杉矶三个城市的调查，凯文·林奇对三个城市中居民对各自城市的意象进行了分析，发现居民所关心的共同主题，进而说明城市结构对居民意象的影响。

所谓城市意象，是指由于周围环境对居民的影响而使居民产生的对周围环境的直接或间接的经验认识空间，是人的大脑通过想象可以回忆出来的城市印象，也是居民头脑中的"主观环境"空间。换句话说，人们对城市的认识并形成的意象，是通过对城市的环境形体的观察来实现的。[86]城市形体的各种标志是供人们识别城市的符号，人们通过对这些符号的观察而形成感觉，从而逐步认识城市的本质。

在研究中，凯文·林奇要求三个城市的市民凭记忆在白纸上画出所在城市的物质环境地图。他将研究结果与相关的物质形态进行归纳，将印象内容总结为城市意象五要素（图 2.17）：路径（Path）、边界（Edge）、区域（District）、节点（Node）和标志物（Landmark）。

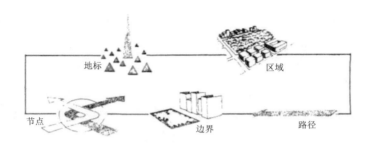

图 2.17　凯文·林奇的城市意象五要素

图片来源：凯文·林奇.城市意象 [M].方益萍，等译.北京：华夏出版社，2001.

7. 麦克哈格的设计结合自然

20 世纪 60 年代，麦克哈格提出了"设计结合自然"理论，这是随着人类经济的发展和城市的无限扩张，环境污染日益加剧，人类很快察觉到自己正在破坏赖以生存的自然环境，于是兴起了一系列环境保护运动。在这些背景下，于 1969 年，麦克哈格出版了著作《设计结合自然》（*Design with Nature*），是把生态学引入景观设计学中的第一人。他呼吁人们正确处理人与自然的关系，改变以人为中心和人类至上的观念，提出在规划与设计中，应充分尊重自然的历史演变和进化过程，尊重自然规律，合理而平衡地利用土地和其他自然资源，从而在根本上保证人类的长远福祉和生存安全。[87]这种以自然和生态为中心的主张一经提出，便在世界范围内引起了巨大的反响，也使景观规划与设计出现了革命性的变革。

在《设计结合自然》一书中，麦克哈格运用生态学原理，提出创造人类生存环境的新的思想基础和工作方法，其主要内容有[88]：① 以生态学的观点，从宏观与微观研究自然环境与人的关系，提出适应自然的特征来创造人的生存环境的可能性与必然性。② 阐明了自然演进过程，证明了人对大自然的依存关系，批判以人为中心的思想。③ 对东西方哲学、宗教和美学等文化进行了比较，揭示了差别的根源，提出土地利用的准则，阐明了综合社会、经济和物质环境诸要素的方法。④ 指出城市和建筑等人造物的评价与创造，应以"适应"为准则。此书不仅在设计和规划行业中产生了巨大反响，而且也引起了公共媒体的广泛关注。

此外，麦克哈格在书中表达出的视线跨越整个原野，他的注意力集中在大尺度景观和环境规划上。他将整个景观作为一个生态系统，在这个系统中，地理学、地形学、地下水层、土地利用、气候、植物、野生动物都是重要的要素。[89] 他运用了地图叠加（overlay）的技术，把对各个要素的单独的分析综合成整个景观规划的依据，这样就形成了著名的"千层饼"模式（layer cake method）。正是通过这种方法麦克哈格总结形成了他的适宜性途径（suitability approach）理论，即"任何一个地方都是历史的、物质的和生物的发展过程的总和。这些过程是动态的。它们组成了社会价值，每个地区有它的几种适应于某几种土地利用的内涵。最后，某些地区本身同时适合于多种土地利用"。

麦克哈格的理论将景观规划设计提高到一个科学的高度，其客观分析和综合类化的方法代表着严格的学术原则的特点。虽然在之后的实践中饱受争议和诟病，但是对现代景观在规划中的树立具有重要价值。

（五）小结

20 世纪 70 年代之后，西方城市规划思想经历了一次根本性的转型，从强调功能理性的现代城市规划转变为注重社会文化考虑的后现代城市规划，人本主义成为后现代城市规划思想的核心，在城市规划领域出现了众多的反现代思潮。后现代城市规划的视角开始转向对城市中社会问题的关注、对城市多元化的重视、人性化的城市设计，以及对城市空间现象背后的制度性思考。规划工作的重心也由单纯的物质环境改善规划，转向社会规划、经济规划和物质环境规划相结合的综合性更新规划，城市规划这项工作成为制定各种不同的纲领政策，实现对城市环境的综合整治和社区邻里活力的恢复振兴。

四、20 世纪 80 年代

（一）西方政治、经济、社会、技术等发展基本概况

20 世纪 80 年代，国际政治环境在这个时期发生了巨大变化，伴随着中美外交关系的恢复、"亚洲四小龙"的出现以及中国的改革开放政策等，世界政治格局从两极对抗逐渐转向多边对抗和制约的新阶段。政治环境的复杂性造就了思想的混沌多元，西方社会生活各个领域思潮激烈交锋，社会经济的各个领域变化节奏加快，社会冲突加剧，不确定性持续增强，资本主义社会矛盾异常复杂。西方各国在社会、经济、文化场景以及意识形态等领域均发生了质的变化，主要体现为如下方面：

在社会生产领域，由原先基于工业化大生产的现代主义福特模式，逐渐趋向于强调个性商品和多元化市场的新的生产模式；在资本生产类型上，控制生产的核心也由工业资本逐渐转化为金融资本。

在发展决策力量上，因 20 世纪 80 年代以后西方社会一切以经济生产为第一目标的

发展战略，各国政府职能不断被削减，而同时市场力量日益强大，并逐渐成为主导世界的核心力量。

对于社会关系的认识，一方面，在崇尚功能理性的现代主义价值观的指导下，认为建立在工业化、机械化基础上的大规模建设可以创造更多就业机会，吸收农村剩余劳动力，增加家庭收入，最终让整个社会都富裕起来。另一方面，社会发展的现实却是更加不均衡的增长，贫富差距进一步加大，一部分社会弱者被日益边缘化。

在思想意识层面，人本主义和非理性主义的思想兴盛。工业化与科学技术的飞跃发展在展现其积极影响的同时，却被斥责是将人类变成了机器的附庸的罪魁祸首，人类越是依靠理性与科学，就越会使得自己受其摆布而失去自由。因此，人们呼吁要"从生命的复杂性的角度思考生命问题"，罗马俱乐部也发出了"把重点从物理问题转到人本身的问题上"的呼声。人本主义思潮强调把人的体验和内心的直觉作为认识事物和认识世界的方法，对于崇尚"科学万能、科学造福人类"的唯理主义提出疑问，越来越带上反理性主义的色彩，并向技术理性发起了挑战。

现代化大生产在二十世纪后半期引起西方国家生产力水平急速提高，但与此同时，因其带来的工业污染、能源危机、生态危机、人口爆炸、土地沙漠化等环境危机日益威胁到人类的生存，工业发展带来的负面作用日益引起人们的忧虑，由此社会当中关于提高人类生活品质水平的呼声不断增强。

社会生产力和生产关系的变化同时也引发社会上层建筑和意识形态方面的变化。在哲学、社会科学、文学艺术等文化领域，均出现了众多新的观念、理论和流派，它们一方面出现了向传统回归的趋向，另一方面又有进一步反传统、反艺术、反美学的趋向，错综复杂、异彩纷呈，其中很多观念同先前的现代主义思潮有着明显区别，甚至于相互对立。

（二）影响西方规划理论的主要思潮

二十世纪六七十年代，城市规划被认为是一个理性决策过程，规划的理论地位在这一时期被推至最高峰。但这种理性、系统的规划并没有长时期主导城市规划理论的论坛。到了 20 世纪 70 年代末期，很多城市学者都对理性、系统的规划理论和方法提出疑问，指责其内容虚无、实施性弱，并缺乏权威控制力。

20 世纪 80 年代以后，城市规划理论的发展展示出多元的倾向，规划理论的探索出现了若干主要议题：

① 对城市及其空间发展理论的研究。关于城市物质空间以及形态设计的研究，不是单纯地采取对现代城市环境的批判态度，而是以积极的态度来确定城市设计的目标，追寻良好的都市生活，创造和保持城市肌理，再现城市的生命力。

② 对规划意识形态和职业精神的讨论。从新马克思主义观点出发，剖析了规划在资本主义社会中的作用、地位以及意识形态，揭示了规划师在市场经济条件下应有的职

业精神。

③ 对妇女在规划中的地位和作用的讨论。女权主义对规划理论的重要贡献，一是性别问题和社会关系中的个人职业精神得到了关注，加强了社会的联系和竞争的公平，二是女权主义方法论强调差异性和共识性，挑战了传统规划中的客观决定论，使规划实践中的权力更加平等。

④ 对生态环境和可持续发展的规划理论的研究。将环境学与社会学切入城市规划，将可持续发展的环境问题与资本主义本质加以联系和研究。

（三）后现代城市规划思想（Post-modern Planning Approach）的特征

1. 后现代主义思潮的核心及其对于城市规划的影响

后现代主义规划理论兴起于 20 世纪 80 年代，在全球具有一定的影响力，代表人物是桑德库克（L. Sandercock）。后现代主义规划是宽泛的概念，批判了规划中权力占主导地位的思想，认为城市是更多内容的构成体，同时也有更多新的不断增长的规划方法需求，因此主张多元性及开放性。20 世纪 80 年代，在美国出现了"洛杉矶学派"，呼吁城市规划者们重新思考现代主义城市规划思想的合理性与科学性。这标志着战后城市规划工作重点开始由工程技术向着关注社会问题的转型。后现代主义思潮并非一个明确、统一的流派或理论，而是一种以批判、怀疑和摧毁现代文明的科学理性标准为目标，强调所有文化和思想平等自由、并存发展，对现代文化加以批判和解构的文化运动。

多元性、差异性是后现代主义强调的主旋律。现代主义基于科学与理性思维，而后现代主义主张社会上不应该有主导思维，因为每个人的思维都是平等和值得尊重的，世界应由每个人拥有平等价值的多元社会组成，未来可以有许多版本。后现代主义者解构了现代主义的理论体系，其自己的理论体系尚在建立过程之中。

后现代主义的目标不在于提出一组替代性假说，而在于"消解所有占统治地位的法典的合法性"。这一西方思想史上的重大变化，导致了文化思想和价值观念上的颠覆性变化，并对城镇规划的思想产生了意味深长的影响。后现代主义规划观正是建立在与现代主义理念相对的立场上，提出通过理性规划到底能否将城市变得更好的质疑，从而展开了对于理论功效的讨论。后现代主义规划者表达了对由现代化运动促进的艺术和设计风格的反抗，拒绝现代"实用型"、功能至上主义建筑的质朴，寻求"回归时尚"来丰富当代建筑的审美内涵。简·雅各布斯在《美国大城市的死与生》（1961）当中严厉批评了现代城市规划的弊病，如城市地域生硬的功能分区，对贫民地区和经济性房屋的忽视，以及强硬的整体重建计划等，她崇尚混合用途区域，认为成功的城市地区应该使用功能混合的区域，而非功能单一的区域。

2. 后现代主义城市规划思潮的特征

后现代主义城市规划对于现代主义规划思想指导下的刻板的工业化大都市的城市面貌非常不满，希望通过规划的转变来改造这种面貌与生产生活方式，使城市从唯理性、唯物质的现代主义中走出来。后现代主义摒弃了逻辑思维的规划过程，其每一步都是探寻性的，而非终极式的，它强调规划师应做到"自我消除"，努力避免因个人主观价值与逻辑判断而影响规划设计。

后现代主义倡导个性的解放，用多元的含义把城市各部分、各单元组合起来，并将城市描述为一个含混折中、复杂、矛盾、不确定的城市综合体系，体现了多元、宽容的规划意识。查尔斯·亚历山大（Charles Alexander）说："城市就是一个重叠的、模糊的、多元交叠集合起来的统一体。"[90] 在城市空间的塑造中，后现代主义以有机思想来理解城市的生长发展与空间组织，强调城市中多元文化与精神的并存，并尽可能"自给自足"，以反映城市的宽容性、功能的叠合性、结构的开敞与灵活性。

后现代主义所推崇的城市空间结构是以软环境为主导的无限与不定的理想模式。其赞赏用非理性的隐喻手法来组织城市空间，强调空间的运动感和深度，又加强了城市的想象力。查尔斯·詹克斯（Charles Jacks）曾生动地把后现代主义追求的城市空间形态比喻成中国园林空间的意境："把清晰的最终结果悬在半空，以求一种曲径通幽、永远达不到的某种确定目标的路线。"[91]

后现代主义崇尚文脉主义的规划情感，强调城市为了保持它的持久魅力，必须实现历史的延续，重新链接起被现代主义所割裂的历史情感。它提倡采用古典的方法和城市尺度，改变原先工业化城市的单调面貌和非人性化的空间尺度，使之重新成为具有人情味和文化内涵的居住和工作的中心，促进居民的邻里交流，延续历史文脉环境，增强城市的亲和力。后现代主义强调的文脉主义，并非片面复古的历史情结，而是更加体现了现代、未来社会对于传统文化、历史生活以及人类情感回归的渴求。

3. 后现代城市规划的多元化表现

后现代城市规划思想始自于建筑学领域的研究和实践，同时又得到后现代社会思潮的强化。建筑学领域的"后现代"理论与设计为城市规划思想潮流的转变提供了依据，社会思潮的多元论全面革新了城市规划的技术方法，而这些思想和方法在 20 世纪 80 年代以后的西方城市发展过程中得到了全面展现的舞台。

（1）城市规划决策机制的多元

城市规划历来的过程奠基于以规划师为编制主体、政府为决策主体的自上而下的过程，这一过程反映了规划师及政府官员对未来状态的基本思想和价值判断，并将这些思想和判断贯穿于城市的建设发展过程当中。作为城市建设和城市活动主体的广大民众，却无以表达他们的利益要求、价值观以及实际的行为方式，必须听从、执行和贯彻城市规划。达维多夫"规划选择理论"的基本思想，就是从社会价值观的多样性角度提出规划选择的可能，规划师的工作就是要表达众多不同的价值判断，并为不同利益集团提供技术帮助，在此基础上建立"倡导性规划"。通过自下而上的方法将城市社会各方面的要求、价值判断和愿望结合在一起，在不同群体之间进行充分的协商与利益的协调，最后通过一定的法律程序形成规范其今后活动的"契约"。这样，城市规划既成为各类群体意志的表达，又是他们必须共同遵守的规章。公众对于城市规划的参与现今已成为许多国家城市规划制度的不可缺失的重要组成部分。

（2）城市形态的多元

传统的城市形态观念认为城市是围绕着中心而组织的，而后现代城市主义则将城市边缘组织成中心。后现代城市的形式越来越由场景和消费需求而决定，在城市空间的创造中，形式往往追随想象，现实与虚拟之间的界限变得越来越模糊。后现代主义涉及现实生活和学术世界中的标准、选择和权力的运用，它将意义的建设作为社会理论的核心，其中的关键是权威、解构与重组，而多元主义、少数化、折中化则确定了后现代的城市状况。

（3）城市土地使用的多元

现代城市当中，功能分区的清晰化与土地使用的匀质化，割裂了城市生活的连续性，抹杀了栩栩如生的城市生活场景，歪曲了城市生活的实际状况。后现代城市规划强调城市空间的划分和组织应以人的活动领域范围和社会组织结构的网络来进行，这大大增强了空间使用的混合性。例如，在美国许多城市的区划法规里，增加了"混合使用区"（mixed use district）的条款。20 世纪 80 年代末，美国得克萨斯州的乔治城总体规划中，发展了以基础设施容量为基础的"开发强度系统"的一整套方法。整个规划不再进行土地使用分类，不具体确定任何地块的土地使用内容以及开发方向，它允许符合基础设施容量的任何开发需求和申请，只要有充足的土地和适宜的设计，就可以在特定的地块上进行任何种类的开发。

（4）城市设计的多元

受建筑学领域的"后现代"思潮影响更甚的是城市设计，多元化的经济方式、社会生活以及意识形态导致了城市空间的形式、建筑环境和视觉质量的极大丰富。城市设计接受了多元的思想，结合旧城改造、历史建筑和历史文化地段保护以及社会的要求，更加追求城市空间的雅致和环境连续的文脉（context），讲究不同风格和历史文化的协调，强调一种人文精神与人性关怀，营造一种生机盎然、趣味横生且极富有意境的环境空间与场所。

后现代主义在学界也引起了诸多批判。正如斯坦（Stein）和哈珀（Harper）所述，"如果规划按照后现代主义思想来实现，那将会出现许多的不确定性，损害用人性和公正的方法对待对方的能力，破坏用变化思想来维系社会不断发展的能力，丧失判断公共规划好坏的能力"[92]。

（四）人本主义核心价值导向的规划思想与实践

在西方社会发展的进程中，人本主义的地位历经磨难，虽曾遭受宗教神学的遮蔽、科学理性的挤压以及非理性的扭曲，但这一切围绕其上下振荡的运动，更加说明了人本主义不可撼动的地位。

　　人本主义思想萌生于人类自我意识觉醒的时期。在古希腊文化中，怀着朴素信念的人类直观地相信，依靠理性的力量，他们能够认识外在世界，从此历代哲人们开始了对世界本质的孜孜求索。在中世纪，宗教神学成为凌驾于一切学科之上的至高权威，宗教对人的统治达到了登峰造极的地步，而现实生活的意义遭否定，神学的残酷统治对人本主义形成了浓重的遮蔽，这是人本主义发展史上遭遇到的首次巨大灾难。15 世纪的文艺复兴运动和 18 世纪的启蒙运动对人本主义进行了一场伟大的复兴，彻底终结了宗教神学对人本主义的奴役，把人本主义思想价值突显出来，开创了人本主义发展的美好前景。文艺复兴运动歌颂人的伟大，提倡个性的自由发展，强调现实生活的意义，用对人的肯定来反对对神的屈从。启蒙运动提出了"自由""平等""社会契约"等思想，直接从政治观点上抨击了封建制度的不合理性，为资产阶级反对封建阶级提供了强有力的理论支持。新兴资产阶级登上历史舞台后，解放了遭受封建压迫的人们，人的社会主体性得到了弘扬，人们坚信历史是人类自己而不是神创造的，人类理性的权威在社会实践活动中得到了逐步确立。

　　人本主义不仅显露于人的理想信念中，且日益在现实的社会生活层面展现出来。随着生产力的发展和科学技术的进步，人类拥有了强大的对外部世界尤其是自然界的征服、改造的能力，这使人类的主体地位得到确立。文艺复兴之后，人本主义从这两个对立的方面分别得到了拓展，一方面科学理性主义得到了迅速膨胀，另一方面，非理性主义通过神化人的非理性因素的作用，全面反对启蒙运动的理性精神和民主精神，选择了一条与宗教结盟重现神性的道路。

　　然而，在科学技术造就辉煌业绩的同时，也日益显露出对人本主义的挤压。现代工业社会成为技术理性主宰的世界，只有符合技术合理性的要求，才能参与到社会的生产活动中去。科学技术作为一种价值理性主导了人类生活，人被严重地机械化。科学技术的负面效应，如毁灭性的战争武器、有害物质等，对人类所生存的自然环境与安全格局等均造成了严重的破坏与威胁，对人本主义形成了强力的挤压，成为继宗教神学之后人本主义的又一次劫难。

　　科学技术的发展在一定程度上造成了人本主义困境。但科技到底在何种程度、用何种方式对人本主义造成影响？这是一个值得深思的问题。科学技术发展对自然环境的破坏不能归咎于科技本身，而是不同利益主体的利己主义行为所造成的，因而为捍卫人本主义而批判科技理性成为一场声势浩大的人本主义运动。二十世纪，以反科学理性为主旨的西方社会思潮得到了迅速的发展，这股热潮充分说明，捍卫人本主义精神的批判意识日益增强，促使背离了人本主义中轴线的科学技术产生回复振荡，人本主义正逐步摆脱科技理性的挤压而向前发展。

　　随着人本主义思潮的觉醒，设计师们开始逐渐认识到文化、传统、社会对城市的重要性，开始逐步将注意力从建筑本身转移到了人。1956 年，在南斯拉夫杜布罗夫尼克召开的 CIAM 第十次会议上，以阿尔多·凡·艾克（Aldo Van Eyck）为首的一批年轻建筑师，向当时盛行的 CIAM 发起挑战，公开反对以功能主义、机械美学为基础的现代主义理论。1959 年，由于新老两派建筑师的严重分歧，在鹿特丹举行的国际现代派建筑师的国际组织（CIAM）第十一次会议上，CIAM 正式解散；而以凡·艾克为领头的 Team 10 带着对 CIAM 功能主义机器生产的反思，倡导人本主义以人为本的回归。1961 年随着《美国大城市的死与生》的出版，对当时盛行的现代主义设计进行了抨击，呼吁充满活力、混合用途的城市空间，探讨城市多样性的条件；提倡让公民、规划爱好者成为塑造城市空间的决策者，这为公众参与规划实践奠定了基础；从社会学的角度对规划实践进行了剖析，强调保护社区生活在城市发展中的重要性。从人的感知、人的需求出发，加以社会学的思考，广泛探讨如何构建一个适宜人生产、生活的空间。

　　自 20 世纪 70 年代以后，强调从功能理性的现代城市规划转变为注重社会文化多元的"后现代城市规划"，人本主义成为后现代城市规划思想的核心，城市规划开始由工程技术向关注社会问题转型。后现代社会下的人本主义思潮的思想特点主要呈现在反对唯科学主义，主张人际沟通与关系重建，提倡人与人的和谐交往、人与自然之间的交融，并强调人的独特性和多元性。人本主义重视城市生活的质量，从重视人日常的生活空间着手，从 1962 年起，哥本哈根市中心 1 平方公里范围内进行全步行化改造更新；1970 年开始，威廉·怀特（William Whyte）开始了一系列针对纽约城市公共空间的研究，从人的需求和感受出发，旨在提高城市的公共性和城市空间使用的舒适度，设计为人所生活和使用的城市，并影响了纽约市规划部门，1975 年通过了"城市开放空间"修正案，显著改善了广场的设计和可用性；约翰·特纳（John Turner）在 1976 年《人群的住房：实现建筑环境中的自主》一书中着重关注人的生活质量，特别是关注社会的弱势群体、如何解决他们的住房以及日常生活问题等。

（五）该时期主要的城市规划理论

1. 新右翼与政体规划理论

　　新右翼规划（New Right Planning）理论[95]起源于 20 世纪 80 年代，重要的代表人物是弗里德曼（Friedmann）和哈耶克（Hayek）。由于该理论是市场导向和政府强干预的结合，因此被称为新右翼。新右翼理论之所以在西方产生了较为广泛的影响，是因为美国、英国、法国等资本主义国家采用了其经济理论。新右翼理论分为自由主义新右翼和保守主义新右翼两种倾向：

　　① 自由主义新右翼，认为占主导地位的是市场。规划的关键是摸清和理解市场需求及价值规律。国家规划、区域规划等宏观规划由于和"邻里效应"无关，无法被证明是正确的，因此，规划应在地方层面开展。总之，个人、小政府、市场安全、自由选择是右翼的关键词。

　　② 保守主义新右翼，认为强势政府的作用是无法替代的，只有通过政府才能维持正常的社会秩序，如英国的撒切尔政府。总之，强势的政府、权威、等级、服从、秩序

是保守翼的关键词。

这两种理论倾向都认为应该在土地利用规划中通过一些控制手段来适应市场，而不是妨碍市场。

20世纪80年代，以英国的撒切尔主义和美国的里根主义为代表，古典自由主义的复苏开始遍及欧洲和北美，这一趋势又随着苏联体系的崩溃进一步加快。尽管撒切尔政府并没有根本性地改变城市规划体系，但却要求城市规划更加积极地响应市场的发展要求。在这一时代背景下，城市规划理论的新进展主要有政体理论（Regime Theory）和规则理论（Regulation Theory）。

政体理论反对经济基础决定论的主张，认为政治与经济是相互关系而非从属关系。政体构架不仅是"权钱联盟"，而是由"政府"、"企业"和"社会力"三者共同构成了社会决策系统。在这三方利益的牵扯下，社会的政治决策取向处于三者之间的某一平衡位置，即政府、企业和市民利益争夺和权力较量之后的均衡。这一权力均衡常隐匿在日常政治活动之下，但影响着社会政治决策，使政策在一定时期、一定范围内表现出明显的一致性和规律性。此类具有一致性的规律性的社会决策系统和模式被称为城市政体。城市政体理论是探索城市政治结构的形成和发展规律的一种理论思潮。它以城市社会决策系统和模式为研究对象，以案例研究为主要研究方法，归纳不同城市不同时代的政体类型，分析和揭示隐匿在城市政治构架之后的一套行为法则和价值取向。

规则理论认为，20世纪70年代中期以来，资本主义生产逐渐向新的规则模式转变，企业积极努力地降低成本和提高产出以应对所面临的收益率危机，而跨国公司得以大力发展并推动了经济的全球化。由此，一方面，城市经济的发展创造了新的竞争机会，另一方面，固然有胜出者并将因此占据一定区域范围内的经济和文化发展主导地位，但绝大多数城市都将在这场竞争中沦为失败者。

2. 以问题为核心（problem-centred）的规划思潮与实用主义理论

自20世纪70年代后期以来，对规划所面临主要问题的探讨日渐成为城市规划理论的整体发展趋势，并因此而导致以解决实际问题为核心的城市规划理论思潮的产生与盛行。29世纪80年代城市规划理论发展的主要议题，分别围绕着城市所面临的几个方面的重要问题：城市的经济衰退和复苏、社会公平、应对全球生态危机和响应可持续发展要求、日益回归的对于城市环境美学质量以及文化发展需要、地方民主控制和公众规划要求等问题。以问题为核心的城市规划理论更多的是建立在对战后城市规划思想和理论演变历程分析的基础之上，实质上是由多种类型的用以回答不同问题的理论共同组成的，这其中包括了用以理解城市规划实质性和有效性的理论，以及那些审视城市规划目标的规范性理论。当然，作为一个"协调者"，城市规划师首先需要回答诸如怎样的环境才能更好地适合人类生活、怎样才能创造出这样的环境等价值观问题。

20世纪80年代后期，实用主义作为一种规划思潮出现，主要在美国盛行，其代表人物是罗蒂（Rorty）和杜威（Dewey）。查尔斯·霍克（Charles Hoch）认为，实用主义的规划有三大特点：① 在实践中经验是比理论更好的仲裁者（arbiter）；② 用实践中得到的答案来面对真正的问题；③ 实践的方法要通过社会共识和民主的手段来实现。

实用主义具有很强的操作性，对抽象和华丽的理论不屑一顾，"把事情做了"成为占主导地位的规划哲学，强调在应对复杂和难处理的问题时，应直接解决，而规划师在面对困难时也要及时应对，尽量促成事情而不是否定事情。因此，规划师的角色应该是"看门人"，规划也要加强沟通。"自由主义"和"多元主义"是实用主义哲学在面对价值判断问题时所采用的两个基本准则。

实用主义的规划理论能解决部分城市规划过程中的实际问题，但对问题的复杂性及相关性的分析也存在一定的局限。

3. 交流规划理论

影响世界近 20 年的关于过程理性的规划理论是哈伯马斯（Habermas）的"交流行动理论"[93]。用英尼斯（Innes）的话说，这种交流规划理论是以行为为中心的规划理念"范式"的转变，可以理解为既是实质性又是规范性的理论。德国哲学家和社会学理论家哈伯马斯认为规划是基于四个基本前提下的交流行动过程。[94] 这四个前提包括可理解性、真实、诚实和合法。他把政治（政府机构）经济（市场）体制看作一种抽象的体系。人们的行为理性不仅仅受抽象体系的约束，也同时受到情感理性和道德规范理性的影响，三者交融共生。所以，只有通过可以理解的、真实的、诚实和合法的交流行动，社会共识才有可能形成，政府管制也更有效。抽象体系本身也通过交流行动的过程而重构。这种理论的假设前提就是认为社会共识是可以通过交流来实现的。哈伯马斯认为人们利用交流能力的目的是促进和实现个体之间的相互协调，社会化过程必须以交流理性为基础。哈贝马斯的交流理性哲学被引入到规划理论中，并且其概念内涵被大大扩展。交流规划理论在 20 世纪 80 年代开始出现，20 世纪 90 年代逐渐盛行和成熟，20 世纪 90 年代欧美的大多数规划师均提倡协作式规划理论在实践中的应用。

同样，交流理性指导下的规划不可避免地带有许多不足，如：忽视权力、信息等社会资源分配的非对称性，忽视物理空间规划的现实意义，实践层面上与成果预期相距甚远，消耗的政治及社会成本增加，共识的形成与意识决定之间的关联尚不清晰，等等。所以说无论是交流规划理论还是关于规划过程的理论，都并未给出规划的标准。这种规划过程具体该如何组织规划尚不明确，而随之而来的社会经济成本将会大大增加。决策的时效性也会受到不同参与者介入的影响，大量的交流会议和长时间的谈判过程势必会影响决策的效率。因此，这一类型的规划理论究竟能在多大程度上推动规划决策的实际效用仍需进一步考察。

4. 关于规划成效的理论

到了 20 世纪 70 年代初期，理性规划理论被批判将城市规划视为抽象概念而不是社会历史现象，其规划模式缺乏对规划实际后果的关注，是缺乏实质内容和空洞的，是建立在错误的"由上而下"的规划视角基础上的。城市规划理论被呼吁应当在揭示规划实践的效果等方面取得发展，由此，城市规划的效果，即规划实施的有效性成了 20 世纪 80 年代后西方城市规划理论的主要争论内容。

几乎所有的研究均认为，城市规划实践效果的检验必须放置在特定的社会政治经济背景之中。马克思历史唯物主义研究观点认为，政府及其城市规划在本质上都依托于特定的政治经济背景并成为其重要组成部分，而非既定市场体系的反对力量。这种观点因此引发了关于社会经济基础是否为决定法律和政治的"上层建筑"，以及政府行为在多大程度上是由资本生产模式所决定的等一系列激烈争论，从而导致不同理论学派的形成与发展。

这些关于因果研究的争论尽管未能在城市规划的角色与效果方面达成共识，但对于城市发展进程是在不同环境中的多种因素共同影响的结果的认知问题上达成了共识。理性规划理论被批判忽视了城市规划和政策是如何实施的这一至关重要的问题，企图通过某些行动来改变世界。规划理论研究的重点应该集中于规划的行动而不是决策方面。而与此同时，理论研究者们发现，规划的有效实施与人们的相互交流和协商技巧紧密相关，城市规划的本质也因此被认为是"交流的行动"，并由此推动了 20 世纪 80 年代至 20 世纪 90 年代的城市规划理论发展新趋向，城市规划的实施理论（Implementation Theory）因而在此时得到了显著发展，并且出现了交流规划理论（Communicative Planning Theory）、"倡导规划"（Advocacy Planning）、"行动性规划"（Action Planning）等新理论。这些理论发展新趋势在本质上都体现了民主参与的理想规划模式，即希望所有可能受到影响的利益相关者都共同参与并实施规划，而不仅仅是强权行动。关注政治经济和规划实施的城市规划理论认为，城市规划与其社会背景紧密联系，而并非真空环境下进行的自治活动，但两者的观点又有着显著差异。政治经济理论学者认为自由资本主义社会的城市规划仅是一种调节工具，而发展的权力实际上掌握在私人部门，因此解决的方法就是要以社会所有代替私人所有，并加强规划者的权力。而强调实施成效的理论学者则认为，规划者为了更有效地实施规划和政策，就必须学会与包括私人部门在内的所有利益相关者进行协商和交易。

（六）小结

20 世纪 80 年代，国际政治经济格局巨变，多极化的趋势在全球以及地区范围内展开。政治经济环境的变化，导致西方各国在社会生活、文化场景、意识形态等逐渐向着多元化、混杂化、不确定性的方向发展，后现代主义思潮的来临，标示着人类正迈向一个气象万千的世界。

在城市规划理论的探索中，也呈现出若干新的议题。这些议题建立于对于理性规划理论的批判甚至是推翻的基础之上，建立于与新的社会发展格格不入且日益呈现弊端的旧规划制度与体系的抗争之上，在变化多端的情势中，持续摸索着适应这个新世界的种种规划理论与方法，为增强这一时期的城市规划的适用性、有效性提供了思路。

五、1990 年以后的规划思想与理论

（一）西方经济、社会、技术等发展基本状况

20 世纪 90 年代以来，世界各国都在忙于应对经济全球化带来的历史机遇与挑战，经济相互依存下的国际合作与单边主义并存发展，不同文化之间的冲突和融合不断加剧。国际政治、经济、文化领域的矛盾与整合成了国际社会的一种现象，世界经济状态与政治事件之间也日益联系密切。

1. 新经济与经济全球化

在世界经济领域，"新经济"的快速成长不仅给世界各国的经济社会带来一场革命性变革，而且引起人类生活和国际关系更加深刻和巨大的变化。与传统的农业经济、工业经济对应，"新经济"代表着 21 世纪世界经济的发展方向，它是指由信息技术和当代其他高科技驱动，以创造性的人力资源为依托，以知识和信息的生产、加工、分配和使用为基础的可持续发展的新型经济形态，是一种以智力资源为依托，以高技术产业为主要支柱，以信息技术为核心的新型经济形态，也被称作"知识经济"。在传统经济中，决定性的因素是大量资金、设备、人员等有形资产的投入，而"新经济"时代，知识、能力等无形资产成为生产中的首要因素，并对经济活动起着决定性作用。

"新经济"加速了全球化的进程，增强了国家间相互依存的程度，引起了世界经济关系的重大调整。世界各国在生产、分配、流通、消费等领域内的经济联系比以往任何时候都更为广泛和密切，在资源开发、配置以及各类生产要素的流动和应用方面，国际的分工和协作达到高层次水平，主要体现在：首先，贸易自由化的范围迅速扩大，从货物到投资的各项服务的世界贸易自由化正在有效地展开，全球统一大市场正在逐步形成。其次，金融国际化的进程也明显加快，国际资本跨国流动越来越多，各国经济交织与融合、依赖与渗透，全球经济发展为一个不可分离的整体。再次，生产网络化的国际体系正逐步形成，大量跨国公司涌现，夜以继日地"以世界为工厂，以各国为车间"进行全球化生产。最后，区域集团化的趋势也日益加速发展，164 个国家和地区参加了各种形式的 35 个区域性经济集团。这些区域经济集团不仅内部的商品和资本流动加快，且外部开放化程度也日益提高。区域集团化相对消除了单个国家或地区的个体独立性，使得经济主体的数量减少，更加促进了全球经济一体化的进程。

"新经济"的发展是不可阻挡的历史潮流，在不远的将来终将成为整个世界的主导经济，随着新经济时代的到来，世界将呈现出全新的面貌。

2. 新的国际关系格局

20 世纪 90 年代以后，国际政治出现过三次大的转折，三次转折的标志性事件分别是 1991 年苏联解体、1999 年的科索沃战争以及 2001 年的"9·11"事件。三次事件均

引起了国际政治的巨大变化，两极冷战格局终结，整个国际政治格局开始呈现多极化发展趋势。在经济全球化与政治多极化格局的共同作用下，世界各主要力量既相互依存又相互制约，既相对均衡又相差甚远，形成了紧密关联、错综复杂的国际关系格局。

第一，国际关系内容更加丰富，行为主体更加多元化。传统的国际关系理论中，政治和军事是核心内容，国家是国际关系的行为主体。经济、社会、文化、科技、环境等非军事化因素的作用日益增强，极大地丰富了国际关系的内涵，以国际组织和跨国公司为基本形式的非国家行为主体的数量增多，活动领域扩大，地位和作用空前提高，并且对主权国家的对内对外政策均产生着越来越大的影响。

第二，国与国的依存关系得到强化，国际合作成为国际关系的主旋律。经济全球化极大地改变了人们的传统观念，全球意识日渐深入人心。世界各国的人们意识到他们共同生活在一个"地球村"，彼此之间联系紧密、利益攸关。当今世界，不仅美、日、西欧发达国家在资金、市场、技术等方面高度融合，而且发达国家与发展中国家也建立了越来越密切的经济联系。

第三，和平与发展两大主题更加突出。经济全球化的发展，使任何国家的经济发展乃至生存本身都或多或少地依赖于别的国家，这种国与国之间的相互依赖性、个别国家对整个世界的依赖性大大消除了战争因素，成为促进和平、防止冲突的重要保障。随着经济因素在国际关系中的地位大大提高，经济、科技竞争取代了军事对抗，有助于降低发生大规模战争的可能性，全球化给世界经济注入了新的发展动力，进一步深化了和平与发展的当今世界的两大主题。

第四，各国力量对比发生变化，多极化世界格局逐步形成。两极格局终结后，世界格局向多极化转变的过程是以全球化的日益深入为背景的。世界各国面临的机会和风险都大大增加了，原本存在的不平衡也将持续加剧。大国之间的争夺日趋激烈，部分发展中国家通过对外开放，改革经济体制，吸收发达国家的资金、技术和管理经验，能够发挥后发优势、后来居上，从而确立了多极化格局的经济基础。

第五，国际机制的作用得以加强。全球化就是一体化，意味着打破疆界，把国际社会视为一个整体。各国对各自利益的追求必然使全球化进程充满矛盾和冲突。因此，国际社会需要协调利益，缓解矛盾，实现国际关系的稳定和持续发展。国际机制就是适应这种要求，在协调国家行为基础上形成的一系列国际体制、原则、规范和运作方式，以约束并要求国家行为的规范化和有序化。目前，全球化、区域化、多边性和双边性的制度化协调机制均有重大突破，其内容涉及了经济、政治、能源、环保等诸多领域，并且大量规范国际关系的运行体制、原则已被绝大多数国家接受和认同，成为其在国际社会中共同遵守的行为规范。

3. 科学技术的新发展

20世纪90年代的科学技术以信息技术、生物技术、新能源和可再生能源技术为代表。在"新经济"的引领之下，将科学技术发展与科技成果产业化研究同步进行，大大促进了生产、流通的进程，加强了经济活动数字化、网络化，加速了信息的传输、扩散与更新换代，体现了科学技术强大的生产力，使得高新技术产业成为世界第一支柱产业。

新技术不仅运用于生产与流通领域，新型生产技术以及新能源、再生能源技术对于自然资源的保护与节约利用大大提升，对于生态环境承受的压力和破坏大大减轻，促进并实现了经济的可持续发展。

就在高新技术极大地促进了世界经济增长的同时，国家与国家之间围绕科学技术的激烈竞争亦在加剧，科技给人类社会带来的负面影响及其不可避免的代价导致了越来越多的"反科学"思潮。这些负面影响体现在：首先，高新技术使安全概念遭受冲击，对世界政治进程以及安全格局产生强烈影响；其次，科技也对人类社会带来了挑战，如网络技术的发展对人类的传统文化造成冲击，并可能导致科技犯罪率的上升；最后，生物技术的进步使生物武器进一步发展，克隆技术的突飞猛进也给人类的伦理道德观念等造成了冲击。

（二）世界城市与全球城市体系的发展

二十世纪末至今，信息、通信和交通的技术革命使资源跨国流动的成本日益降低，为经济全球化提供了强有力的技术支撑，同时，空间经济结构的重组导致了城市和区域体系的演化与重组。

1. 经济全球化的影响

全球化（globalization）的实质是经济全球化。国际资本以及信息、技术、人力等各种发展资源跨国流动越来越多，各国经济相互交织、相互融合、相互依赖、相互渗透，以致全球经济发展为一个不可分割、分解、分离的整体，经济全球化使得世界各国的经济资源得以冲破国界在全世界范围内进行配置，这为资源配置的更加合理和优化提供了前提。发达国家的资金、技术、管理经验和发展中国家的资源、廉价劳动力和广阔市场能够实现有机组合，国家之间的相互依存程度提高。这些有效地促进了世界各国生产水平和生活水平的提高，使国际社会进入一个和平、协调、密切联系的时代。理论上讲，经济全球化给整个世界带来了好处，为每个国家提供了发展机遇，然而这种好处在不同国家和地区间的分配是不可能平等的，不同国家在进入全球化进程时所付出的代价和从中得到的收益等方面也是不均等的。正如联合国开发计划署1999年度《人类发展报告》中指出："迄今为止的全球化是不平衡的，它加深了穷国和富国、穷人和富人的鸿沟。"各种各样的统计资料表明，近年来加速发展的全球化进程在一定程度上加剧了发达国家和发展中国家的差距。发展中国家在参与经济全球化的过程中要受到主要按照发达国家意志制定的国际规则和国际惯例的约束和制约。总之，对广大发展中国家来说，经济全球化既带来了机遇，也带来了挑战。

2. 经济全球化影响下的城市体系的演化

经济全球化在地域空间结构上表现为世界城市体系的变化，即从以经济活动的部类为特征的水平结构逐渐转变为以经济活动的层面为特征的垂直结构。在世界城市体系当中，城市逐渐形成了由管理与控制、研究与开发、生产与装配三个基本层面构成的垂直地域分工体系。其中，管理与控制层面的城市占据了世界城市的主导地位，而制造与装配层面的城市处于从属地位。

在发达国家和部分新兴工业化国家与地区，形成了一系列全球性和区域性的经济中心城市，对于全球和区域经济的主导作用越来越显著，这些城市影响甚至决定着世界经济运作的状况。担当管理、控制职能的部门由于需要面对面的联系，需要配套商务设施和相应的服务设施，需要紧邻政府及相关决策性机构，因而一般都集聚在大都市地区。尽管也部分存在着向大都市郊区迁移的趋势，但总体上看，向着经济中心大都市的集中仍在加强。同时，在发达国家中出现一系列科技创新中心和高科技产业基地，而发达国家的传统工业城市普遍衰落，只有少数城市成功地经历了产业结构转型。担当研究与开发职能的部门需要吸引知识分子，并要能够保证较高层次的知识人士的不断补充，因而要求有良好的生活和工作环境，有低税收的政策扶植，因此较多选择布局在充满宜人环境地区的小城镇。以常规流水线生产工厂为代表的制造与装配职能的发展极大地依赖于廉价劳动力和低税收，因此往往向经济较落后地区的小城市或大都市地区边缘发展，并且自 20 世纪 60 年代以后呈现出在整体上不断向第三世界转移的趋势。制造业资本的跨国投资促进了发展中国家的城市成为跨国公司的生产、制造与装配基地，从而这些城市也得到了迅速的发展。而非常规流水线生产的工业企业，如生产技术密集型的非标准产品、开创性的或销路不稳定的产品以及传统手工业产品的企业，一般来说，这些企业的规模有限，且产品的特色性较强，故而拥有着在城市中心区和市区继续发展的趋势。

3. 世界城市、全球城市

曾经在二十世纪五六十年代主导经济增长的龙头产业部门制造业，在二十世纪末都卷入到不同程度的衰退之中。全球经济背景中的生产在地理上的非集聚性改变了传统的区位优势的模式，过去优势集中的城市在未来的发展当中未必具有绝对的优势，从而使各类城市又重新面临新的机会与压力。生产过程和控制结构的复杂性不断提高，导致生产中介和生产服务设施的重要性不断提高，且倾向于高度集中在大都市地区。国际金融系统的重要性和复杂性也与日俱增，导致了贸易与投资的资金流和金融资本本身的国际市场越来越集中于大都市，这些大都市依据所控制的大陆地区来划分整个世界，日益成为影响并主导全球经济运作状况的世界城市，或称全球城市。

针对第二次世界大战后世界经济一体化的进程，当前国际城市规划领域著名学者彼得·霍尔爵士看到并预见到一些世界大城市在世界经济体系中将担负越来越重要的作用。他认为，世界城市具有如下主要特征：首先，世界城市通常是政治中心，它不仅是国家和各类政府所在地，也是国际机构、各类专业性组织和工业企业总部的所在地；其次，世界城市是商业中心，通常拥有大型的国际海港、航空港，是一国最主要的金融和财政中心；再次，世界城市是集合各种专门人才的中心，集中了大型医院、大学、科研机构、国家图书馆和博物馆等各项科教文卫设施；也是新闻出版传播中心和文化娱乐中心；世界城市是巨大的人口聚集区，拥有数百万乃至上千万人口。

1986 年，约翰·弗里德曼强调了世界城市的国际功能决定于该城市与世界经济一体化相联系的方式与程度，并提出世界城市的七个指标：主要的金融中心、跨国公司总部所在地、国际性机构的集中度、商业部门（第三产业）的高度增长、主要的制造业中心（具有国际意义的加工工业等）、世界交通的重要枢纽（尤指港口和国际航空港）、城市人口规模达到一定标准。

萨斯基亚·扎森（Saskia Sassen）认为，国际中心城市以四种方式发挥着作用：作为世界经济组织过程中高度集中的控制场所；作为金融业和专业化服务业公司的最重要区位，将替代制造业作为主导性经济产业部门；作为这些主导产业的生产场所，其中包括创新的生产；作为产品和所创造的创新的市场。

（三）该时期主要的城市规划理论

1. 可持续发展的规划思想

在 20 世纪 80 年代现代主义迅速隐去，取而代之的是大量对城市发展新趋势的研究和探讨。进入 20 世纪 90 年代后，规划理论的探讨出现了全新局面，除了对于全球化、信息化等城市发展趋势的研究，规划的研究者们从未放弃对规划本身的核心问题的思考。

在 1992 年联合国环境与发展大会上，可持续发展要领得到与会者的共识，从此可持续发展迅速成为地理、环境、经济、规划等学科研究的焦点和前沿课题。20 世纪 90 年代后半期，国际规划界出现了大量以可持续发展为目标的研究，分别从城市的总体空间布局、道路与工程系统规划等各层面，提出了城市持续发展的模式和操作方法。进入 21 世纪，人们将可持续发展的思想贯彻到城市规划工作的理论和实践工作中，建立可持续发展的城市规划及管理体系，探索可持续发展的有效实施途径已成为当今城市规划领域研究工作的重点内容。

（1）可持续发展思想的形成与含义

20 世纪末，世界人口增长到 60 亿人，随着城市化进程的加快，2007 年底世界上已有 33 亿人生活在城市，超过了全球人口总数的 50%，预计到 2030 年，城市人口比例将扩大到 60%，城市人口总数将达到 50 亿。尤其在大城市中，人口、资源、环境的压力日益加重。

可持续发展的思想是在 20 世纪 80 年代针对因片面追求经济的高速增长而带来的一系列社会问题的基础之上而提出的。1972 年，第一次人类环境会议在斯德哥尔摩召开，会议报告《只有一个地球》引起了全人类对于环境与发展问题的全方位关注。1987 年联合国环境与发展委员会的报告《我们共同的未来》全面阐述了可持续发展（sustainable development）的理念："既满足当代人需要，又不对后代人满足其需要的能力构成危害的发展。"1992 年，联合国环境与发展大会达成的《全球 21 世纪议程》，将可持续发展由理论和概念推向行动，标志着可持续发展开始成为人类的共同行动纲领。我国也于 1994 年针对实际情况，在 1994 年《中国 21 世纪议程》中提出我国可持续发展城市的目标是建设成规划布局合理，配套设施齐全，有利工作，方便生活，住区环境清洁、优美、安静，居住条件舒适的城市。

（2）可持续发展思想的纲领：《全球 21 世纪议程》

《全球 21 世纪议程》涉及人类可持续发展的所有领域，提出了可持续发展的要义在于主张经济、社会和环境之间的协调发展。《议程》是世界各国经济、社会和环境协调发展的行动纲领，强调了可持续发展在管理、科技、教育和公众参与等方面的能力建设。

可持续发展的核心内容是强调人类社会发展的代际、代内公平，实现人与自然的和谐共存与协调发展。其概念本源是在自然环境层面，即强调生态的可持续性。从人类社会系统的观点来看人类的生存环境，可持续发展的概念得以进一步延伸和扩展至世界各国经济、社会、政治、文化以及教育等各个领域。经济的可持续发展，主要是要求变革现行的经济发展观念、生产和消费模式，最低限度地消耗自然资源和产生废弃物，提倡清洁生产、节约能源、利用绿色能源和可再生能源等，强调经济增长的方式必须以不影响环境的可持续性为前提，即最少地消耗不可再生的自然资源，环境影响绝对不能危及生态体系的承载极限，使经济发展控制在生态可承受范围之内。社会的可持续发展，涉及政治体制、公平公正、公众参与和决策的透明度，形成一套有利于保护生态、保护环境的体制，强调社会公平，即不同的国家、地区和社群能够享受平等的发展机会，而不是以牺牲一部分国家、地区和社群的利益为代价。文化的可持续发展，涉及人的道德观、宗教观、价值观，吸收各民族文化的精髓。文化资源也是不可再生资源，必须加以保护和持续发展。《议程》强调人类正处于一个历史选择关头，工业化以来的现行政策正在扩大国家和地区之间的经济差距，导致全球生态系统的继续恶化。可持续发展要求变革现行的发展政策，改善贫穷国家和社区的生活水平，只有通过全球范围的合作，才能够确保可持续发展得以实施。《议程》把人类住区的发展目标归纳为改善住区的社会、经济和环境质量，以及所有人（特别是城市和乡村的贫民）的生活和居住质量。

（3）基于可持续发展理念的城市规划实践研究

作为人类社会的精华以及文明集聚之地，城市的可持续发展是可持续发展战略实施至关重要的内容。其核心是强调城市经济发展与社会、文化以及自然环境之间的关系，在保证人类自身发展的基础上实现人与自然的协调发展。可持续的城市含义应包括可持续的土地利用方式、经济发展模式、生态环境、能量利用方式以及可持续的道路交通体系等。

城市的可持续发展战略是以城市人口、资源、环境、经济和社会等要素个体发展与要素之间关系为对象的战略部署。这些要素均关联到城市土地资源配置与地域空间布局，如经济结构的转换、产业布局的优化、社会公平的实现、交通方式的转变、生态环境质量的提升等。城市规划作为城市土地资源配置的重要手段，在可持续发展的实践与行动过程当中发挥着特殊的作用，可持续发展理念贯彻于城市规划的这一重大课题，引起了全世界规划师们的广泛关注。

1990 年，英国城乡规划协会成立了可持续发展研究小组，并于 1993 年发表了《可持续发展的规划对策》，提出将可持续发展的概念和原则引入城市规划实践的行动框架，将环境因素管理纳入各个层面的空间发展规划。《对策》当中提出了环境规划的原则：在土地使用和交通规划方面，缩短通勤和日常生活的出行距离，提高公共交通在出行方式中的比重，提高日常生活用品和服务的地方自足程度，采取以公共交通为主导的紧凑发展形态；在自然资源的保护和规划方面，提高生物多样化程度，显著增加城乡地区的生物量，维护地表水的存量和地表土的品质，更多使用和生产可再生材料；在能源使用方面，显著减少化石燃料的消耗，更多地采用可再生的能源，改进建筑材料的绝缘性能，建筑物的形式和布局应有助于提高能效；在控制污染和废弃物方面，减少污染排放，采取综合措施改善空气、水体和土壤的品质，减少废弃物总量，采用循环机制提高再生利用程度。《对策》当中提出了环境规划的行动准则：要求根本转变对于规划的态度，要求全方位地推广成功的实践，要求建立环境可持续度的目标及其指标体系，并扩大各层面可持续发展的行动计划，要求从生活品质的角度重新定义"增长"、"成本"和"利润"，做更长远期限的规划和设计，提高政策和决策的连续性，制定环境标准以及容量极限和影响评估，制定制度转移性的财政政策。

基于可持续发展理念，美国结合了其住区发展模式的规划实践，提出了"都市村落"，其特征是具备集中紧凑的形态与适当的密度，提倡混合用地，以公共交通为交通主导，拥有大量的面向步行者的街道，并且具备调适性强的建筑物等设计特点。

景观都市主义出现于 20 世纪 90 年代，以回应美国城市环境中传统城市核心的消失。随着政治、文化和经济的发展，许多城市都出现了城市空间的衰败以及空间投资锐减的状况。在这种情况下，景观设计师可利用城市景观的塑造，赋予日渐空白衰败的城市新的意义。他们利用景观设计，将公共基础设施和城市景观空间作为新的城市媒介，来缝合城市中不相连甚至是破裂的系统。理论家和设计师詹姆斯·科纳（James Corner）和查尔斯·瓦尔德海姆（Charles Waldheim）认为，将城市景观视为城市肌体中的一部分，应创造适应性的、开放的、具有不确定性的、不断变化的、可协商可持续发展的城市空间。[95]科纳认为，城市化的实际过程对城市的塑造远比城市化的空间形式本身更有意义，因此需要强调并推广具有适应性和可变性的设计以可持续应对城市在未来遇到的未可知的情况，而不是固定形式的空间。[96]

2. 新城市主义、增长管理与精明增长、紧凑城市

对于 20 世纪 90 年代日益呈现的城市郊区化蔓延、土地的浪费与持续的低密度、

"天女散花式"的低效能开发、对自然资源的肆意挥霍、私人小汽车带来的污染与交通阻塞、生活环境的恶化与城市中心区的日益萎缩与衰败等一系列问题，众多城市发展模式相继提出，其中影响较大的观点包括"新城市主义"、"增长管理"与"精明增长"及"紧凑城市"等。

（1）新城市主义（New Urbanism）

新城市主义是指 20 世纪 80 年代晚期美国在社区发展和城市规划界兴起的一个新运动。面临城市郊区化蔓延这种低密度城市发展模式带来的一系列问题，新城市主义提出控制城市蔓延、防止城市衰落，以及创造经济、环境和社会健康发展，它的出现深刻影响了美国的城市住宅和社区发展，并很快在世界范围内流行。

新城市主义主张一个可持续发展的城市形态，他们希望一方面通过旧城改造而改善城区居住环境，提倡回归城市的理念，另一方面通过郊区发展对城市边缘进行重构。新城市主义赞同将不断扩张的城市边缘重构形成社区，使其成为具有多样化的邻里街区，而不是简单的"卧城"，这是对城市郊区化扩张模式的深刻反思。新城市主义区别于花园城市或者新城，它强调以人的步行尺度进行设计，体现多种土地综合利用以及提供良好的公共空间。他们强调通过立法重新引入传统的邻里空间，寻求并重新整合现代生活中诸种因素，如居家、工作、购物、休闲等，试图在更大的区域开放性空间范围内以交通线联系，重构一个紧凑、便利行人的邻里社区。新城市主义者们为此而展开了诸多研究与探索，如以公共交通为导向的城市发展模式（Transit-Oriented Development，TOD）以及"公交社区"（Transit Villages）等。

新城市主义的精髓是让城市文明与自然环境和谐共存，在满足人们高度利用空间资源的同时，充分顾及人与自然、社会的关系。它倡导的是一种快节奏、低生活成本、高娱乐的都市"跃动人群"的生活模式，强调居住背景、个性化生活，强调生活轻松便利的居住环境、和睦的邻里关系、全力以赴地工作、尽情地享受与娱乐的生活方式。

新城市主义思想所提倡的发展模式其实是一种新的传统式开发，它们多数源于传统的规划理论和设计理念，以及传统的城市广场和空间设计手法与设计语言。虽然以"新"命名，但其本质上以及思想根基上却与"旧"的城市思想有着千丝万缕的联系。同时新城市主义更加侧重于从社区、邻里或街道等尺度层面上再造实体环境，其并未解决开发与大城市地区之间的区域关系。与此同时，从区域尺度层面上管理控制城市与郊区的实体发展模式"精明增长"也日益引起人们的关注。

（2）增长管理与精明增长

增长管理的概念出现于 20 世纪 60 年代，并在 20 世纪 70 年代和 20 世纪 80 年代逐步盛行。增长管理起初是运用限制新开发的方法，来达到阻止高速蔓延的发展、保护环境资源的目的。倡导者们认为对于这些负面性的发展必须实施控制，尤其是城市扩展的边界地区。增长管理在形式上多采取年度限制法，即将每一年度的住宅开发量限制在一定范围内，以此来控制发展。应用于不同地区与社区，形成了较多的发展管理技术。进入 20 世纪 70 年代以后，增长管理冲破单纯限制的模式，逐渐在规划技术引导、法规政策制定等方面拓展理念，并通过多种形式来影响和指导新项目的分布与开发，如确定年度建筑限制，根据承载人口增长的土地容量而划定城市增长边界（UGB）。保护公共开放空间，以及分区规划技术的更新、公共设施与基础设施约束下的开发限制等措施。增长管理的目标是，在保护环境资源、地区特征、开放空间以及限制新的基础设施投资的条件下，进行新的开发。增长管理的这些理念、技术与措施成为支撑且构成精明增长的重要组成部分。

精明增长，自 20 世纪 90 年代以来，大多数地区无限度的开发使得人们不得不重新思考过度城市化以及郊区化引发的一系列问题。土地的有限决定了经济的增长必须摆脱对于城市的蔓延的依赖，因此必须要去寻求一条将蔓延约束在一个范围内的发展与增长之路。"精明增长"为美国在 20 世纪 90 年代城市发展的重要口号，并从增长管理中脱颖而出。"精明增长"由时任美国马里兰州州长的帕里斯 N·格伦迪宁（Parris N·Glendening）于 1997 年提出，倡导土地混合利用、密集型建筑设计、提供多种住宅机会及选择、建设适于步行的邻里社区、提供多种交通选择、鼓励公众在规划和发展决策制定过程中的参与和合作等发展理念。

精明增长是一种增长方式，是把发展与增强经济实力、保护环境资源以及改善社区生活质量协调起来的增长。精明增长不是不发展或限制发展，其强调的是一种理性的发展，是把适应社会发展需求、创造就业机会、发展经济等与限制因开发所带来的负面影响、保护支撑发展的自然环境协调起来。这意味着对于现行的发展方式要做一些重大的调整。美国国家自然资源保护协会提出精明增长的措施包括重新研究城市，并为后代创造出一个紧凑的、可以步行的、以公共交通为导向的、保护好宝贵景观的新城市。奥利弗·吉勒姆在此基础上，将精明增长的定义扩大为一组共七个措施与若干对应的技术，如表 2.1 所示。

对于精明增长也存在着很多质疑之声，例如有人认为精明增长所提出的城市增长边界在控制城市蔓延方面过于宽松，而其他人则指出这会引起地价的上涨与更高的税收，以及局部地区的住房短缺等。另外，精明增长的多数原则方法与技术措施符合可持续发展的要求，但在对于资源问题的关心层面上略显不足。

表 2.1　精明增长的措施和技术

精明增长的措施	精明增长的一些技术
保护开放空间	法制管理（环境限制、分区规划管理、开发权转让）
	土地和建筑物限制
	税收优惠
	购买土地

精明增长的措施	精明增长的一些技术
发展边界	地方城市发展边界
	区域城市发展边界
紧凑型开发	传统街区式开发
	公交导向式开发
	公共交通村式开发
更新建成区	市中心和商业街再开发项目
	褐色地区的再开发
	灰色地区的再开发
公共交通	地方公共交通项目
	区域公共交通项目
协调区域的规划	区域政府
	区域管理机构
	区域基础设施服务区
	州的规划目标
资源分享和费用分担	分享区域的财政收入
	区域的经济住宅项目

图表来源：奥利弗·吉勒姆. 无边的城市：论战城市蔓延 [M]. 叶齐茂，倪晓晖，译. 北京：中国建筑工业出版社，2007.

（3）紧凑城市

紧凑城市理念最早在 1973 年由丹齐格（G. Dantzig）提出，直到 20 世纪 90 年代初才逐渐在西方获得广泛关注。1990 年，紧凑城市在欧共体委员会（CEC）发布的《城市环境绿皮书》中作为"一种解决居住和环境问题的途径"而被提出以后，西方学术界对这一理念展开了一场大讨论。《城市环境绿皮书》给出的紧凑城市的模式概念为"脱胎于传统的欧洲城市，强调密度、多用途、社会和文化的多样性"的城市。模式的发展目标在于避免通过不断延伸城市边界来应对目前所面临的问题，强调要在现存的边界内解决城市问题。

紧凑城市作为缓解城市蔓延和无序发展，节约用地和资源，降低能源消耗，提倡城市自然和生态环境保护，并在巨大人口的压力下保护耕地，最终实现社会、经济等各方面的协调和可持续发展的一种理念，在学术界产生了很大的影响。紧凑城市的规划思想核心主要包括几个方面：高密度居住、对汽车的低依赖、城乡边界和景观明显、混合土地利用、生活多样化、身份明晰、社会公正、日常生活的自我丰富以及独立政府。

紧凑城市是城市可持续发展的理性选择，体现在城市规划领域的思想主要有：提出要加强城市的重新发展、恢复中心区的再次兴旺；保护农田，限制农村地区的大量开发；更高的城市密度；功能混用的用地布局；优先发展公共交通，并在公共交通节点处集中城市开发，提倡基于公共交通、步行和自行车私用基础上的交通方式；提倡城市土地的混合使用的紧凑型城市发展模式，合理提高建筑的密度和强化社区服务及社区发展；等等。从空间尺度上看，紧凑城市可以在宏观层面-城市及城市群、微观层面-社区和居住区、空间结构层面-强调集聚的单中心的而不是多中心分散的城市空间结构模型。

从城市形态上看，紧凑城市的主要特征为城市高密度、功能混用和紧凑以及密集化。城市高密度即为人口和建筑的高密度，功能混用即为城市功能的紧凑和复合，而密集化即为城市各项活动的密集化。

在政策层面上，紧凑城市的建设需要政策的引导，包括社会、经济、规划、交通、环境等相关政策，而政策的制定不应该只着眼于如何提高城市密度，而应该是如何实现紧凑前提下的城市可持续发展。

3. 多元城市治理结构与协作规划理论

随着人本主义的复苏，自下而上的参与意愿不断增强，城市规划作为一项重要的政府职能，也在不断探讨城市多元治理框架、权力的分配与再分配、如何将更多自下而上的力量包容进城市治理的框架中。

1965 年达维多夫发表的《倡导规划和多元主义》（*Advocacy and Pluralism in Planning*）中，首次提出了"倡导性规划"的概念，主张规划师应关注社会各阶层的不同利益群体，特别是弱势群体，也成为公众参与规划的开端；1969 年，阿恩斯坦（Arnstein）发表的《公众参与的阶梯》（*A Ladder of Citizen Participation*），从类型学角度将公众参与分为了三个层次、八个阶梯，帮助理解公众参与的本质；弗里德曼于 1973 年在《再寻美国：一个交往式规划的理论》（*Retracking America：A Theory of Transactive Planning*）中提出规划是一个交往学习的过程，规划师和公众通过对话将彼此的知识融合并形成共识的过程，也因此公众在规划中的地位得以加强；1977 年的《马丘比丘宪章》也明确提出"城市规划必须建立在各专业设计人、城市居民以及公众和政治领导人之间的系统的不断互相协作配合的基础上"。由此，以社区参与为主导的"参与式规划"，以平等的资源分布和服务设施为要义的"平等规划"，以及针对多元文化社区中政治、文化差异而建立的和谐多元社区的"包容性规划"等规划思想的蓬勃发展，纷纷对规划的包容性以及城市治理框架的弹性展开探讨，使得相关团体和个人可以以平等的方式参与到城市的规划和设计中来。

1980 年新自由主义盛行，政府职能被日益缩小，城市规划的政府行为属性被不断弱化，这给公众更加深入参与规划的机会。随着参与的社会群体愈加多样化以及对城市治理框架的重新思考，对于城市设计主体的重定义也在不断突破。设计师不再仅仅是主导或控制设计本身，而更多的是起到了协调的作用，将更多的公众纳入到城市规划和设计的工作中来。20 世纪 90 年代，英尼斯提出了新的交往式规划（Communicative Planning），指出规划具有广泛的社会参与和交往行为，规划师不仅需要扮演专家的角色，更要同时扮演公众参与的组织者和促进者的角色。此外，在吸收了哈伯马斯的"交流行动理论"、安东尼·吉登斯（Anthony Giddens）"结构-行为理论"和"政体理论"精华的基础上，英国的帕齐·希利（Patsy Healey）提出了合作规划（Collaborative Planning），又称为协作规划，强调交流行为对社区规划过程的影响，将规划过程"置于经济、社会和环境动态以及它们转入制度化治理过程的文脉之中"，在多变、多元环境下，"邀请广泛的相关利益方进入规划程序，共同体验、学习、变化和建立公共分享意义的过程"，协调政府部门内外以及不同利益相关者之间的矛盾。

传统的规划可以看成单一主体的规划，即政府或规划师在规划设计当中占据主导地位，起到了决定性的作用。然而，规划的实际使用者绝非单一主体，单一主体的规划难以全面反映使用者的意愿，规划目标往往过于强调主导方的地位和权威而不能体现所有利益相关者的意愿。"合作规划"方式为解决这种困境提供了出路。希利（Healey，2007）接受了可持续发展的思想，在汲取了交流规划理论和"政体理论"精华的基础上，提出了"合作规划"理论，认为城市规划的实现需要所有利益相关者的合作行动[97]。合作规划提倡由多个主体共同参与规划，多个主体协同一致，并允许多方主体各自执行一部分规划，为实现各自目标而产生局部规划。合作规划的目标是由多个主体的局部目标而组成的目标体系，规划的过程就是要寻找各个主体的目标以及这些目标之间的约束关系，以此而实现目标体系之中的每一个目标。尽管合作规划的目标在现实过程当中难以完全实现，但是，作为一种规划思想与方法的提出，它突出了主体在规划问题中所处的角色，在一定程度上实现了规划的优化，也提升了规划的灵活性，增强了规划的实际可操作性。

规划理论和思潮的蓬勃发展也在逐步影响政府的规划工作，许多参与式的工作手段和途径也应运而生。例如，参与式预算（Participatory Budgeting），是社区公众共同决定如何分配和使用部分公共预算的民主过程。通过建立持续共同管理公共资源的机制，设立公共项目的建设资金交由公众决定，鼓励公众参与，共同决定预算资金的分配，并建立有效监管项目实施的政府问责制。参与式住房（Participatory Housing），与传统的房地产开发商提供的标准化住房截然不同，参与式住房允许居民将自己的选择、需求和价值融入未来住房的设计中，也预示着一种新的设计、建造和管理住房的工作方式。除此之外，随着规划交流方式的多样化，新技术、新手段的不断出现，也逐步参与到城市治理框架的探讨中，探索如何更有效率地将参与式规划的理论应用于多样化的实践，如何更具有包容性地将公众纳入到城市治理框架中来，如何可以使城市的设计更加符合人民的意愿。众包（Crowdsourcing）是指通过构建信息化技术支持平台建立公众和部门之间信息互通共享的机制，以期对新型城市治理模式展开探索，积极解决公众参与层面市民参与积极性和城市信息爆炸等问题。

以"以人为本"为核心价值导向的城市治理，已陆续以各种方式开展实践，从各种维度对传统规划体制提出挑战，以期望能够对传统规划框架中不足的地方提出改进策略，并且融入更多切合公众利益和需求的思考：有的在参与主体上提出多种可能，有的在政策制定时提出新的方式，有的在设计范畴上提出改进，还有的在项目推进时限上提出另一种思路。这些规划实践和探索都在预示着规划设计的不断自我更新和完善，也不断明确规划设计的目标是为人民打造适宜生活的城市。

4. 新区域主义

为应对 20 世纪初由于快速工业化发展而导致的人口拥挤、机动车激增、城市环境迅速恶化、居民生活质量降低等问题，诸多专家学者从不同方面致力于促进城市的持续发展。以生态学家格迪斯和规划学家芒福德为代表的学者，主张以城乡发展平衡、分散发展的模式，来应对当时城市环境恶化的问题，被称为区域主义的生态学派。与此同时，以罗伯特·菲什曼（Robert Fishman）纽约市区域规划联合会为代表的另一派学者，则认为"郊区的理想"是属于中产阶级的乌托邦，主张通过对城市进行用地结构性调整、城市更新及公共项目开发等方式，来缓解城市用地紧张等随之而来的问题，也被称为"大都市主义"。但菲什曼认为两种方式都存在一定的弊端，前者倡导的分散式发展模式易导致城市向郊区的无序扩张，从而导致土地利用效率低下；而"大都市主义"如若未能将城市更新和公共项目开发与城市的经济、社会、政治等议题紧密联系，则很难发挥实质性效果。

20 世纪 50 年代，随着瓦伊纳（Viner）引入关税同盟理论[98]后，区域主义一度成为主导当时国际经济一体化的核心理论。而在新马克思主义等理论思想蓬勃发展的同时，人们从社会体制、经济发展动力等角度去解构研究区域空间结构和社会经济发展规律，使得区域主义的理论混合实践在更为广泛的领域发展。但也由于施行内向型经济政策、区域政府运行机制失调等，新区域主义在 20 世纪 70 年代后期逐渐走向低潮。

20 世纪 80 年代，随着冷战逐渐步入尾声及欧洲一体化进程的推进，区域主义的理论研究逐渐复苏，而"新区域主义"的理论在"区域主义"理论的基础上得到了改进，主张通过以"外向型、兼容型、复合型"的"区域治理"、"网格化决策机制"等方式来应对城市问题。诸如以欧洲经济共同体和北美自由贸易区为代表的跨国性战略联盟以及以加拿大多伦多大都市政府和英国大伦敦政府为例的国家内部多区域发展合作组织也已得以运作，试图通过采用适宜区域情况的空间组织模式，实现区域社会、经济、文化、生态等多维度的协调发展。由此，以新城市主义、精明增长等城市理论蓬勃发展，共同探讨城市的可持续发展模式和理论。

20 世纪 90 年代随着全球化进程进一步加速，经济全球化涵盖了贸易、生产、金融和投资各领域，以跨国公司为载体的全球产业链加速构建，而政治制度、文化交流、区域治理等区域性研究也逐渐蓬勃发展。除此之外，如何在有限的资源环境约束下，谋求经济、社会和生态的可持续发展；如何在区域联盟中推动谈判能力的提升和合作协议的优化；在新自由主义和社会民主的影响下，如何进一步减少政府在社会服务领域的控制和干预，鼓励并推动企业、非政府组织、个人等积极发挥作用，使得更多的公民团体有机会参与到公共事务的决策中。诺曼·帕尔默（Norman Palmer）提出，新区域主义是"以地区为中心聚合发展的显著趋向引发了全球范围内区域合作的新浪潮"。而新区域主义理论的发展及其研究也是对于区域自身资源的重认知、重分类和重组合。

首先，新区域主义理论涉及对于"区域"概念的理解。新区域主义理论下的区域概念，突破局限于限定物理空间且拥有固定行政边界的区域、城市中心或是城市功能区。这种区域的概念可能存在于国家层面之上以国际组织、联盟的形式出现，也可存在于国家层面之下以地区机构的形式存在。这些国家和地区可以以明确行政边界的区域为单位加入，但同时这些区域也可存在边界的重叠，这些边界往往是跨行政区边界的，甚至是跨国界的，比如伦敦区、英格兰东区、英格兰东南区。所以，区域以一定物理边界作为基础，但由于特定的经济、社会、文化等多因素的影响，自然空间、物质空间、社会关系空间的交织，而共同影响区域边界的确定。其次，新区域主义理论下的区域不再具有固定的一成不变的边界，而往往是随着经济、社会、文化等因素的变化而随之动态变化的，应在"之间"的概念下定义边界。美国社会学家曼纽尔·卡斯特尔（Manuel Castells）提出，当今社会空间是由人流、物流、资本流、信息流等构筑的网络空间[99]。英国地理学家米歇尔·巴蒂（Michael Batty）认为，当今自然和人文地理的网络拓扑空间关系以一种变化、流动的方式，动态地影响着城市社会、经济和文化。[100]英国城市形态学家和空间句法教授比尔·希列尔（Bill Hillier）也表述了类似的观点，[101]人的社会经济流动构建了城市空间网络，而这个空间网络作为一种制度反作用于人的流动，从而形成了城市的活力中心和边缘，而人的社会经济流动的不确定和非均质更是影响了多中心布局的动态和流动性。

其次，新区域主义理论倡导一种城市治理方式的转变。传统的单一方向的政府管控行为（government），是将各层级政府以垂直的管理进行管控，而新区域主义则倡导一种多元的治理模式（governance），将不同区域和层级的区域组织视为一个多点多层治理的机构网络，打破各层级之间固化的垂直关系，以平等协商的关系取而代之。政府不再作为唯一的决策方，以欧洲的模式为例，大都会的政府不再作为决策的主体，而是通过会议、协商等方式为各主体提供一个可以共同参与、共同商议、共同决策的平台，以应对机构设置，策划区域项目、区域发展及管理计划等事项。

再次，随着城市治理方式的转变，政府不再作为唯一的决策者而是依赖于各团体的共同决策，这也直接触发多方参与、协调合作机制的创新。20世纪80年代后期诸多区域机构的衰败主要源于其仅作为传统政府的下设机构，仅有权力的传递而未能介入地方事务之中，且因受地方当局的抵制而未能协调当地政府和社团等利益集团的配合而效率低下。因此，从20世纪90年代开始，西方对于现行机制进行改革，以欧洲为例，通过对于机构属性和参与机制的优化，复兴区域政府机构。1996年鹿特丹大都市政府以及1994年德国斯图加特地区政府等设立，或是以拥有明确财政自治和政治合法性的属性以超越城际的区域政府形式开展工作，或是以没有明确财政自治和有限权力的城际区域政府形式协调管理区域事宜。大都市政府的参与机制与"区域主义"自上而下设立的机制不同，"新区域主义"更为强调参与主体的自主性。区域内的私人机构、公共机构、志愿者等各利益团体和部门，以自愿参加为原则，通过自发性的互动、协商、谈判和合作，各利益主体相互博弈，以达成并非事先约定的共识，从而得以构筑区域竞争力，在国家层面或国际层面为区域团体争取资金支持和优惠政策。

最后，"新区域主义"指导下的区域发展目标是基于多重价值的综合博弈和平衡之后得以制定的。区域发展的目标是调和"经济效率、社会公平、环境优化、文化融合"等多个价值目标，并形成"更加均衡的、可持续的综合协调"的区域发展观。随着经济的不断发展和城市化进程的加速，交通拥堵、人口激增、环境恶化等城市问题层出不穷，"新区域主义"强调共识和决策的达成，应综合考虑 3Es 的目标，包括环境（environment）、公平（equity）、和经济（economy）的协调发展模式，并强调对于保障社会公平、实现均衡发展、缩小贫富差距等问题的重点关注。

（四）小结

20 世纪 90 年代以来，伴随着可持续发展理念越来越广泛地为人们所接受，城市规划的思想理念产生了极大的变化，可持续的空间资源配置与利用管理也被各国日益提升到战略高度，并由此涌现了一些新的城市规划理念和思想。站立在对现行城市增长方式以及规划理论、方法的缺陷的质疑与反思的立场之上，这时期的规划思想侧重于提出与具体操作模式相结合的理念与方法，它们大多通过规划设计及相应的经济、法规手段来解决城市发展的问题。这些规划设计的理念与手法以及实践经验不仅非常值得其他国家借鉴，而且还将引领着全球的城市迈向 21 世纪。

六、21 世纪西方规划思潮与理论进展

在全球化背景下，西方各国连同整个世界的发展打破了国家与地区的纬度，使得人类在经济、政治、文化及社会等各个层面实现了全球范围内的互动。而同时，全球化本身又是矛盾的统一，它集单一化与多样化、集中化与分散化、国际化与本土化于一体，不仅在经济方面，也触动了社会价值与意识形态层面的矛盾与整合。全球化导致了世界城市体系格局的新变化，造就了一批影响并主导全球经济的世界城市，并不同程度影响了大批城市职能的分工与产业性质的定位。这对于城市规划的影响是突破性的，规划也因此要求应将城市放置于全世界的高度与层面来展开研究。

（一）重新定义城市及城市发展

21 世纪以来，随着全球化、信息化、市场化等趋势愈发剧烈，城市迅速扩张，尺

度不断扩大，社会、经济、政治、生态等各维度呈现一体化趋势，全球城市联系更加紧密，多尺度、多关联的全球城市网络在逐步形成，但同时也存在生态破坏、种族冲突、公平缺失、空间割裂等诸多城市、社会和空间问题。在此背景下，传统的城市理论是否依旧适用于解释新时代城市所面临的诸多挑战，这成为21世纪初的城市研究者着力探讨的问题。

非正规都市主义（Informal Urbanism）试图解决正规规划框架之外出现的城市快速增长背后的深层问题，这些区域往往在正规的法律框架之外，缺乏专业规划师和建筑师的指导，缺乏政府的管理和基础设施支持。联合国人类住区规划署认为，非正规性是一个含义丰富而模糊的动态概念。作为正规性的对立面，非正规性代表着非官方、非仪式性、不合规则、随意的等；而从社会学来说，它泛指一种私下的、随意的、亲密的交往形式。非正规性似乎代表着一种混乱、落后、低劣、不遵守任何规则和程序的行为；而与此相反，正规性则发挥着保护社会秩序、维护合理、稳定结构的功能，代表正统、合理的存在，是主流文化。但是，正规性并非天然地具备道德上的正确性；相反，它其实包含着一种强制性的逻辑，突出程序官方性和合法性，而削弱、压制人类行为的个性与多样性。所以，"非正规"不等于"非法"，因为在没有其他发展方式的情况下，"非正规"的发展可能是城市发展进步的唯一可能手段和方式。不能将"非正规"和"正规"进行二元对立化的理解，他们是城市不同工作内容和方式的定义，存在不同方向上的解读。

加州大学洛杉矶分校拉斯金公共事务学院教授纳尼亚·罗伊（Ananya Roy）和加州大学伯克利分校名誉教授奈扎·阿尔萨耶（Nezar AlSayyad）在《城市非正式理论》（*Urban Informality*）一书中提出，当今城市研究存在一个矛盾，即21世纪的城市快速增长一般都出现在发展中国家，但是大多数关于城市功能和发展的理论却仍然源于发达国家。特别是自20世纪下半期以来，第三世界国家城市化的迅猛增长，意味着未来城市的发展既不在芝加哥，也不在洛杉矶，而是在开罗、里约热内卢、伊斯坦布尔和孟买。但是，无论是芝加哥社会学派，还是洛杉矶城市地理学派，都不足以解释第三世界国家的城市化和城市性，需要从第三世界城市自身寻找理论。城市的"非正规性"，试图提出一套管理空间与空间使用的规则和规范体系，为社会和政治权力新形式的出现提供了可能。

以佐治亚州立大学城市研究所所长简·尼基曼（Jan Nijman）和伦敦大学学院人文地理系主任珍妮弗·鲁滨逊（Jennifer Robinson）为代表人物的后殖民城市主义（post-colonial urbanism），试图解构以西方为中心的当代城市理论和"世界化"知识体系，反映了其占领国的社会、文化和空间形态与当地文化传统和城市建设方法的混合，试图为城市发展的固有意识形态提出一个理论上的对立面。20世纪著名马克思主义理论家安东尼奥·葛兰西（Antonio Gramsci）的"文化霸权"和法国哲学家米歇尔·福柯（Michel Foucault）的"权力—知识"理论是后殖民城市主义的理论基础。每个城市在社会、经济、政治环境等要素上均有不同，每个城市的特质也一定是不同的，所以在理解和判断每个城市的现代化和发展的时候应依据城市自身的独特特质并且应制定各自不同的发展模型。后殖民城市学家认为，西方的经验并不能用于解释在"全球南方"或"第三世界"城市中普遍存在的问题。他们认为，这些在西方理论中看似非正规的现象其实代表了一条与西方城市截然不同的现代路线。纳尼亚·罗伊（Ananya Roy）的次等城市主义（Subaltern Urbanism）提出将贫民窟视为可居住、可维持生计中自我组织并形成自我政治领域的城市主义，为贫民窟提供了另一种解释———一种不同于西方城市规划理论的城市发展模式和社会组织形态。库哈斯在对拉各斯的研究中也指出，非洲城市在西方城市规划的侵蚀和自身城市自主式发展的夹击中，迫使城市自身重新为城市赋予新的概念，创造属于自己的城市发展理念、城市空间形态和自我组织形式。

与此同时，有关城市的概念及其认识论、方法论的城市思潮还有很多，试图重新定义 21 世纪的城市和城市发展。集合城市主义（Assemblage Urbanism）旨在揭示人类和非人类物质之间的各种关系网络构成城市的基本特征，并以用来解释城市的运行规律。以集合城市主义的方式来看待城市，并不刻意解构城市的权力构成和其预设的城市发展轨迹，而是着眼于城市如何发展和可以发展的过程，是各网络构成的城市如何针对总目标制定出各自城市发展的独特路径。城市土地网络理论则主张建立一套能揭示城市起源、本质和多样性的城市理论，认为塑造城市土地网络的 5 个基本驱动力为经济发展的水平和模式、资源配置方式、社会分层形式、文化和传统规范以及政府和权力。

（二）社会城市主义的延伸

二战以后，随着人本主义思潮的觉醒，设计师们开始逐渐认识到文化、传统、社会对城市的重要性，开始逐步将注意力从建筑本身转移到了人。1956 年，在南斯拉夫杜布罗夫尼克召开的 CIAM 第十次会议上，以阿尔多·凡·艾克（Aldo Van Eyck）为首的一批年轻建筑师，向当时盛行的 CIAM 发起挑战，公开反对以功能主义、机械美学为基础的现代主义理论。1959 年，由于新老两派建筑师的严重分歧，在鹿特丹举行的 CIAM 第十一次会议上，CIAM 正式解散，而以凡·艾克为领头的 Team 10 带着对 CIAM 功能主义机器生产的反思，倡导人文主义以人为本的回归。

自雅各布斯以后，从 20 世纪 60 年代开始，世界各地的规划实践逐步将重心转向了人，从人的感知、人的需求出发，加以社会学的思考，广泛探讨如何构建一个适宜人生产生活的空间。社会都市主义思潮逐渐蓬勃且呈现多样化发展，以人为核，从人的需求角度出发的核心逻辑在各类城市规划和设计实践中得到延伸；针对不同地区、不同人群，所产生的特定问题。

日常都市主义（Everyday Urbanism）源于 1999 年玛格丽特·克劳福德（Margaret Crawford）和约翰·卡利斯基（John Kaliski）《日常都市主义》（*Everyday Urbanism*）一书，旨在强调城市景观的日常体验、日常生活，加强对日常生活中经常容易被忽视的空间或者活动的关注。而对于设计师而言，需要减少自我意识的表达，更多的是以参与者的身份投入与公众的对话中，以普通人的身份观察并体验日常生活，理解邻里变迁，提供一种新的工作路径和方法，并映射一套新的城市设计价值观。[102]日常都市主义的理论基础源于法国思想大师亨利·列斐伏尔（Henri Lefebvre）[103]、城市批评家及电影导演居伊·德博尔（Guy Debord）[104]和社会学家米歇尔·德·塞尔托（Michel de Certeau）[105]提出的日常生活理念，理解并呼吁对日常生活潜力的理解。

除了号召专业者更多地从人的角度思考城市设计逻辑，诸多城市实践也逐渐探讨和实验如何纳入更多公众的声音和创造力，试图对自上而下的传统规划方式提出挑战。

DIY（Do-It-Yourself）都市主义，是一种城市干预方式，是个人或一小群人在城市中创造小规模的空间干预来解决城市问题，而这种干预通常是自上而下的规划不会做也不能做的事情。但是也有专家指出，DIY作为一种软性对抗自上而下传统规划的模式，需要有更恰当的方式对DIY的行动进行监管，因为在自上而下的正规规划体系中几乎没有留给DIY补充的空间。因此，探讨如何以一种更加有序的方式与自上而下的传统规划相交互是至关重要的课题[106]。

战术都市主义（Tactical Urbanism），麦克·莱登（Mike Lydon）和安东尼·加西亚（Anthony Garcia）在《战术都市主义》（*Tactical Urbanism*）中将其定义为"一种城市中有组织的，有市民参与的短期、低成本、多尺度进行干预并达到长期改善结果的改造途径"[107]。战术都市主义的发起主体相对灵活，可由政府部门、开发商、市民组织或者个人等相关主体发起。其发起源于人们对于自上而下城市建设模式的不满，人们期待在城市建设中发声，以试图构建符合人的需求的具有可变性的城市空间。列斐伏尔的"城市的权利"（The Right to the City）理论是战术都市主义的理论基础，他指出保障公民行使城市权利是实现城市空间公平的重要途径。从一定程度上来说，社会都市主义已经对传统的城市建设模式做出了回应，期待专业者和居民对传统的规划模式和思维进行反思，旨在希望人们共同参与并思考如何利用最少的投入，迅速展开对于城市问题的有效应对。与DIY都市主义不同的是，战术都市主义的发起人具有多元性，可以从个人、市民组织，扩展到政府、开发商和非营利组织，目的是对传统的自上而下城市建设过程的反思和改进。

除此之外，还有快闪都市主义（pop-up urbanism）[108]、反叛式都市主义（insurgent urbanism）、游击式都市主义（guerrilla urbanism）[109]、临时都市主义（temporary urbanism）[110]等纷纷从自下而上的角度，自发探讨并形成公众干预城市设计和规划的途径和方式。

（三）生态可持续的时空拓展理论

早在19世纪，人们就已经认识到，由于人类活动已经逐渐对气候、生态环境等产生深远影响，对整个地球环境也起到不可逆的干预。1873年意大利地质学家安东尼奥·斯托帕尼提出了"人类纪时代"（Anthropozoic Era），旨在表示由于人类的出现，地球进入了全新的地质时代，人类迅速且深刻地影响了地球的地质条件。1926 年，苏联的矿物学家和地球化学家弗拉基米尔·伊万诺维奇·维尔纳茨（Volodymyr Ivanovych Vernadsky）将人类日益增长的影响称为"进化发展的自然方向，对周围环境有意识影响的效果越来越明显"。

自 19 世纪以来，主流的"城市中心主义的方法论"，都是将城市作为认识论和分析的中心，研究的主体都集中于高密度、点状、规模较大的城市空间单元，而那些非城市区域则被默契地与城市地区隔离开来。基于列斐伏尔的"完全城市化"预测，哈佛大学城市理论实验室的尼尔·布伦纳（Neil Brenner）推动了"没有外部的城市理论"（Urban Theory without an Outside）的发展，将"星球空间作为人类的工作范畴"，而不仅仅是城市范畴。在星球城市主义的推动中，城市工作者应具有更广阔的视野和工作范畴，推动新的城市化模型，以应对错综复杂的语境。瑞士联邦理工学院巴塞尔工作室（ETH Studio Basel）、密歇根大学和哈佛大学"设计地球"（Design Earth）联合工作室等机构也纷纷在这一领域展开探索。

人类纪背景下的城市发展面临诸多挑战，例如气候、污染、地质灾害、人口激增等各种难以预期的情况。仅在 20 世纪，世界人口急剧增长了三倍，特别是在亚洲城市。而许多城市的人口增长率如此之高，以至于传统的规划方法无法应对其转型速度。生态城市主义应运而生，旨在寻找有效应对城市环境变化的方法，提高城市的包容度和韧性去应对城市突发的各种情况。1921 年的芝加哥城市社会学家提出了"人类生态学"的概念，城市生态学研究也于 20 世纪 60 年代以后得以广泛开展。

生态城市是按照生态学原理建立起来的社会、经济、自然协调发展，物质、能量、信息高效利用，生态良性循环的人类聚居地。生态城市的本质是追求人与自然的真正和谐，实现人类社会的可持续发展。从生态学的角度来看，生态城市是一个内部、外部系统之间物质流、信息流和能量流在不断地循环与优化，土地和各种能源被高效利用的系统。英国人类学家、社会学家格雷戈里·贝特森（Gregory Bateson）在 1972 年提出，和达尔文推崇的自然选择论不同的是，个人和群体可以塑造现代城市的各个领域，因此，生存的个体是有机体加上环境所共同塑造的，而非简单的环境选择个体适者生存。贝特森的思想更加强调人类和生态的相互作用，需要考虑这种新的城市生态范式对我们自身以及与环境相关的社会行为之间的影响。法国当代哲学家费利克斯·瓜塔里（Félix Guattari）的生态哲学（Eco Sophy 或者 Eco philosophy）也指出，在这个过多人为干预的世界，人类应当寻求一种新的生存方式，不仅要思考这种新的生态范式与人类自身及社会行为之间的关系，还应该考虑其对新的思维逻辑的影响，找到一种新的理解环境和塑造环境的学科框架和研究方法。生态城市最初由苏联生态学家亚尼茨基（Yanitky）提出，生态城市是一种理想的城市模式，是按生态学原理建设的人类聚居地，它可以实现社会、经济、自然的协调发展，以及物质、能量、信息的高效利用，所有的生态要素都进入一种良性循环，人的创造力和生产力得到最大限度的发挥，居民的身心健康和环境质量都得到最大程度的保护。他曾将生态城市的设计与实施分成三种知识层次和五种行动阶段，三种知识层次即时空层次、社会功能层次、文化历史层次，五种行动阶段是基础研究、应用研究、设计、规划、建设实施和有机组织结构的形成。美国生物学家尤金·施特默（Eugene Stoermer）于 20 世纪 80 年代创造并使用"人类纪"来形容人类对地球的不可逆转的影响。MAB（人与生物圈计划）1984 年提出生态城市规划的五项原则是生态保护战略、生态基础设施、居民生活标准、文化历史保护、自然融合城市。

目前，有关生态城市规划的方法与途径的探索持续开展，研究的领域也不断拓展，除了对于城市空间结构与布局形态研究，也逐渐向着城市居住形态的更新、生产模式的改进、交通需求的缩减、再生能源的利用以及生态环境的保护与恢复等具体操作方面渗透。生态规划的思想也将日益体现在各国、各领域、各层面的规划工作当中：戈登（Gordon）出版了《绿色城市》一书，探讨了城市空间的生态化建设途径；凯斯·贾·库尔科夫娃（Keyes Jia Kurkovva）总结了俄罗斯城市规划部门有关改善城市生态环境的工作，提出城市生态环境建设的方法原理及保护战略；美国加州伯克利生态城市计划（1992）、日本生态城市计划（1993）和澳大利亚生态城市建设计划（1994）；等等。

2000 年，荷兰化学家和诺贝尔奖获得者保罗·克鲁岑（Paul Crutzen）与尤金·施特默在国际地圈—生物圈计划的通讯期刊上发表了一篇文章，提出世界已经进入了一个新的地质时代，即人类纪。城市化，被认为是人类历史上最光辉的成就，是人类生活的实践模式、人类文化的核心和物质能源消耗过程的中心。21 世纪是城市的世纪，即 50% 以上的人口生活在城市里。深海、村庄、平原、沙漠、森林、矿场和油田—地球的每一个角落都有人类可以利用的资源。然而，因此带来的城市的无限制蔓延、土地的扩张式开发、人口以及建设活动的高度积聚等等对气候变化、生物多样性、水土流失等生态环境状况产生日益严重的影响，极大改变了地球系统及地质，包括大气圈、水圈、土壤圈、冰冻圈、生物圈等，而密集的人类活动也由此成了整个地球系统中最活跃的因素，这是一个以人类为主导的时代。

2009 年 4 月，哈佛大学设计研究院举办的生态城市主义会议及《生态城市主义》的出版，旨在探讨一种新的城市规划和设计方法以链接生态和城市发展，以一种富有想象力和实用的方法和思维逻辑来应对城市的各种危机。例如，在里约热内卢的贫民窟，或拉各斯的市场上，这些城市通过构建自己的非正规生产逻辑，来应对快速城市化对城市生态的影响，同时还为人的生活提供了必要的资源。建筑历史学家雷纳·班纳姆（Reyner Banham）通过描述洛杉矶城市的"四大生态"，提出只要城市运转，城市的形式就无关紧要。比利时政治哲学家、后马克思主义的代表人物尚塔尔·墨菲（Chantal Mouffe）同样提出了城市空间的弹性。在充满对抗的城市空间里（agonistic public sphere）所有人都可以表达、交流、沟通、产生互动，甚至产生冲突。而这种空间的弹性和容忍度，是其真正民主的体现，也是其得以持续运作的动力。

2016年10月，联合国第三届世界住房与城市可持续发展大会（简称"人居三"，即 Habitat Ⅲ）——我们所向往的城市中提出一个思考：城市，应如何履行其作为可持续发展驱动者的角色，在考虑气候变化的影响下，如何重新定义并实现全球发展。而人类都市主义的提出，则是将城市工作在空间和时间的维度进行延展和拓展，在人类世纪的背景下开展城市工作，规划和设计的对象已经脱离了一个街区、一个城市，应对地球地理，甚至是星球环境都有一定的思考。

星球城市主义（Planetary Urbanism）的提出最早源于现代法国思想大师列斐伏尔，他在《城市革命》的开篇提出"社会已经被完全城市化了"，而这种完全城市化，要求从城市形式到城市化进程的分析发生根本性转变。列斐伏尔把资本主义城市化的过程概括为"内爆—外爆（implosion-explosion）"，形容资本主义集聚经济形态与更广阔的领土、景观和环境的转变之间的相互联系。城市集聚、农村人口迁移、城市肌理延伸，人口、资源随之急剧变化，这也将导致地理的改变，农村将逐渐完全由城市主导，最终将必然导致完全城市化的出现。

城市不应该仅仅被看作一个有边界的、确定的、不变的物理含义，例如城市和乡村生态环境的空间和领域之间实际存在着可见或不可见的动态关系、不确定性，甚至是矛盾。所以，这就需要城市工作者将眼光从狭隘的空间乃至城市中剥离开来，拥有区域性、全局性的思考，从国家甚至是全球视角考虑城市发展。同时，新的时代赋予城市新的命题，城市需要拥有足够的韧性、弹性、适应性、包容性和流动性，以一种流动和变化的世界观来看待城市，将设计与不断发展的城市化进程相结合，以动态发展的眼光来应对城市所面临的种种不确定性。

（四）可持续发展与现代"田园城市"的理论与实践探索

鉴于田园城市理论的价值获得了国内外研究者的普遍认同，近年来，基于霍华德的田园城市理论，国内外专家学者们取得了进一步的推进和应用，形成了国际层面有关"田园城市"的研究拓展，包括延续田园城市理论相关价值理念和以人为本思想而出现的城市发展的"组团间隙式"理论、现代卫生城建设理论、现代土地制度中的"城镇—乡村磁力"等方面理论和现代田园城市空间格局的实践探索。在国际层面，生态城市理论、可持续发展理论都可以看作传统的"田园城市"理论在内涵和应用领域的进一步拓展。在国内层面，也形成了得到普遍关注的城乡统筹、特色城镇化的相关理论和实践研究。

当今，城市可持续发展作为一种全新的发展观，已在世界范围形成共识。随着可持续发展实践工作的推进，各国学者从各自的学科角度展开对城市可持续发展理论与实践相结合的研究。研究主要集中于城市经济、环境生态、地理学三个方面：

从城市经济方面研究可持续发展的主要内容为：实施产业结构调整，促进城市经济结构高级化；超前发展现代交通体系和现代化通信服务体系等基础设施，改善投资环境；合理进行城市土地资源开发，更新土地利用结构比例；调整城市人口数量，提高人口素质。例如，科利亚多斯和杜安（Collads & Duane）[1] 提出自然及环境资本对于可持续发展能力和再创造能力至关重要，且以此来判断其对于地区生活质量以及可持续发展的作用。布莱克利（Blakely）[2] 研究了在数字化经济环境下，地方经济发展和资源管控调配之间的关系。而国外城市也在产业结构调整、经济结构优化升级方面开展了各类实践，如德国鲁尔区、原法国洛林大区、日本九州等区域的转型升级。

从环境生态方面研究可持续发展的主要内容为：对土地利用适宜性进行分级；探索人口适宜容量；进行整体生态系统打造；建立市区与郊区复合生态系统；保护生物多样性；提高资源利用率；等等。例如，普拉特（Platt）[3] 在《生态城市》一书中，不仅揭示了日益迅速的城市化对生物多样性的影响，并且通过规划和设计提出保护和恢复自然环境和建筑环境之间平衡的新方法。

从地理学方面研究可持续发展的主要内容为：大都市可持续发展研究；中小城市可持续发展研究；小城镇可持续发展研究。例如《驾驭大都市》（*Steering the Metropolis*）一书指出城市人口的扩张和城市的发展远远超出了早期设想的城市界限，形成了大都市区，而这也正挑战着传统城市边界的定义、治理方式及结构。这本由美洲开发银行、联合国人类住区规划署、拉丁美洲开发银行共同研究的成果，主要从人口流动、土地使用规划、环境管理和经济等方面进行了深入讨论。由马基拉（Makiela）等人提出的智慧城市4.0模型[4]，旨在倡导城市可持续发展的模式，并从学术创业、公民创新、支持创新的实体和人才招募等方面分析大都市经济区的创新潜力对于大都市区可持续发展的影响。海克和保罗[5]则更加重视小城镇对于城市可持续发展的应对，他们通过对小城镇的经济、社会和环境可持续性问题，分析其缘起和生长规律，分析其政策和举措如何促进经济发展、环境质量和社区福祉，从而发展可持续的未来。

而我国现代"田园城市"理论和实践探索大致可归纳为两大方向：

第一，围绕城乡统筹的理论与实践。城乡统筹是新形势下我国缩小城乡发展差距、解决"三农"问题的途径，虽然国内外均对于城乡统筹有相关研究，但我国是以解决中国国情下城乡二元制度结构、空间结构为重点。目前，国内学者对城乡统筹概念的探讨主要从城乡平等、和谐、关联、消除城乡二元结构壁垒等方面来进行。国内学者通过

① Collados,C.,Timpothy,D. P. Natural capital and quality of life:A model for evaluating the sustainability of alternative regional development paths[J]. Ecological Economics,1999,30(3):441-460.

② Blakely E.J. Competitive Advantage for the 21st-Century City:Can a Place-Based Approach to Economic Development Survive in a Cyberspace Age[J].Journal of the American Planning Association,2001,67(2):133-141.

③ Rutherford H. Platt, Rowan A. Rowntree, Pamela C. Muick. The Ecological City:Preserving and Restoring Urban Biodiversity[M]. United States,University of Massachusetts Press,1994.

④ Makieła ZJ,Stuss MM,Mucha-Kuś K,et al. Smart City 4.0:Sustainable Urban Development in the Metropolis GZM[J]. Sustainability. 2022:14(6):3516.

⑤ Mayer Heike, and Knox Paul. Small Town Sustainability:Economic, Social, and Environmental Innovation[M]. Berlin,Boston:Birkhauser,2013.

对国内城乡差距的内在因素分析研究，主要从财政、社会保障制度、户籍制度、土地制度四个方面提出城乡统筹规划和对策。从城乡空间格局方面，以全域国土空间规划的视角，更加注重自然生态要素的"三区三线"的控制保护，更加注重城乡区域的系统性，更加注重城乡一体化融合协调发展方面的理论和实践探索。

第二，围绕特色城镇化的发展路径的研究。现代田园城市是特色城镇化的有效载体，现代田园城市与特色城镇化是相辅相成的关系。人是现代城市的核心，城镇化实质上应当是农村的城镇化、农民的市民化。在田园城市建设中，如何解决农业、农民、农村问题，力求保护和尊重现有农村的地形村貌、田园风光、农业业态和生态，留住"乡愁"，是特色城镇化的理论和实践需要突破的核心问题。近年来，基于霍华德的田园城市理论，国内外专家相继重新拓展了田园城市规划理论，以期创造更适合民众生活的新型人居环境。

（五）智慧城市规划理论与实践

关于智慧城市的解读可以分为两个维度，即如何以智慧化的手段构建城市，以及如何构建一个智慧化的城市。

1. 以信息数据分析技术为基础的科学实证思潮

在城市化快速推进的 21 世纪，如何支持城市的可持续发展是很多学者近年来持续探讨的问题，而智慧城市就是其中一种，在某种程度上被认为是解决诸多城市问题的重要手段。随着信息通信技术（Information and Communication Technology，ICT）的不断发展，其对智慧城市的构建也被认为起到了支撑性的作用。

由于智慧城市涉及的学科众多，研究者的视角不同，对于智慧城市的研究重心也各不相同。比布里和克罗格斯蒂（Bibri & Krogstie）[111]认为智慧城市的建设可以分为以技术为导向（technology driven mode）和以人为导向（human driven mode）两类，也即通过 ICT 提升包括交通、能源、通信、废弃物和水资源等在内的硬件设施的使用效率和技术水平，以及通过 ICT 加强包括知识创新、社会参与和社会资产等在内的人力和社会资本等软设施。[112]有学者在此基础上提出智慧城市应包括制度基础、硬件基础、社会基础和经济基础四极。[113]纳姆和帕多（Nam & Pardo）将智慧城市分为技术（包括硬件技术和软件技术）、人（包括创造性、多样性和教育）和制度（包括治理和政策）三类，[114]认为政府应在技术、人和制度这三方面进行投资，通过提升自然资源管理效率，加快制度服务于市民创新的速度和提高社会参与度等途径来实现社会的可持续发展，从而实现智慧城市目标。[115]智慧城市的目的是提高市民生活水平，其核心是人。而与此同时，人与技术、人与政府和人与人之间的交互作用也应被纳入智慧城市的构建范畴。库米塔和克鲁岑（Kummitha & Crutzen）[116]提出的 3RC 模型是一种比较全面的方法——根据智慧城市建设中 ICT 与人的相互关系，将智慧城市建设分为受控型（restrictive）、反射型（reflective）、实用型（rationalistic）和批判型（critical）四类，从人与技术关系的视角对智慧城市相关观点进行了系统分类。该方法不仅充分体现了智慧城市建设中人与技术的关系，还创新了智慧城市理论研究的分类方法。博伊德·科恩（Boyd Cohen）提出了城市接受技术和发展的三个不同阶段，从技术公司驱动，到城市政府驱动，最后是公民驱动。技术公司驱动，特点是技术提供商鼓励采用他们的城市解决方案，而并未正确理解技术解决方案的含义或他们可能会如何影响公民生活质量；第二阶段是以政府为主导，加以技术支持，城市管理者越来越关注技术解决方案，特别关注其对于提高生活质量的推动；第三阶段是市民共创的模式，在智慧城市的创造中将居民的意见纳入进来，以创造更加服务于人的城市。

在城市规划和设计领域，持续探讨以技术手段为辅助，支持参数化手段进行城市的规划和设计。运用 Maya、Rhino+、Grasshopper 等技术对城市形态进行创新的参数化设计，依托指令的变化而产生不同的建筑形态。例如扎哈在伊斯坦布尔的都市实践以及乌尔巴努斯（Urbanus）都市实践提出的北京 CBD 核心城市规划。而参数化技术手段也多用于城市分析，这包括空间句法、GIS+ 等平台的运用。同济大学建筑与城市规划院开发的深度学习—强排，可以在设定容积率、密度等各条件下，进行建筑群的自动布局；此外，由东南大学和上海数慧系统技术有限公司共同研发的城市设计数字化平台，也为设计编制单位、城市决策部门、规划管理部门提供规划建设管理全过程的数字化城市设计编制、决策、管理和评估应用。从简单的以技术手段引导城市设计，到支持政府决策，如何以智慧化的手段支持城市建设仍在被持续探讨。

最后，市民共创的模式的探讨，目前很多技术手段借助 ICT 来支撑信息化设计，从技术上对人居环境规划中所面临的大范围的、错综复杂的或长时间维度的问题提出多种解决办法并进行比选，并将在地的人、设计专业者和地理科学统筹考虑，探讨以共同创造的模式推动城市的发展。地理设计（Geo Design）是目前被广泛运用的方法，且被广泛运用于情景规划（Scenario Planning）中。用计算机技术和平台，对城市未来可能的发展方向进行展望，模拟面对某些问题对城市发展的影响，通过方案比选得出最适宜、最可行的方案进行落实。情景规划的出现弥补了单一方案的不足，基于未来发展的多样性以及对未来发展的多维考虑，情景规划对未来进行模拟，比如环境发展、房价、交通等动态变化的因素可能会对区域的发展带来影响，基于预测，提供多种方案进行比较和选择，以期获得一个相对具有弹性的方案来应对未来的不可预知。支持情景规划的平台和技术有很多，如 Community Viz、INDEX、Envision Tomorrow、What If、City Engine、ArcGIS Urban、Geo Planner 等。

2. 数字化（信息化或智慧）城市规划与实践

如何设计一个智慧城市，成为这个时代必须思考的命题，诸多研究机构从构建指标体系的角度出发，探讨创造一个智慧城市所必需的要素如从健康与安全、出行、活动、机会、管理角度探讨智慧城市的顶层构架；西班牙纳瓦纳大学 IESE 商学院则从可持续性社会融合、创新，以及交通连续性角度等共 16 个维度，对全球 166 个城市进行了综合排名。同时，从华为、阿里，到谷歌，各大互联网巨鳄都纷纷在探讨如何建成一个数字化（智慧）城市，无论是对概念内涵、顶层规划，还是对体系构架，都展开了广泛的探讨和实践。例如，针对片区基础设施亟待改造、缺乏顶层设计、管理运营能力薄弱、智慧化服务不足，数据缺乏治理，信息孤岛现象严重等问题，华为提出智慧园区的概念，即"运用数字化技术，以全面感知和泛在连接为基础的人机物事深度融合体，具备主动服务、智能进化等能力特征的有机生命体和可持续发展空间"。

目前，关于智慧城市、园区的顶层规划探讨尚处在研发和初步实践阶段，而新加坡则是将数字化、智慧化提升至国家层面，作为国家下一步的发展方向和指导方针。2018年，新加坡发布了《智慧国家》（Smart Nation：The Way Forward）白皮书，旨在构建一个全域智慧的国家：在这里，科技使得人们的生活无缝对接且充满意义，为所有人提供机会；在这里，企业可以抓住数字经济中的新机遇，提高生产效率；在这里，可以为国际合作伙伴提供数字化解决方案，使得人民和企业共同受益。首先，新加坡认为数字信息化的技术以一种颠覆生活的力量，飞速地改变生产生活，新加坡应面对并创新性利用技术创造优势，保持其继续繁荣和稳步提升的国际地位；其次，数字技术的发展为新加坡增强自身实力、克服国家挑战和物理限制，提供了新的机会。[117]

但是在探讨如何实现"智慧国家"、"数字化城市"的同时，数字的安全性问题也是被广泛探讨和易引发争议的地方：如何构建一个可信赖的环境，以实现数字价值的最大化？在构思多伦多东区湖滨 Quayside 期间，就数据安全方面展开了大量的探讨和研究。数据信托首席专家和顾问安·卡沃基安（Ann Cavoukian）认为，要创造一个智慧尊重隐私的城市，而不是一个智慧但充满监视的城市。无处不在的传感器、摄像头、探测器、光纤等，每天产生海量数据，涉及居民日常生活的方方面面。如何保存这些数据，如何运营和管理，运营模式如何等都是构建一个"数字化城市"的基础。Sidewalk Labs 为应对 Quayside 项目中所存在的数字安全危机，发布了"负责任的数据使用框架"，明确表达了在数据收集、数据使用和数字治理方面的要求。新加坡政府也致力于构建一个综合数据管理框架，用以支持数据驱动的政策制定、运营和服务提供，并通过立法的方式，明确保护措施以保护个人信息和数据，例如开发数据保护 Trustmark 认证，颁布《个人数据保护法》，出台《个人资料管理条例》，出台《公共部门（治理）法》等，以确保数据可以以安全、负责任和适当的方式进行共享。

（六）小结

21世纪初，随着信息化、全球化的快速发展，城市在经济、社会、文化、生态等方面的挑战愈发明显，迫使人们不断修正对城市的认知以及城市发展的定式思维，持续探索适宜未来各种不确定性的城市发展道路。同时，随着社会力的持续抗争，迫使西方政府对新自由主义政策进行修正，政府更加关注民生，关注实体经济，减小贫富差距，消减社会隔离。同时，全球金融危机以来，随着房地产税、企业税、个人税的减少，国家财政也在一定程度上受到了影响，这也迫使政府着手重构城市治理框架，在社会上形成更广泛的城市治理合力，并探讨多元共治模式。

城市规划和设计工作的内容、功能和角色也随之产生了变化。伊利诺伊大学名誉教授张庭伟，在《20 世纪规划理论指导下的 21 世纪城市建设》一文中提出，"以协作性规划为代表的第三代规划理论试图解决'共存'问题，希望在利益多元化的客观条件下，通过集体理性来建立共识，把不同利益集团整合在一个城市社区中"，而这主要包括如何实现人与自然、人与城市以及人与人之间更可持续的共生共存。规划师的角色从编制规划的主体，到编制由人民决定的规划内容（强调人民在规划中的参与性，虽然规划仍由规划师进行编制，但规划的内容由人民来决定），到现在逐渐转变为协调各方建立共识的角色（规划内容由人民来制定，而不是规划师），规划的调停及建立共识的功能也逐渐凸显。

21 世纪的规划理论和实践探索，伴随着不断涌现的新的规划理念和议题。这些理念和议题建立在前一时期规划思潮之上并予以新时代的延伸，在不断变化的经济、社会、文化、生态的背景下，探讨城市可持续发展的路径，以应对未来的各种不确定性。

第二部分

西方现代城市规划体系概述

第三章

城市规划体制的类型：
控制性规划与指导性规划

基于不同的政治、经济和社会历史文化背景，各个国家的法规体系不同，城市规划体制也各异。城市规划是政府依法控制与管理土地资源而利用的工具，是对于城乡空间资源的综合配置和制度安排，是基于一定经济基础之上的社会公共政策。同时，城市规划是一种社会实践。不同国度的规划体系的形成会受到不同体制、不同信念和价值观的影响，即便是在同一国度的不同历史时期，也会有所变化。

传统上，受西方福利经济学①思想的影响，规划被看作国家对市场的一种干预和纠错手段。但是，干预的程度和目的由于各国的历史、政治理念的不同存在很大的差异，纽曼和索恩利（Newman & Thornley）认为规划对市场的干预及其程度一般应当在法律上得到规定。[118] 随着 21 世纪经济全球化以及各国政治经济形势的变化和发展，不少国家的规划体系开始进行变革，以求能够适应日益加剧的市场竞争环境。规划已经不仅仅是一种政府干预市场的行为和手段，或是文字报告绘制的美丽蓝图，而必须与市场的力量相互作用、相互制约和相互补充。[119]

城市规划体系涉及不同层次的政府机构，有时甚至涉及私营机构。不同的国家由于规划体系的不同，参与的部门和政府的层次也各不一样。有些国家由中央政府制定相关法律，具体的规划运作由地方政府执行；也有些国家直接由中央政府制定规划政策，控制规划体系的形成和运作，直接干预具体的规划实践。但是，以地方政府为责任主体的制度已被当今世界多数国家的规划体系所采纳。

鉴于城市规划体制的特性和所实施的规划方式，世界各国的规划体系大体上可以划分为两类：一类是控制性（Regulatory Planning）规划体系，另一类是指导性（Discretionary Planning）规划体系。

---

① 福利经济学（Welfare Economics）是对经济体系的规范性分析，即对经济运行中什么是"对"、什么是"错"等问题的研究。福利经济学以"经济人"为假设，即第一，以人类行为的自利为假设；第二，用以效用为基础的社会成就评价准则，评价和认识社会经济现象。

一、控制性规划的特点

控制性规划体系以欧洲大陆为代表。欧洲大陆普遍实施的控制性规划体系源于法国大革命之后拿破仑称霸欧洲大陆时期。拿破仑在征服欧洲各国的过程中也推广了法国的法律体系和行政制度，将《拿破仑法典》从法国引入其他的欧洲国家。《拿破仑法典》为控制性规划体系在欧洲大陆的诸多国家的形成奠定了重要的法律和行政体系基础。

控制性规划体系要求编制国家的规划标准和规范，制定国家的规章制度，形成自上而下的、不同层次的规划。这种规划体系明确了开发的权力。它的最大特点是决策的规范性。欧洲大陆的控制性规划体系还可以细分为四种不同的类型。[118] 第一种以荷兰与法国为代表，这是一种无论是组织机构还是规划层次等级都更具系统性的体系。不过同一种类型的以意大利和希腊为代表的规划体系的特点却是比较分散，整个体系比较复杂，相对缺乏系统性。第二种类型是西班牙和比利时的体系。这种体系强调区域主义和区域协调与规划。第三种以德国规划体系为代表。德国规划体系中渗透着法律的程序，规划体系包含复杂的法典内容，以及非常严格的规划规章制度。《建设法典》是德国城市规划法律法规的核心法。但德国是一个联邦体制的国家，与其他许多联邦国家一样，州政府拥有规划的权力。强有力的联邦宪法、州政府的规划立法权、严格的规划建设法典等构成德国特有的规划体系。第四种类型是北欧国家的规划体系，具有强烈的权力下放特色，规划的权力基本上由城市政府所拥有，具有明显的地方责任制色彩。

欧洲大陆国家控制性规划体系一般都是自上而下的，由多层次的、不同的规划构成。上一个层次的规划政策指导下一个层次的规划，通过这个程序保证中央的政策得以实施。法定规划一般是详细规划。其内容具体翔实，具有法律的制约性，任何开发建设，必须吻合规划的规定和要求。但它们之间也存在一定的差别。概括而言，德国的规划体系相对更为稳定，具有确定性；其他的体系相对具有一定的灵活性。

二、指导性规划的特点

与控制性规划体系相比较，指导性规划体系并不意味着规划不重要，一般是将判例法和以往的案例作为决策和政策制定的基础。主要决策依据是能够应对不同判例的法律而非规划。例如，最具代表性的就是英国的规划体系。[119] 英国的城乡规划体系有着很强的自上而下的依法行政特点。但是，核心的开发控制规划决策依据仍然是法律，决策者需要以法律为基础，结合规划引导和个案情况决策。因此，规划具有相当大的灵活性，这种规划体系也称为"自由裁量权规划体系"。

　　以英国卡迪夫为例，这种规划重点强调的是明确控制的政策、目标、内容和要求。但具体如何控制留给规划的控制管理者来依法决定。规划的文本为一般性的土地利用政策和发展政策的阐述，（图 3.1）不提供具体的土地利用规划规定。指导性规划体系为规划师和政治家留出很大的自由裁量的空间。它一个最大的特点就是灵活性，但也因此造成很大的不确定性。

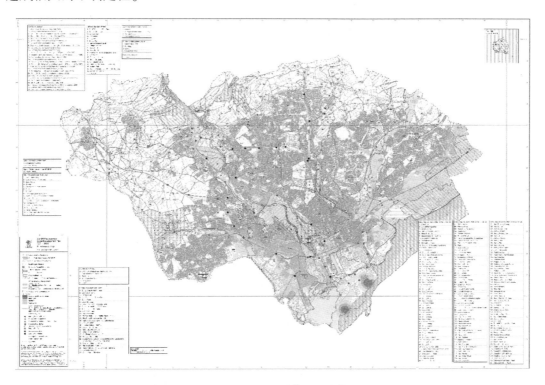

图 3.1　各类保护规划控制区域范围图

　　图片来源：英国卡迪夫地方规划（https://www.cardiffldp.co.uk/wp-content/uploads/LDP-Constraints-Map-English-version.pdf）

whether an interest exists and, if so, whether the remains merit preservation or merely recording and/or rescue.

POLICY 1
ANCIENT MONUMENTS AND OTHER NATIONALLY IMPORTANT ARCHAEOLOGICAL REMAINS

THERE WILL BE A PRESUMPTION AGAINST DEVELOPMENT PROPOSALS WHICH WOULD CAUSE HARM TO ANCIENT MONUMENTS OR OTHER NATIONALLY IMPORTANT ARCHAEOLOGICAL REMAINS, WHETHER SCHEDULED OR NOT, OR WHICH WOULD HAVE AN ADVERSE IMPACT ON THEIR SETTING.

2.2.11 PPG16 reaffirms that the preservation of ancient monuments is a material planning consideration and that where nationally important archaeological remains, whether scheduled or not, and their settings, are affected by proposed development, there should be a presumption in favour of their physical preservation.

POLICY 2
LOCALLY IMPORTANT ARCHAEOLOGICAL REMAINS

WHERE LOCALLY IMPORTANT ARCHAEOLOGICAL REMAINS ARE AFFECTED BY DEVELOPMENT PROPOSALS, THEIR PRESERVATION ON SITE WILL BE SOUGHT WHEREVER POSSIBLE. WHERE THE SIGNIFICANCE OF SUCH REMAINS IS NOT SUFFICIENT TO JUSTIFY THEIR PRESERVATION ON SITE OR IS OUTWEIGHED BY OTHER MATERIAL CONSIDERATIONS, APPROPRIATE AND SATISFACTORY ARRANGEMENTS FOR THEIR EXCAVATION AND RECORD WILL BE SOUGHT BY MEANS OF AGREEMENT OR PLANNING CONDITIONS.

2.2.12 Wherever possible, the City Council will seek the preservation of important archaeological remains "in situ". The case for the preservation of such remains will depend on the individual merits of each case, taking into account the intrinsic importance of the remains and weighing this against other material considerations. In some cases this may mean that development is inappropriate on part or, in exceptional cases, the whole of a site. Elsewhere, detailed plans may be required to pay full regard to the findings of the evaluation and to mitigate the effects of development on the site. In other circumstances, the remains may not be particularly significant, or their setting

City of Cardiff Local Plan   Adopted January 1996

图 3.2 规划文本（示意）

图片来源：英国卡迪夫地方规划（https://www.cardiffldp.co.uk/wp-content/uploads/LDP-Constraints-Map-English-version.pdf）

前面阐述了这两种不同规划体系的特点。下面将通过对具体的两个国家——荷兰和英国的规划体系的比较研究，更为深入地揭示这两种规划体系的差异和相同之处。

第四章

控制性规划体系——荷兰规划体系

荷兰空间规划和发展管理的主要目标是提高人民的生活质量。荷兰对生活质量的理解十分广泛，包括可持续性、宜居性和空间环境的质量。[120]可持续性和宜居性既有物质层面的内容，也有社会层面的内涵。在物质层面上包括城镇的规模、景观、邻里和公共空间，在社会内涵上涉及清洁的、安全的、健康的环境，以及多样化选择。

荷兰控制性规划的形成始于法律授权城市政府对街道和运河的走向和线路的确定。荷兰在 19 世纪后半期进入快速工业发展阶段。在规划缺位的情况下，城镇人口快速集聚，导致严重的城市公共卫生和安全问题。于 1902 年生效的荷兰《住宅法》力图解决以上问题，其核心在于规定了建筑法令、强制征收和政府对住房的财政补助等内容，其在操作层面上的行为主体主要是市镇政府。《住宅法》要求人口在 1 万人以上，或者在过去的 5 年中人口增加了 20%的城镇必须编制"扩展规划"（Extension Plan）。扩展规划需明确指出未来作街道、运河、广场和公园用途的土地，且至少每十年修订一次，而扩展规划及其修订都需要得到省行政委员会（Gedeputeerde Staten）批准，这构成了荷兰现代空间规划体系的基底。[121]

二战结束初期，荷兰的空间规划实践主要侧重于解决战后重建和住房短缺等迫切问题。随后，未来国家空间发展战略等长期规划议题得到重视。荷兰政府颁布了 1965 年生效的《物质空间规划法》。该法是荷兰空间规划体系成熟与定型的标志，从法律层面全面系统地确立了"国家—省—市镇"三级空间规划体系。目前，荷兰政府规划控制开发建设的合法地位始于《住宅法》和《物质空间规划法》。这两项法律还对规划的编制进行了重新定义，要求城市政府编制"地方土地配置规划"（Local Land Allocation Plan），从此，该规划成为法定的、控制性的规划，并一直延续到今天。2008 年 6 月，荷兰新的《空间规划法》开始实施，在此之前，荷兰的规划体系的法律依据一直是 1965 年颁布的《物质空间规划法》。这部规划法曾经做过数次的修编和完善，但总的原则和整体的架构没有大的变化。而新的空间规划法对原有的规划法进行了比较大的调整。

一、政体、规划体系和层次

荷兰政府分为三个等级：中央、省和市。荷兰整个国家被划分为 12 个省，500 个城市。中央政府坐落在海牙而不是首都阿姆斯特丹。上级政府对下级政府拥有很大的影响力，这种影响力的体现主要是通过经济和财政的手段。荷兰中央政府控制了城市政府大约85%的收入，其中30%用于返还给城市政府的"切块"资金，55%是专项资金，包括住宅、环境、自然保护、道路建设和其他的项目资金。[120] 由于中央政府在财政上对地方政府的控制，省和市政府在开发建设上更像是中央政府在地方上的一个忠诚的代表机构。

荷兰的中央政府规划主管部门是"基础设施与环境部"。与荷兰的政府体系相吻合，荷兰的规划体系也是一个自上而下的系统（图 4.1）。不同层次的政府具有不同的规划职责（表 4.1）。地方政府在制定发展政策时必须考虑上级政府的空间规划政策，并承担相应的责任和义务。上级政府，特别是中央政府中负责规划的部长有权干涉和纠正地方政府的发展政策，以保证中央政府的规划政策得以贯彻实施。

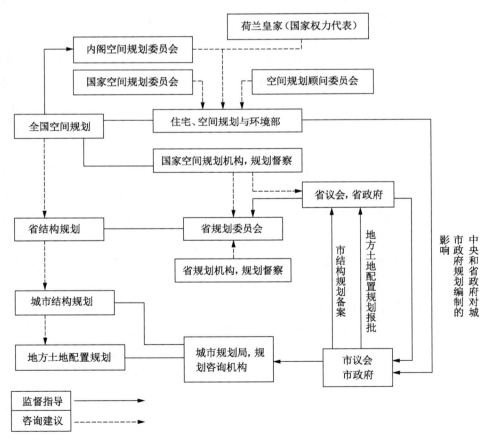

图 4.1　荷兰自上而下的规划体系

表 4.1 荷兰不同层次政府的不同规划职责和规划工作内容

各级政府	编制的规划	覆盖的范围	主要内容
中央政府	规划法规和政策	全国	广泛的、全国的规划指导政策
12 个省政府	省域结构规划、地方法规	全省或省内部分地区	全省规划政策导则
500 个城市政府	结构规划	一个城市或几个城市的组合	城市规划政策导则
	地方土地配置规划（法定规划）	城市部分地区（后延伸到所有地区）	控制性的规划图纸和规定

荷兰的规划自上而下分为中央政府编制的"国家空间（框架）规划"，省政府编制的"省域结构规划"和城市政府编制的两种规划："结构规划"和"地方土地配置规划"。虽然这些类型的规划在荷兰早期的《物质形态规划法》和后来的《物质空间规划法》中具体提到，但所有规划中只有一个是法定规划——"地方土地配置规划"（Local Land Allocation Plan）。"结构规划"作为一种非法定规划，其目的是研究和确定这个地区未来的空间结构和发展方向，是一种战略性的政策。城市政府可以根据需要编制"结构规划"，为本地区的物质形态发展提供一个指导性的规划政策。"结构规划"仅需得到城市政府的批准，报省政府备案，由城市政府负责实施。

荷兰政府认为空间规划系统组织的一个重要的考虑因素是规划的实施需要在一个适宜的层次上，或者说应当由一个合理的、较低层的政府机构来执行。只有这样，才能够更便利地对相关决策的实施效果进行监测，因此，这就要求地方政府对其政策的解读有更高的自由度。但同时为了保证中央政府和省政府的重要政策能够有效和迅速贯彻，上级政府可以决定具有全国和全省重要意义的、大型的基础设施项目的投资，并通过对下一层次规划内容的干预，实现上级政府的发展意图。

1965 年的《物质空间规划法》（之后为《空间规划法》）规定中央政府的规划政策应指导地方政府的物质规划，成为地方规划编制的依据。但是在实施过程中，一方面，各级政府之间的关系变得更为商业化；另一方面，空间规划的规模和内容所涉及的范围进一步扩展，各级政府之间的协调难度增加。因此，中央政府政策的贯彻并不是十分顺畅。新技术的普遍利用要求规划手段能够得到更新和变革。同时 20 世纪 60 年代的规划原则和理念显然无法适应全球经济一体化所带来的国家与国家、城市与城市之间竞争的新形势。这些迫使荷兰考虑变更规划理念，修改规划法。

二、国家和省级政府的空间规划机构与相关的委员会

国家城乡规划委员会承担的职责是为空间规划提供咨询和指导。国家城乡规划委员

会的主席由皇室任命，成员由部长任命。国家城乡规划机构根据内阁的命令而成立，其负责人在职务上应当是内阁的成员。国家城乡规划委员会的秘书处设置在国家城乡规划机构内。其主要职能包括：协助部长制定国家空间政策；开展空间规划的研究，并提供相关的咨询建议；根据《空间规划法》，制定有关规章制度和规范。

空间规划督察是国家城乡规划机构的一个组成部分。城市市长和政府应向规划督察提交其所在城市实施《空间规划法》的详细情况，以及与空间规划相关的规章制度。每个省都需要设置省城乡规划委员会，其主要职能是为空间规划的编制提供相应的咨询意见。该委员会还为省政府实施空间规划法提供顾问咨询。省城乡规划委员会的主席、成员和秘书由省政府任命。省空间规划督察在职务上应当是省政府成员。省政府需要设立空间规划顾问委员会，就空间规划领域的问题为省政府提供咨询顾问意见。省空间规划顾问委员会的主席、成员和秘书的任命、暂停和解职由皇室宣布。其成员构成应包括：皇室任命的一些组织和机构的代表，空间规划行政和技术专家，省、市政府行政专家。

三、中央政府负责国家城乡空间发展政策的制定

荷兰的全国空间规划由荷兰基础设施与环境部组织编制。空间规划的内容包括全国结构规划纲要、国家结构政策的规划，以及那些对于全国空间规划政策有重要影响的具体的政策。编制全国空间规划完成，经征求国家城乡规划委员会的意见后，由部长委员会批准。

在编制空间规划过程中，负责编制的部长（们）还应当咨询各省、市和负责水利的部门的意见，同时还应征求其他政府相关部门对规划草案的意见。整个意见的咨询时间控制在 12 周之内。

根据荷兰规划法，荷兰的全国空间规划草案必须对公众开放，征求公众对规划的意见。法律规定公共参与的时间应控制在 12 周之内。

除了制定和执行全国空间规划外，荷兰住房、空间规划和环境部还需要对国家整体或某一具体地区未来空间发展和规划提出框架性的政策目标。该政策目标明确这些地区未来发展的方向，并要求具有可实施性和可操作性。框架性的政策是一种战略性的政策，其目的主要是协调国家、区域和地方政府之间的政策，通过协议、资金的援助、鼓励性措施等促进规划和相关政策的实施。这种文件提出重要的"议程"，但其本身不是对于开发的法定性控制。

这些目标的确定需要通过下议院公开辩论并获得批准。如果下议院没能在 4 周内组织公开辩论，就意味着获得认可，并可以实施。

四、省政府负责城乡规划的省级政策

《空间规划法》要求省政府采取一切可以采取的步骤制定省一级区域空间规划（结构规划）政策。省政府可以根据具体情况编制整个辖区或部分地区未来发展的区域空间规划，可以根据社会经济发展的需要修改已经通过的区域空间规划。在编制区域空间规划过程中，省政府需要征求省城乡规划委员会的建议，同时还需要征求各城市政府对区域空间规划的意见。

根据《空间规划法》的要求，区域空间规划草案需要经过为期 8 周的公众参与过程。任何人对区域规划有不同意见，都可以在公众参与过程中通过书面形式表述意见。在公众参与过程结束之后的 4 个月之内，省政府应批准区域空间规划。省政府每年应当向省议会提交有关空间规划实施的报告。

任何批准、修改或放弃区域空间规划的决定，省政府都必须上报中央负责空间规划的相关部长。任何利益团体对区域空间规划的批准、修改或放弃若有不同的意见，可以向行政法庭提起申诉。

省议会应当从省空间规划的角度出发，批准具有纲领性的政策目标。这些目标应描述目标覆盖范围内的地区的未来发展方向，同时需要明确针对这些地区的空间政策。

对于省际地区，一个省的议会可以与邻省的议会合作，制定省际边界地区发展的纲领性目标。这种省际的结构性发展目标有助于解决省际协调发展的问题。

五、城市政府负责城市空间规划的编制

（一）结构规划（Structure Plan）

结构规划为非法定规划，属于政策性的规划，编制的目的是明确城市未来的发展方向和目标。结构规划由城市政府组织编制。结构规划不仅仅针对市域的范围，也可以与周边的城市合作编制跨市域范围的结构规划，制定共同发展的政策。

根据规划法，规划草案应当举行为期 4 周的公众参与。在此过程中任何人都可以以书面形式表达其对规划的意见。

（二）地方土地配置规划（Local Land Allocation Plan）

1965 年《物质空间规划法》规定，城市政府应当根据空间规划政策，编制非建成区的"地方土地配置规划"。"地方土地配置规划"是荷兰的法定规划。毫无疑问，这个规划也是荷兰最重要的规划。这是唯一能够控制任何个人开发建设申请的规划。所有的建设和土地使用的变更必须获得建筑许可或规划许可。而规划许可的申请审批完全根

据"地方土地配置规划"的具体规定和政策。如果申请完全符合规划的要求，市政府就没有权力拒绝申请要求，或附加任何其他的条件。

"地方土地配置规划"是一种非常具体的物质形态的规划，它明确了土地的空间布局、利用功能，并对建筑高度和容积率等进行了规定。一旦得到批准，该规划便成为法律文件，规划覆盖地区所进行的任何的开发建设必须与规划中所确定的土地利用规定相吻合。这与法定的文件（规划）是有一定的区别的。根据荷兰 1965 年的规划法，城市政府没有必要对整个城市的所有地区都编制"地方土地配置规划"。1965 年的规划法明确"地方土地配置规划"仅仅适用于新区和新的开发建设地点，在新的开发地区才具有强制性的编制规划的要求。而在城市建成区，除非城市政府认为某些地区有编制法定规划的必要，或省政府有此要求，可自行决定不编制法定的"地方土地配置规划"。但是近些年为了更有效地实施可持续发展政策，城市建成区也要求编制"地方土地配置规划"。这个规定在 2008 年新的《空间规划法》中得到确定。根据新的《空间规划法》，荷兰所有的城市建设地区都需要符合"地方土地配置规划"的规定要求。

根据法律的规定要求，"地方土地配置规划"每 10 年必须修编一次。1965 年的《物质空间规划法》的第三章第二条规定，除非"地方土地配置规划"有明文规定，市长和城市政府必须严格执行"地方土地配置规划"的具体规定。这个规定在新的规划法中没有变更，仍然执行。

物质空间法定规划有两个重要的功能：一是规划的确定性，二是地方发展的确定性和稳定性。规划明确了政策的执行者，同时明确说明了允许哪些开发建设，哪些开发建设是被禁止的。"地方土地配置规划"是唯一的指导私人建筑的法律性规划文件，是强制性的规划文件。"地方土地配置规划"编制完毕后必须提交省政府审批，通过后才能成为法律文件。"地方土地配置规划"在提交省政府审批时，需要同时提交法定规划的财政文件（Financial Statement with Statutory Plan）。这是一份实施规划所需要的财政报告，说明财政的计划。财政文件的批准是规划审批的前提条件。财政文件必须说明城市规划实施的有关财政成本支出和资金的来源渠道。主要的财政支出包括土地购买的成本，土地的整治和基础设施的成本，利息的偿还，规划的费用和城市其他扩展所需要支出的总成本。

由于这个规定的要求和这份财政文件的存在，荷兰的规划基本上是具有可操作性、实施性的规划。

六、"地方土地配置规划"的审批

荷兰的规划法规定，"地方土地配置规划"首先需要得到市议会的批准。市议会应当根据上一层次的空间规划的内容，审批"地方土地配置规划"，需要对规划中所涉及的土地利用制定相关的建设规范。规范应当明确土地配置的性质以及空间布局和结构。市议会应当在 8 周内审批完毕"地方土地配置规划"。市议会制定的土地利用性质，从"地方土地配置规划"批准之日起，每 10 年需要评估确认一次。城市的市长和规划管理人员必须根据所批准的规划政策和要求实施规划，但允许在规划规定许可的范围内进行一定的调整。

"地方土地配置规划"在编制和审批过程中必须有公众参与的过程，公众参与的时间为 4 周，任何利益团体都具有表达自己意见的权利。"地方土地配置规划"在上报省政府审批时需要将有关的反对意见以及回复这些意见的观点一并附上。省政府应当在接到规划审批申请之后的 12 周之内对"地方土地配置规划"做出审批决定。省政府批准后的"地方土地配置规划"成为法定的规划进入实施阶段。

任何利益团体对省政府有关"地方土地配置规划"的批准决定若有不同意见，可以向国家行政法庭提起上诉。对于市长和规划管理人员，或市议会在实施土地配置规划的决策时等，任何利益团体若有不同意见，也可以向国家行政法庭提起上诉。

如果"地方土地配置规划"与国家空间发展或规划政策产生矛盾，中央政府负责规划的部长应书面通知省政府国家空间规划政策与某个城市的"地方土地配置规划"相矛盾的内容，要求修改"地方土地配置规划"。

七、地方规划的调整、开发命令、控制的免除和法律效力

（一）规划的调整

中央负责规划的相关部长和省政府可以命令市议会批准或调整"地方土地配置规划"。有些跨市域范围的大型项目对全国或区域的发展具有重要的意义，但是在实施项目的决策上出现了困难，为了保证实现这种类型的项目，省政府也有权力要求城市政府和市长解除控制一个地区的"地方土地配置规划"，以保证跨市域的大型项目的利益和实施。

（二）开发命令

市议会可以批准和采取一项规章，规定政府应对近期开发建设的土地给予支持。这就是开发命令。

一项开发命令所包含的内容和规定如下：

① 公共利益应与土地的处置区分开；

② 土地出让中应谨慎考虑公共利益分成所占的比例；

③ 省政府可以根据请求，免除相关义务，采用开发命令。

开发命令需要得到省政府的批准。在开发命令下达之前，省政府需要征求空间规划

督察的建议。

（三）免除规划控制

根据《空间规划法》第 19 条，当"地方土地配置规划"正在编制、修编或公众参与过程时，城市政府可以提出免除规划控制的要求。这个要求首先需要报市议会批准，市议会应当在 8 周之内回复对该决定的意见，然后报省政府审批。在得到同意后，可以提出对这个地区"免除地方土地配置规划"的控制。

省政府在收到市政府提出免除规划控制的请求之后，需要在 8 周之内做出答复。省政府在做出任何决定之前，需要征求空间规划督查的意见，因此省政府应尽早将有关的决定内容通知空间规划督查。在规定的时间内，如果省政府未对市政府的申请做出答复，便意味着省政府拒绝了申请。申请免除规划的控制需要通告公众，在公众参与期间，任何个人或利益团体都可以以书面形式向市长表述他们的反对意见。

（四）规划的法律效力

作为荷兰的法定规划，"地方土地配置规划"具有法律的效力，任何违反"地方土地配置规划"的行为都被定义为犯罪，可以判处不超过 6 个月的监禁或罚款。根据荷兰空间规划法，有权对违反"地方土地配置规划"的犯罪行为进行调查的人员必须在以下人员中产生：空间规划督察；设置在省政府的皇家专员指定的政府工作人员；市长指定的政府工作人员。其他人不能随意对违反"地方土地配置规划"的行为进行调查。

八、2008 年实施的荷兰新《空间规划法》及相关规定

进入 21 世纪，欧盟的区域空间发展政策更倾向自由市场发展导向，社会环境也发生了变化，民众对政府和专家权威的信任正在减弱，社会多极化，重视个体价值的表达和实现。另外，政府各部门之间和各级政府之间、政府与市民之间的关系逐渐形成一种商业型的关系。在这样的背景下，以政府开发为主导，强调规则和控制的空间规划体系已不能适应新的发展需要。因此，荷兰国内要求空间规划向更灵活、更综合、更有利于刺激经济发展的方向变革的呼声越来越多。为了适应这些变化，荷兰政府提出对原有的规划法进行修改。

荷兰规划法的修改历经了自 1998 年至 2008 年 10 年的时间。这次规划法修改的基本原则包括[122]：① 区别一般政策与法定控制决策的内容；② 简化规划程序；③ 将规划责任定位在合理的层次上；④ 明确规划体系中的各层次和各部门所应负的责任；⑤ 权力下放，让基层部门拥有更大的决策空间。

2008 年推行的改革可以说是颠覆性的。新修订法重新划分了政府层级之间的职责，改革的主体思路是以分权为主，兼有集权，以信任机制作为先决条件，减少规则，建立

以沟通和鼓励为基础的多方合作模式，推动物质空间的可持续发展。一方面大力简政放权，精简合并政府层级和分工，减少法规的复杂度，加速规划编制进程，激励主动规划；另一方面也赋予了国家级和省级政府直接进行土地利用规划项目审批的规划工具和法律依据，加强了上级政府的直接干预能力和话语权。[123]

根据 2008 年新的《空间规划法》，"国家重大规划决策报告"① 被"基础设施和空间结构愿景"（荷语：Stuctuurvisie）所取代。最新一版的"基础设施和空间结构愿景（2040）"由基础设施与环境部于 2012 年初颁布。（图 4.2）这意味着国家空间规划的编制审批程序也相应简化，内容更加战略化。新修订法更加强调规划、策略与执行的整合模式②。

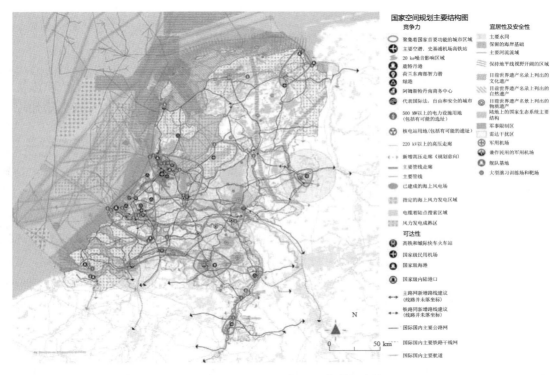

图 4.2　基础设施和空间结构愿景：国家空间结构图（2040）

图片来源：Structuurvisie Infrastructuur en Ruimte, I en M, 2012

---

① 2008 年《空间规划法》改革之前，荷兰一共编制过五次国家级空间规划（1960，1965，1974，1988/1991，2004）：前两次是独立空间规划报告，1973 年之后融入了"国家重大规划决策报告"（National Planning Key Decisions）。该决策报告包含四种重大规划决策类型，分别是国家级空间规划（及环境影响报告）、局部国土的空间规划、各个部门规划中与空间结构有关的方面，以及特定重大项目规划。国家重大规划决策报告原则上是非法定的，却必须遵循一套严格的编制、协商、审批、监督程序。

② 所谓整合模式，是指国家层面的结构愿景所提出的概念和目标，相对应地辅以政府政策（policy）、实施策略（strategies）、可操作的具体项目，以及基于当前和未来社会经济条件的可行性评估。这一套完整的"目标—策略—评估"蓝图有助于中央政府和地方政府更好地沟通，规划可落地性强。

此外，新《空间规划法》最大的变革就是赋予了中央政府和省政府制定土地使用规划和颁发建设许可的权力。中央政府和省政府的土地使用规划一般直接覆盖在市镇的土地使用规划之上，并取而代之成为规划范围内唯一具备法律约束力的土地使用规划，因此又被称为"整合规划"。但是，中央政府和省政府不会过度地使用制定整合规划的权力，因为这相当于剥夺市镇政府对辖区内部分土地的开发权力，是一种比较强硬的调控手段。[124]虽然整合规划有逐年增多的趋势，但是市镇政府仍然是制定土地利用规划的主要机构。

"地方土地配置规划"仍然确定为法定的规划。法定的"地方土地配置规划"应覆盖行政区整个范围。但对发展比较缓慢的、建设量不大的地区采取简化规划的程序，称之为"规划管理规定"。新的《空间规划法》还要求规划文本和图纸全部数字化。

九、2008 年后荷兰空间规划体系的变革

2008 年至今，传统的荷兰空间规划体系不断变革，旨在通过整合和简化法律法规和规划编制审批程序，深化多规合一，简政放权，减少规划的控制性和约束性，增加规划的统一性和可操作性，增强市场主体的能动性，促进国民经济发展。[125]

在中央政府层面，法律规定内阁中必须有一个部门主管空间规划相关事务。该部门最初设立于 20 世纪 40 年代战后重建时期，其名称是"重建和公共住房部"，20 世纪 60 年代更名为"空间规划和公共住房部"，2000 年更名为"住房、空间规划与环境部"。几十年来，空间规划和住房职责始终是该部门职能的一部分。[126]但是 2010 年上台的内阁对该部门的组成和职能进行了较大的调整，将基础设施和水利的职能与空间规划和环境政策的职能合并，设立了新的"基础设施和环境部"，空间规划的字眼彻底消失，原来关于住房的职能被分离出去。[122]经过此次部委调整后，国家空间规划的地位和统领性逐渐降低，空间规划缺少了核心推动力，话语权逐渐被强势的交通、经济、环境部门规划收回。

2011 年，荷兰开始探索新的《环境和空间规划法》（下文用"新法"代称），也开始了荷兰空间规划法的最近一次调整。2014 年，由基础设施与环境部向议会正式递交新法，荷兰议会通过新法法案，并于 2016 年正式颁布第一版新法。新法的立法必要性主要体现在两方面：一是荷兰环境和规划领域的现行法律体系未能充分重视可持续发展的现实需求，未能充分考虑区域差异性，以及利益相关主体主动参与决策的重要性；二是环境和规划领域现行法律法规过于分散、不够透明，不同法律法规由于程序、标准等内容存在差异，严重影响规划、开发活动或建设项目的审批标准和审批效率。因此，荷兰新法的改革对于荷兰环境和规划领域的法典化具有里程碑式的意义。

新法对关于空间、住宅、交通、自然环境以及水资源管理等方面的 35 部法案（包括 2008 年修订完成的《空间规划法》）和 240 部法规（表 4.2）进行了整合和简化，

各种准建证也合并为"环境许可证",这次改革同时实现多法合一、多规合一、多证合一,实现了规划体系的"大一统"。[127]中央政府改革的意图是着眼于可持续发展,协同全社会之力共同创造安全、健康的物质空间和良好的环境质量,实现对空间的有效管控、利用和发展。

表4.2　《环境和空间规划法》所整合的法律法规

完全整合的法律法规	
空间规划法（Spatial Planning Act）	物业法限制（Restrictions on Property Act）
环境法一般规定（Act on General Provisions for Environmental Law）	危机与复苏法（Crisis and Recovery Act）
开采法（Extraction Act）	土壤保护法（Soil Protection Act）
交通和运输规划法（Plan Act on Traffic and Transport）	噪声扰民法（Noise Nuisance Act）
基础设施轨迹法（Infrastructure Trajectory Act）	城市与环境手段暂行法（Interim Act on City and Environment Approach）
道路拓宽法（Expedition Act on Road Broadening）	气味扰民和牲畜饲养法（Odor Nuisance and Livestock Breeding Act）
洗浴场所和游泳设施的卫生和安全法（Act on Health and Safety of Bathing Establishments and Swimming Facilities）	
部分整合的法律法规	
环境管理法（Environmental Management Act）	历史建筑和文化遗产法（Historic Buildings and Ancient Monument Act）
水法（Water Act）	矿业法（Mining Act）
自然保护法（Nature Protection Act）	住房法（Housing Act）

2008年对《空间规划法》的重新修订,实现了逐步由中央集权转变为地方分权,确立了"尽可能分权,必要时集权"(locally when possible, centrally when necessary)的原则。荷兰新法在此基础上赋予地方政府更大的自主权,由原先自上而下的等级体系逐步向"强化地方政府责任,保留中央政府干预"的平行体系发展。所谓"平行体系",是指各级政府能够独立编制环境战略和环境规划,无须通过上级政府审批,且环境战略仅对同级环境规划具有约束力。[126]新法对于等级体系的改革目的在于激发市场活力,实现区域经济快速发展。此外,如果上级政府认为下级政府编制的环境规划不符合区域战略发展需求,可通过一定的行政或经济手段进行必要干预,从而敦促下级政府按时保质地达成环境目标。

从2015年开始,国家、省和地方政府的空间规划也开始尝试一种新的规划类型——"环境愿景(规划)":在国家级和省级层面叫作"环境愿景",在地方层面称为"环境规划",分别替代原来的结构愿景和土地利用规划。[122]（表 4.3）新法规定国家和省级层面必须编制"环境愿景",地方上则自愿。省级政府层面的"环境愿景"主要是多部门、多领域管理条例（空间、环境、地表水、地下资源、开放空间景观）的多规合一,为市级的环境规划做出引导。

表 4.3 荷兰国家空间规划体系框架及主要规划工具（2008 年规划改革前后对比）

等级	主要规划文件			法定性质	
时间	1965—2007 年	2008—2017 年	2018 年以后	1965—2007 年	2008—2017 年
国家级	国家重大规划决策报告（包含国家空间规划报告）	结构规划	环境愿景	选择性编制；指导性；非法定性（部分政策为法定）	硬性；非法定
	总体行政条例	介入性用地规划或项目规划		选择性；法定	选择性；法定
	国家水资源管理规划			硬性；法定	
省级	战略空间规划	结构规划	环境愿景	选择性；非法定	硬性；非法定
	管理条例	环境条例；环境政策规划		选择性；法定	硬性；法定
	水资源管理条例	水资源规划		硬性；法定	选择性；法定
	乡村土地调整规划	介入性用地规划或项目规划		硬性；法定	选择性；法定
市级	结构规划	结构规划	环境愿景	选择性；非法定	硬性；非法定
	土地利用规划	土地利用规划	环境规划	硬性；法定	硬性；法定
	重大项目豁免权	项目规划		选择性；法定	选择性；法定
	水评估规划			硬性；非法定	
水务管理局	水资源管理规划；防洪涝灾害规划			硬性；非法定	

　　荷兰新法对规划制定过程中的公众参与也十分重视,新法依托荷兰《行政法通则》的相应条款对公众参与的环境进行了规定,而信息公开作为工作参与的前提,同样也有详细的规定。

　　公众参与的经验主要体现在两个方面。一方面,新法保障所有公众参与规划全过程的渠道,并将公众参与在规划过程中前置。依据新法第 16 条和第 23 条,所有人都有针对环境文化的内容表达自己意见的权利,这种权利通过设置完善的信息公开机制得以实现。新法规定的信息公开是贯穿规划制定的全过程的,公众也可以在规划准备制定、制定中和制定完成的任一环节针对政府的意向、规划的内容等提出意见,从而保证规划能够及时做出调整。此外,新法出台前的公众参与主要集中在规划的中后期,民众可以在国家空间规划征询意见稿颁布的 12 周内向有关部门提出意见和建议。而新法的实施,明确了公众参与前置,使得公众的意见能够更早地被考虑和采纳,提高公众参与的效率。[123]

另一方面，新法对公众参与的范围进行了限制。一是只有利益相关方和产权所在地或相邻地区的市政当局、水务委员会以及省才能就法律规划的需要承担的义务提出意见；二是公众参与的意见不能涉及减损针对各类活动获取环境许可证。这些限制避免了公众因为知识限制或为自身获利而对环境文化的内容提出不合理的意见，保证了规划内容形成的底线条件。[128]

此前，荷兰规划信息公开的媒介主要包括报纸、电视、新闻发布会等传统形式，新法的创新在于引入了更为先进的技术手段。新法体系的实施部门中单列了一个新的数字环境与规划法规（Digitaal Stelsel Omgevingswet，DSO），其目标是建立一个数字平台以提高规划信息获取的有效性和便捷度。DSO 是一个开放系统，通过提供清晰、易获取的信息，促进公众和企业、利益相关者、公共主管部门之间的互动。其功能包括：① 申请环境许可或发放通知；② 将环境文件信息与空间相结合，可以通过单击地图查询适用于特定区域的环境规则；③ 可获取随时间变化的有关物理生活环境质量的信息，如水或空气质量数据以及噪声水平等。环境文件等公开以及环境质量信息的更新，使得公众可以完全了解环境规划等内容以及特定区域允许和限制的活动，并通过环境质量变化信息来监督规划的执行情况。

十、荷兰规划体系的主要特点

荷兰的规划体系中，地方政府是规划主体并在城市规划和发展过程中发挥了重要的作用。但实际运作上，中央政府的指导和影响力很大。中央政府有监督的权力，可以通过重要的财政和经济资源监督和影响地方政府。地方政府财政支出的 85% 来自中央政府。[120]例如，根据 1965 年的《物质空间规划法》，中央政府负责规划事务的部长在咨询省政府的意见后，可以命令城市政府编制或修编"地方土地配置规划"（荷兰物质规划法第 37 条）。同一条款还规定，中央政府负责规划事务的部长还可以直接确定"地方土地配置规划"的内容。省政府具有相同的权力。不过所有人享有对中央政府的部长或省政府的决策提出异议的权利。法律授予具有不同意见的人上诉到国务院的"行政复议裁决法律委员会"主席（Chairman of the Administrative Law Judicial Division of the Council of State）的权利，可反对部长或省政府的决策，要求"行政复议裁决法律委员会"做出裁决，并撤销部长或省政府的决策。

荷兰的城市开发建设具有自己的特点。政府机构一般不直接参与商业的开发和建设，而是通过城市政府的法定规划对土地进行购置和整治。这是"地方土地配置规划"过程中的一个重要组成部分。土地的获取和相应的基础设施的供给是政府的职责。因此从这个角度出发，可以将荷兰的开发模式当作一个目标和方向明确的、政府与私营机构混合的合作式开发模式，而且私营房地产住宅的开发多数还能得到政府的资助。政府的发展意图可以通过规划的过程得以实现。

原有的荷兰规划体系规定建成区内不要求编制法定的"地方土地配置规划"。在城市建成区，所进行的开发建设是通过地方建设法规和建筑规范进行控制管理的。荷兰城市的法定规划仅适用于新区建设。但是，2008 年 6 月开始实行的新《空间规划法》明确规定，全国所有地区都必须由"地方土地配置规划"所覆盖，任何地区的建设和开发都必须在规划的指导下进行。

在经济全球化的过程中，荷兰同样面临吸引资金、发展经济的竞争。面对发展的不确定性，具有一定灵活性的规划体系和规划的应变能力是必要的。因此，荷兰的规划法规定了具有灵活应变的条款，即"19 条款"（Article 19）。

"19 条款"不是一项单一的法律条款，而是一系列有关提供住宅和规划的法律条款的简称。"19 条款"规定当一个城市在进行规划的编制或提交审批时，如果出现新的发展需要，发展项目可以先行执行；甚至对于某个特殊和必要的开发项目，虽然与法定规划矛盾，但仍可批准建设项目的申请。例如，若涉及某些具有全国或区域意义的发展项目，或大型基础设施项目，中央或省政府可超越"地方土地配置规划"的具体规定实施该项目。"19 条款"的使用使荷兰的城市规划避开一些法律的规定，处理一些不可预见的和不确定的因素。"19 条款"为规划修改的执行提供了法律依据，使规划的修改和变更更为容易。

第五章

指导性规划体系——英国规划体系

通常所说的"英国规划体系"指英格兰和威尔士的规划体系。苏格兰的规划体系一直自成一体，与"英国规划体系"，即英格兰和威尔士的规划体系不一致。苏格兰有自己的规划法和相关的规划政策。1997 年以后，威尔士获得很大程度的自治权力，特别是在规划方面。目前威尔士的规划与英格兰的规划也有了一定的区别。威尔士政府可以颁布自己的、不完全等同于英格兰的规划政策。在规划事务上，英国中央政府仅负责英格兰的规划政策和规划事宜；威尔士和苏格兰的规划政策由各自的议会政府制定并负责管理。

一、英国规划体系沿革

英国的规划始于 1875 年的《公共卫生法》。该法案授权地方政府可以通过地方法规控制住宅的建设标准和布局。1877 年修订的《公共卫生法》要求城镇政府采用模型的方式明确建设的标准，表现住宅内部布局和尺寸以及街道最小的宽度。1909 年的《住宅与城市规划法》是第一部城市规划法。这部法律采取区划法的土地控制方式，规划法授权地方政府可以采取综合的方式控制城镇的蔓延。不过这部法律最主要的目的还是解决生活环境的卫生问题。法律明确要求"与周边土地利用和布局相协调，保证提供适宜的上、下水设施，休憩和便利性"。法律要求编制的规划必须上报中央政府审批，但是否编制规划，取决于各地方政府的决定。因此没有多少地方政府因此而编制规划。

第一次世界大战之后的 1919 年，英国政府修编并再次颁布了《住宅与城市规划法》。这个法律要求各地方政府编制发展方案。由政府补贴工人住宅建设的原则也开始被接受。"政府住宅"方案开始在全国范围内实行。但这个法律规定一旦土地所有者申请开发建设的规划许可被拒绝，可以获得补偿。这给地方政府带来很大的财政负担，因此规划方案基本上都是概念性和粗线条的政策，对开发商基本不产生任何控制性的作用。为解决这个问题，英国 1932 年的《城乡规划法》规定将规划控制延伸到绝大部分的土地使用，并规定在规划的编制过程中，允许开发商进行开发建设，但一旦规划方案获得批准，而开发商的开发建设与规划方案相违背，开发商必须停止开发建设，而且不能获得任何的补偿。

对英国规划体系乃至世界的规划行业产生深远影响的法规是 1947 年的《城乡规划法》。这部法规基本上仍然是物质性和控制性的规划。1947 年英国的《城乡规划法》首次对"开发"做出定义，即开发行为是指"地下、地面和地面上空所进行的建设活动，包括工程、开矿或其他的建设活动，或对于与建筑和土地相关的各种材料的改变和功能使用的改变"。根据这个定义，基本上人类所有的建设活动，或土地和建筑所具备的功能改变全包括在开发的定义之中。也正是由于对开发进行了定义，英国政府所编制的规划被称为"开发规划"（Development Plan），开发管理权被称为"开发控制"（Development Control）。

1947 年《城乡规划法》提出的五个重要的原则至今仍然是英国城市规划体系的重要内容：① 要求地方政府编制整个辖区的规划，并定期修编和更新地方土地利用规划；② 法律将开发权与土地所有权分离开，明确土地可以私有，但开发权属于国家，任何法律规定的需要得到规划许可的开发建设必须申请规划的许可；③ 授予地方政府开发规划控制权和控制违反规划体系的程序；④ 授予地方政府强制购买土地的权力；⑤ 明确因获得规划的开发许可而造成土地升值（开发值）的升值部分属于国家，但若贬值，土地所有者应当获得一定的补偿。

1947 年《城乡规划法》的主要问题是根据这个法律所建成的规划体系在形式上过于复杂化，缺乏灵活性。

为了解决规划体制问题，1964 年英国专门成立了"规划顾问组"，对当时的规划体系进行审议。"规划顾问组"提出了新的规划体系的建议，即结构规划和地方规划两个层次（图 5.1，图 5.2）。根据"规划顾问组"的设想，由单一的政府部门同时编制这

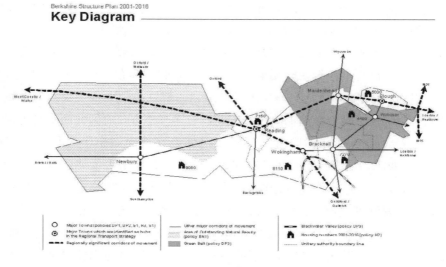

图 5.1 结构规划

图片来源：佚名. 伯克郡的结构规划（Berkshire Structure Plan Map）［EB/OL］.2004-10-14［2020-10-01］.https://decisionmaking.westberks.gov.uk/Data/Executive/20041014/Agenda/ \$12（a）%20Appx12%20Berkshire%20Structure%20Plan%202001_2016.doc.pdf.

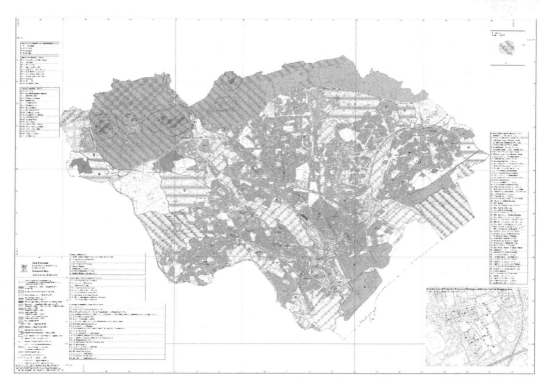

图 5.2　地方规划

图片来源：佚名．英国卡迪夫地方规划［EB/OL］.2021-05-01［2022-05-30］.https://www.cardiffldp.co.uk/wp-content/uploads/LDP-Constraints-Map-English-version.pdf.

两个层次的规划；结构规划作为指导性的战略政策，指导较为详细的地方规划的编制；地方规划作为城乡土地开发规划管理的直接依据。新的规划体系在 1968 年的《城乡规划法》中得以确认。

但 1972 年英国《地方政府法》规定了两级地方政府的行政框架。因此结构规划由郡政府编制；地方规划由地区政府编制（地区政府在城市，一般指市政府）。为了保证郡与地区两级政府有效地合作，1972 年的"地方政府法"要求郡政府通过与地区政府协商，首先编制"发展规划编制方针"文件。"发展规划编制方针"阐明这两个层次的规划各自所覆盖的领域、特点、范围及相互关系，并提出应经常地对两个层次的规划及其相互关系进行复审。编制这个法定文件的目的是确保地方规划符合结构规划的政策。"开发规划编制方针"的内容应包括：① 明确政府编制规划和实施规划的责任；② 明确两个层次的规划各自所覆盖的领域；③ 明确各规划的主题、特点和范围；④ 确定地方规划编制的程序；⑤ 阐明两种规划之间的关系；⑥ 确定任何规划都应符合结构规划的政策。

"开发规划编制方针"的成功实施被认为是解决郡政府与地区政府相应的职责和规划指导功能相关问题的前提条件。

由于社会和经济的变革，物质形态规划无法解决城市和区域发展所带来的问题。因此物质形态的规划开始转向社会、经济和空间规划。重视地方土地利用规划与交通的结合，著名的文献就是 20 世纪 60 年代的《布坎南报告》（*Buchanan Report*）[129]。

20 世纪 60 年代至 70 年代初，一系列法规的出台表现了英国城市规划的变革。20 世纪 70 年代后期 80 年代初期，由于新自由主义思潮的影响，在撒切尔夫人时代，规划曾一度被认为制约了经济的发展，成为负担而被搁置。然而事实证明市场经济仍然需要规划，投资商和开发商需要相对的确定性，保证他们的利益特别是他们的投资能够得到回报。1991 年英国颁布了《规划与赔偿法》，这个法律对传统的规划体系进行了比较大的调整。最重要的有两条：第一，法律规定法定规划无需再送交上级政府（中央政府）审批；第二，强调"规划引导型"的发展。在 1991 年的规划法出台之前，英国规划管理部门一种比较普遍的观点是，只要没有具体的、明确的规划政策和条文的限制，所有的开发的"规划许可"申请都应当获得批准。但 1991 年的《规划与赔偿法》要求所有的开发的"规划许可"申请必须遵照"开发规划"的规定政策决定是否批准，除非有其他"需要考虑的因素"能够证明有批准的理由，否则对于"发展规划"政策没有说明的发展，不能给予批准。

进入 21 世纪后，面临经济全球化和竞争的压力，2001 年英国政府颁布了"绿皮书"，提出修改规划法，目的是为经济发展提供最大能力的稳定性和明确社区参与的方式。

2004 年实施的《规划与强制法》再次对规划体系进行了修改。这个法律首次将区域规划确定为法定规划。另外使法定的地方规划具备了应对不确定的开发和快速变化的机制，用"地方开发框架"取代"地方规划"。规划法要求"地方开发构架"的编制和审批时间应仅为几个月，而不是用几年完成编制和审批工作。另外在"地方开发构架"中增加了"行动规划"的内容。"行动规划"主要针对需要复兴改造和开发的地区，具有详细的实施计划；"社区战略"要求由政府、私营机构和社区组织的共同编制，宗旨是促进经济、社会和环境的可持续发展。

二、规划的目的

经过 100 多年的建设，英国建立了一套成熟的、综合的规划体系。英国建立这套规划体系的目的是确保更为有效和有利地使用土地；合理地配置能够满足公众利益的设施；协调工业、商业、住房、交通、农业、娱乐等不同的土地利用的需要，同时更好地保护环境。这个规划体系试图帮助人们更有信心，也更谨慎地规划和利用土地；帮助地方政府规划部门能够有效地理解公众的利益；能够根据规划的要求，鼓励人们积极进行开发建设；同时能够有效地控制开发商为了自己的利益进行忽略公众利益的开发和建设。英国规划体系的一个重要的作用和目的是建立一个受到开发建设影响的任何人和团体能够表述意见并使其意见得到重视的环境。

三、各级政府及其规划职能和任务

英国的规划体系同样是一个自上而下的系统。各级政府具有不同的规划职能。

（一）中央政府

中央政府包括负责规划事务的部门和大臣，也包括制定法律（例如城乡规划法）的国会。中央负责规划事务的部门在过去几十年中一直在发生变化，先后有一系列中央政府部门，包括环境部（Department of the Environment）、环境、运输和区域部（Department of Environment，Transport and the Regions）、运输、地方政府和区域部（Department for Transport，Local Government and the Regions）、副首相办公室（Office of the Deputy Prime Minister）以及最近的社区与地方政府部（Department for Community and Local Government）等政府部门都负责过规划事务。

中央政府在规划上的主要工作是颁布国家有关区域的专项规划政策和指导纲要（PPS：Planning Policy Statement 或 PPGs：Planning Policy Guideline Notes），负责审理规划的上诉。另外，可以在必要的情况下依法"介入"（call in）地方政府的规划审批或开发建设项目。

中央政府颁布的指导纲要所覆盖的内容十分广泛。有一些政策和纲要是对新颁布的法律的解释和阐述，目的是指导地方政府更好地实施新的规划法；有的是指导地方政府如何面对和解决不同的、内容广泛的规划问题。但是，对法律的解释不属于政府的职责，而是法庭的职能。然而，中央政府的规划"规划政策文件"和"规划政策指导纲要"却是地方政府在审批开发的规划许可申请时必须考虑的"其他需要考虑的因素"，也是规划督察在审核和对规划上诉做决定时所必须考虑的最重要的"其他需要考虑的因素"之一。忽略中央政府的规划政策和指导纲要可能会造成规划上诉的失败。

（二）区域政府

长期以来，英格兰一直都没有选举产生区域级政府。除了苏格兰和威尔士，英格兰的法定区域政府缺位。特别是 1966 年之前和 1979 年 9 月份之后，英格兰的区域机构仅仅承担统计的功能和一些咨询作用。进入 21 世纪，特别是 2004 年英国《规划与强制法》颁布之后，明确了区域规划为法定的规划，英国区域机构的功能和作用才逐步得到加强。

英国区域机构主要包括区域经济规划委员会（Regional Economic Planning Council）①、区域政府办公室（Government Office for the Region）②、区域发展署（Regional Development Agency）③、区域议会（Regional Assembly/Chamber）等④。

（三）地方政府

在西方包括英国在内的"民主国家"，政府为民选的议会政府，因此地方政府一般称为"council"（地方政府议会），而不是"government"（政府）。

地方政府负责城市规划的编制和规划管理（开发控制）工作。因此地方规划部门和地方议会在规划上具有相当的法定地位。

---

① 1964年中央政府的经济事务部成立。这个中央政府的机构虽然存在的时间不长，但却积极主动地做了许多的工作。经济事务部编制了全国的经济发展规划，对区域规划与发展做了一个重要的决定，那就是1966年在英国每个区域都设立了区域经济规划委员会。委员会由28名无工资的成员组成，他们由中央政府负责规划工作的部长直接任命，另外一些成员来自商业、经济、工业组织和机构，以及地方政府和学术界的代表。这个委员会的工作主要是发挥咨询顾问的作用；主要的功能是协助编制区域规划并为规划的实施提供咨询服务。委员会没有行政权力，因此对区域规划的实施所产生的影响并不大。区域规划即使得到中央政府的批准也缺乏法定效应。区域规划的作用取决于各地方政府是否愿意将规划的政策纳入他们自己的发展规划之中。1965年英格兰一些区域成立了经济规划委员会，负责编制区域规划工作，但这些委员会在1979年被撒切尔政府撤销。

② 1994年4月，保守党梅杰政府为了加强中央政府各部门设在各区域的机构之间的协调与合作，在英国各区域建立了"区域政府办公室"（Government Office for the Region）。这个机构代表着中央政府，至今为止，仍然是英格兰区域一级制度的主要架构，在区域规划的制定上发挥着重要的作用。不过自1997年之后，随着"区域发展署"（Regional Development Agency）的建立，区域政府办公室的作用被削弱。

③ 1997年英国工党政府颁布了标题为"为繁荣而结伴"（Building Partnership for Prosperity）的白皮书。1998年颁布了《区域发展机构法》（Regional Development Agencies Act）。1998年，英格兰8个标准区各设立了"区域发展署"。"区域发展署"的主要目的是促进所在地区经济的发展。根据英国政府的要求，每个"区域发展署"都需要为所在的区域编制"区域经济战略"（Regional Economic Strategy）。在制定"区域经济战略"时，必须考虑和遵循可持续发展的原则和中央政府的有关政策。在编制战略的过程中需要与区域内的利益团体共同协商，咨询他们的意见。编制完毕的"区域经济战略"需要报中央政府备案。区域发展署的董事会由私营机构、地方政府、教育学术部门、非政府组织等组成，但所有成员名单需要得到中央政府的批准。在区域这一级的民选政府缺失时，区域发展署应当向区域议会（assembly/chamber）负责。

④ 1997年工党政府执政之后实行权力下放的政策。到1999年，苏格兰、威尔士和北爱尔兰都成立了自己的议会政府，在规划、发展、教育、医疗卫生等领域具有自主权力。同期伦敦也成立了大伦敦政府。英格兰各区域纷纷成立了"区域议会"，有的称为"Regional Chamber"，也有的称为"Regional Assembly"。但目前为止基本上都还不是选举产生的真正意义上的议会政府。区域议会的成员主要是各地方议会政府的议员和区域内其他的主要利益相关机构的人员，有部分成员来自私营机构。这些机构的作用在过去几年得到很大的提升，特别是在所承担的任务和所控制的资源方面都得到很大的扩展。在区域议会建立的初期，这个机构的主要职能是对各种类型的区域战略提供咨询意见，他们没有任何的否决权。但是最近几年区域议会的权力得到扩展，特别是在区域发展政策文件的制定方面。中央政府授权区域会议作为区域的主要机制，管理新建立的区域机构，例如区域经济发展署。2002年，英国中央政府开始推行英格兰民选区域议会政府的建立，将选举产生的区域议会称为Assembly。但是否建立选举产生的区域一级政府的决定权由各区域的人民自己决定。曾经发生过的区域全民投票的结果是否决建立一个选举产生的区域议会政府。所有的区域议会都有责任改善本区域生活的质量；在提高本地区经济绩效方面负有制定战略发展目标的责任。这些区域议会都可以从中央政府获得一定资金拨款的资助。一个选举产生的区域议会政府，还有权力在自己的管辖领域，在得到所有地方政府同意的前提下，增收一定比例的地方税收，用于区域的发展和建设。各区域议会的主要职能可以总结为这么几个方面：促进经济的发展、提高劳动力的技能和就业能力、住宅政策、体育和旅游发展、土地利用规划、环境保护、生态多样化、交通等。

英国都市区和非都市区的行政区划级别不同。都市区的地方政府，包括伦敦政府，合并了郡与地方两级政府的职能为一级政府职能。而在非都市区的地方政府，政府分为郡和地区政府两个级别。根据1991年的《规划与补偿法》，在规划上，郡政府负责"结构规划"和其他被称为"郡政府管理的事宜"，其中包括废弃物处理和矿产挖掘、开发的规划管理。地区政府负责覆盖整个地区的"地方规划"。2004年的《规划与强制法》用"地方发展框架"取代了"地方规划"的编制和规划的管理工作，特别是日常的开发规划申请的受理。

地方议会政府一般拥有由专业规划师组成的规划部门。规模比较大的城镇设置独立的规划局，规模较小的城镇没有独立的规划局，可采取与其他的机构合署的机制。规划局的主要职责包括编制法定规划，接受开发的规划申请，举行规划的公众参与，向由地方议会议员组成的规划委员会提交规划决策的意见和报告，经授权处理较小规模的规划申请。

由地方议会议员组成的规划委员会是规划政策的主要决策机构。他们按期举行规划申请审查会议，对重大的开发项目的规划许可的申请进行审批并做决定。但是由于地方议会的议员都有自己的选区，选民们经常可以通过这些议员表述意见，对某个开发项目进行影响，因此可以看出英国的规划申请更像是一场政治活动，而不是技术工作。这也造成英国规划申请审批程序的缓慢，特别是规划法要求不仅法定的规划编制和审批需要有公众参与的过程，所有开发（发展）项目的规划许可申请都需要进行公开的公众参与（图5.3）。

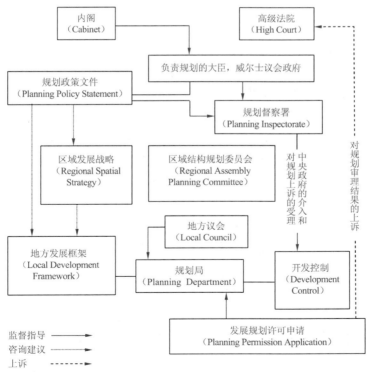

图5.3 英国政府层次与相对应的规划体系

新的城市规划体系将加快对规划许可申请进行处理的速度，减少向选举产生的规划委员会递交申请进行审查的数量，政府主张在所有申请中只有不超过 10% 的申请需要递交给规划委员会进行审批，绝大部分的申请应当由政府部门进行审批，以节省审批的时间，提高审批的工作效率。[130]

四、开发规划（又译发展规划）

开发规划是英国的法定规划，是规划的统称。历史上发展规划的具体名称发生多次变化。20 世纪 60 年代以来发展规划包括"结构规划"和"地方规划"，以及合二为一的"统一发展规划"等。

2004 年的《规划与强制法》对"发展规划"再次进行了调整。根据新的规划法，"发展规划"有两种规划：一种是区域政府和机构组织编制的"区域空间战略"（Regional Spatial Strategy），另一种是地方政府组织编制的"地方发展框架"（Local Development Framework）[131]。

新的规划法规定，"区域空间战略"应当包括的主要文件有地方发展和社区参与的文件。主要内容包括：① 明确区域或次区域的发展政策纲要；② 解决重点大型开发建设的区位；③ 根据国家的政策确定本区域的目标和指标，但这些目标和指标不是仅对国家政策的重复阐述。

"地方发展框架"的重要内容包括本地区的发展政策建议以及本地区发展的目标和战略，这些政策将为城市规划管理提供依据。"地方发展框架"所包括的内容如下：① 在重点地段编制行动规划，行动计划必须是小范围的，不包含所有地区；② 规划示意图——主要说明需要编制行动规划的地段，以及当前一些重点地段，例如保护区等；③ 城市设计导则，内容包括建筑的高度、开发建设的容积率和密度等。

"地方发展框架"的一个重要特征，也是这次规划体系变革的一个重点，就是在法律上明确并形成了规划能够对不确定的世界和发展快速做出反应的机制。宗旨在于提高每个城市和地区的竞争能力。当发展出现预期之外的情况，必须修改或调整规划时，可以仅仅修正"地方发展框架"所需要调整或修正的段落或部分内容，或编制"行动规划"而无须对整个规划进行修编。这就是"框架"的含义。因此"地方发展框架"可以在不进行整体重新修编的情况下，在整体框架架构内，随时根据具体的需要，有针对性地修编和调整。"行动规划"是规划管理的依据。当然，这种规划形式要求政府部门经常监控本地区以及周边地区经济和社会的发展和变化，随时调整规划政策。[132]

五、英国的规划控制管理的基本内容和程序

英国的规划控制管理是保证规划实施的重要手段，是政府针对社会、经济的发展和

变革所做出的积极干预，并通过对基础设施的投资，使政策能够发挥重要的作用。

英国的规划管理被称为"开发控制"（Development Control）。这个名词与英国对"开发"的定义有直接的联系，也体现了英国的规划体系特点之一，即土地的私人拥有和开发权的国家控制。"发展控制"是英国地方政府确保在其辖区内的新建筑、现有建筑和土地利用的使用变化符合规划的要求，符合规划的政策和规定。开发建设，或定义为"开发"的活动大多数都需要事先申请规划许可，得到"规划的批准"。当地的规划部门根据"开发规划"政策和其他"需要考虑的因素"对每个申请项目进行审批（图5.4）。

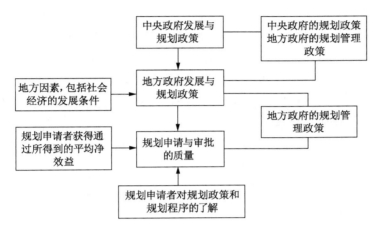

图5.4　英国"开发规划"的规划审批

在英国，由于"开发"已进行定义，除通过"一般开发条例"（General Development Order）和"使用等级条例"（Use Classes Order）等一些事先批准的规划许可外，"开发"包括了大量的各类物质形态的建设，相当一部分是一般居民日常生活中所遇到的居住和就业等方面的事宜。因此规划的申请量很大。

英国的开发申请一般为"完全申请"（Full Application），但若申请人（机构）对某项开发形式不确定，为了了解规划管理部门对某一建筑形式或开发形式的意见，申请人可以先进行"纲要申请"（Outline Application）。这样可以减少采取"完全申请"后，因申请被否决，申请人在申请费用和时间上所造成的损失。倘若首先采取"纲要申请"，在得到批准后，申请人仍然需要再提出"完全申请"。规划部门在收到开发申请后，将正式通告申请人其申请已收到，并进行登记；然后公开放在登记处，供所有对该项目感兴趣的个人和机构查阅，同时还将通过媒体，并在项目周边地区进行公示；规划部门还需要与其他部门协商，咨询、征求他们对项目的意见。

大多数的规划申请项目由地方议会政府负责审批。针对具有全国或区域影响意义的项目或政策，中央政府负责规划的国务大臣（或威尔士议会政府）可以直接"介入"（Call In）。

"规划许可"申请一般由市议会的议员所组成的规划委员会进行审批。但是由于英国市议会的议员基本上都是出于自愿的兼职性质，他们白天还需要做本职工作，因此只能在晚上开会，需要他们决定的"规划许可"只能是一些重大的、具有地区影响的项目，或与规划相违背的项目。一般性的项目则由被授权的、全职的规划官员审批。这种类型的项目一般属于日常性的，没有什么争议的规划审批项目。

根据英国规划法的要求，市议会审批"规划许可"申请的会议，一般情况下必须公开举行，任何人都可以参加。会议的议程和规划官员的报告都是公开的政府文件。规划的审批过程必须在8周内完成。若8周内申请人未得到答复，其申请可以自动被认为是为规划管理部门所批准。为了加速审批的时间，提高工作效率，减少工作量，英国政府采用了"一般开发条例"（General Development Order）的管理方式，对一些虽定义为开发，但规模很小的作业进行事先定义规划的许可。"一般开发条例"也就是事先已经得到批准的"开发"的活动，因此在进行这些活动时，无需再向地方规划部门提出"规划许可"的申请。这些开发活动一般对于周围环境没有显著影响，可以采用通则式的管理方式。[133]这种类型的活动包括变更建筑的屋顶，安装"老虎窗"；在与原建筑相协调的前提下，一些小规模的房屋扩展（不超过原建筑面积的15%）；受到一定限制的停车房的建设（不与道路接近，与原建筑为一体）；不靠近道路的前门停车道、花园栅栏围墙的修建；电视天线的连接等。但是对使用方式的变更，在建筑上竖立广告或标记，任何历史注册建筑的维修，必须申请规划，并获得规划的许可之后才能进行相应的活动。

除了"一般开发指令"，英国政府另外一项简化发展控制的手段是推行"使用等级指令"（Use Classes Order）（表5.1）。根据英国的规划法，这些土地使用功能发生变化被定义为"开发"。"使用等级指令"确定了若干仍被定义为开发的16种等级的使用功能组别的变更。这些功能变化若是在已经明确的"使用等级指令"中的同一个等级组别内产生，因"使用等级指令"已被定义为事先得到规划许可，因此无需再申请"规划许可"。

表5.1　使用等级条例

组别	内容
A1	商店，例如非销售热食品产品的商店；服务行业，例如理发店、干洗店、和其他为公众服务的行业
A2	财务与专业服务，例如为公众服务的行业，包括财会和博彩机构
A3	食品和饮料，例如酒吧，餐厅以及外卖店
B1	商务机构
B2	一般性的工业
B4–B7	特种工业，特别是一些产生污染的产业，例如冶炼、炼油

组别	内容
B8	仓储和物流
C1	宾馆、旅店
C2	居住性公共设施，例如医院、幼儿园、住宿学校、老人院或残疾人福利院
C3	住宅
D1	非居住性公共设施，例如健康中心、学校、博物馆、图书馆等
D2	娱乐设施，例如电影院、歌剧院、舞厅、体育设施等

规划申请一般有三种审批的结果：第一种是申请获得批准；第二种是有条件地批准；第三种是拒绝批准。当规划的申请者对地方政府的审批不满意时，规划的申请者有权利向国务大臣（或威尔士议会政府）上诉，对受到拒绝、有条件批准的申请提出其不同的意见。收到上诉报告后，国务大臣（或威尔士议会政府）一般委托规划督察负责审理，并提出审理的决定。

六、英国规划体系中的上诉与规划督察署

英国规划督察制度是其规划体系的一个重要的组成部分。英国中央政府的规划管辖权主要针对英格兰。威尔士的规划管辖由威尔士议会政府（Wales Assembly Government）负责；苏格兰的规划由苏格兰国会政府负责（Scottish Parliament Executives）。

英国在 20 世纪 90 年代开始的权力下放的过程之前一直就是自上而下的，中央政府具有相当的控制和干预的权力。这是英国规划的第一个特点。即使是目前在权力下放之后，上一级政府对规划的控制权力仍然保持着。

英国的规划与世界多数国家的控制性规划不同。英国规划的第二个特点是将规划作为一种“开发控制管理”政策的框架，一种更为概括性的要求。根据规划法，在规划申请的审批过程中，法定的“开发规划”不是开发控制管理决策唯一的依据，还需要考虑一些“其他需要考虑的因素”，这些因素包括其他的法律、欧盟的规章制度、中央政府的规划政策文件（PPS）、本地区的发展的特征等，以及其他地区可借鉴的案例和本地区当前的主要问题、发展等方面的考虑。第三个特点就是英国的规划督察制度。地方规划部门具有很大的自由裁量权，甚至可以批准与规划政策和方案相违背的开发项目。也正是因为这个特点，英国的城乡规划的审批需要与各利益团体（包括法定的团体，例如中央政府的机构和地方政府，以及非法定的机构，例如非政府组织、邻里社区等）进行协商和咨询。规划的开发控制管理成为一项政治行为，而不是技术决策。具体的决策权留给了规划官员和政治家。规划仅明确发展的目标和政策，规划体系用于指导发展的意向，具体的管理工作通过开发控制进行。

因此在决策过程中不少的问题和政策并不是十分完善和全面，实际上它们甚至经常是相互矛盾的。规划是在决策上做出倾向性的加权。英国的规划体系中建立了规划督察机制，由规划督察署负责。规划督察是对规划实施和开发的规划控制管理出现矛盾时发挥一个仲裁的作用。当然规划督察还有其他的功能，例如介入规划的编制过程等。

英国的规划督察并不仅仅局限在城市规划方面，所以并不称为"城市规划督察"，而是"规划督察"（Planning Inspector）。规划督察的工作范围超出了城市规划的领域。英国所有的规划督察都属于规划督察署（Planning Inspectorate）管辖。

规划督察署曾经隶属于环境部（英国负责城市规划的中央机构）。自1992年以来，规划督察署变更成为一个半独立的执行机构。规划督察署根据有关"框架协议"，对国务大臣和威尔士议会负责。

规划督察裁决的依据是规划法规、住宅法规、环境法规，处理有关开发与建设项目规划许可申请的上诉案件；代表国务大臣和威尔士议会"介入"（Call In）城市开发与建设项目规划许可审批。规划督察署还为其他中央政府部门，例如环境、食品、农村事务部和交通部等处理相关的上诉案件。若未出现开发与建设项目规划许可申请的上诉案件，也没有国务大臣"介入"的决定，规划督察无权干预地方政府的发展规划编制（公众参与的听证会例外）与规划管理。

规划督察有其权力，必然伴随相应的责任和义务。中央政府要求规划督察能够在规划管理过程中成为政策的连续性和权威性的维护者，要求规划督察成为一支受过良好培训、具有主动性、团结合作和多专业的队伍。

七、《地方主义法（2011）》实施后英国空间规划的改革

2008年全球金融危机爆发后，英国经济陷入衰退的困境，如何摆脱低迷的经济状况成为政府面临的难题，当时的执政党工党采取的救市计划却并未取得良好的效果，国家面临持续衰退的危机。有不少人认为规划程序烦冗、规划层级过多是延缓项目落实、阻碍经济发展的主要原因之一。2010年由保守党与自民党组成的联合政府上台之后，与其他多数欧盟国家一样，积极推进新自由主义政策，希望以此促进英国尽快走出经济低迷的泥沼，为此相继颁布一系列文件，启动了新自由主义经济模式，同时对空间规划体系进行了改革。

此前，英格兰执行的空间规划体系的依据是2004年的《规划与强制收购法》和2008年的《规划法》（Planning Act 2008）。《规划与强制收购法（2004）》明确了国家层面的规划政策框架文件①由中央政府制定，法定的空间规划包含了两个层面，即区域

---

① 国家层面的规划政策框架文件主要由"规划政策指南"（Planning Policy Guideline，PPG）和"规划政策声明"（Planning Policy Statement，PPS）等政策文件构成。

层面的"区域空间战略"（Regional Spatial Strategy）和地方层面的"地方发展框架"（Local Development Framework）。其中，区域空间战略和地方发展框架的编制和实施需参照国家规划政策文件，由此形成了以国家规划政策框架与两个基本法定规划组成的较为复杂的三级规划体系[134]。

　　然而依据《规划和强制收购法（2004）》所设立的空间规划体系遭到了不少的批评。一方面，认为当时建立的空间规划体系存在权力层级僵化、政策文本充满繁文缛节等诸多弊端；另一方面，认为这种空间规划体系无法真实地反映各地的实际情况，无法有效地为各地发展提供服务，广大基层群众也无法直接参与到地方发展的决策中[135]。例如，2006 年凯特·巴克（Kate Barker）在其报告《巴克对土地利用规划的评估：最终建议报告》（Barker Review of Land Use Planning-Final Report-Recommendations）中批评了英国空间规划体系因为过多层级的行政结构和复杂的文件系统的限制，存在运行效率低下的弊端，难以从根本上应对实现城市发展和经济复兴目标所带来的压力和挑战。

　　事实上，英国保守党在 2010 年大选前就发布了《开源规划绿皮书》（Open Source Planning Green Paper）。这份文件明确阐述了保守党对规划体系改革的目标[136]："应该抛弃当前的英国规划体系，通过民主协作的方式建立新的、自下而上的体系；规划体系的目标应该在国家和地方层面上对经济竞争力以及社会、环境等议题进行公正、有效地协调。"英国保守党上台执政后，认为工党政府对规划体系变革的力度不够，开始推动规划体系的改革，目标是简化规划程序，实现规划权力的下放，使规划权力更接近"受到规划决策影响的人群"[137]。

　　2011 年英国国会通过并颁布《地方主义法》（Localism Act 2011），自此，英国空间规划体系整体的改革方向朝着新自由主义的规划方式转变，包括强调市场主导和竞争原则、规划权力下放和多行为主体参与。地方主义成为这次空间规划体系改革的主题。同时，更加强化政府效能和社会公众参与，强调可持续发展原则的贯彻执行。

　　《地方主义法（2011）》明确地指出空间规划体系改革的核心目标是实现放权和简化规划程序，为地方政府提供自由和灵活性，为社区和个人提供新权利和权力，使规划体系更加民主和有效，提出地方化住房建设的相关决定等[136]。最终形成国家层面的"国家规划政策框架"和地方层面的"地方发展规划"与"邻里规划"组成的二级规划体系。

　　本次规划体系改革中，《地方主义法（2011）》对地方当局的权限范围，特别是对税收政策、规划政策、住房政策等进行了规定，目的在于把更多的政府权限下放给地方政府和邻里社区，尤其在住房和规划等公共事务方面，地方政府被赋予了更大的自主权。在减少规划层级和政府规划管控方面，该法案还针对空间规划政策条款做了一系列新的规定，其中最为重要的是撤销了《规划与强制收购法（2004）》中确定的"区域空间战略"，废止了《规划法（2008）》中设置的"基础设施规划委员会"（Infrastructure Planning Commission），将国家重要基础设施项目议案的最终决定权交还中央政府的"社区与地方政府"大臣；改进原有的"社区基础设施建设征税"（Community Infrastructure Levy）制度，允许地方政府向开发者收税，以支付地方配套的基础设施建设费用。此外，增加了"邻里规划"作为法定规划之一，规定了邻里社区公民投票的同意率只要超过50%，邻里规划即可获得通过，并被纳入地方规划，在此基础上邻里社区可以自行行使规划权，从而提高开发项目的规划审批效率。同时改善邻里开发管理机制，对于特定的小型开发项目，赋予邻里社区直接批准开发的权限，而无须向地方规划部门申请规划许可等[138]。

2012年英国政府颁布了《国家规划政策框架》（*National Planning Policy Framework*，NPPF），对之前中央政府颁布的几十个涵盖经济、社会和环境发展的国家规划政策指导文件进行了简化，将原来合计1000余页的政策内容凝练为65页的国家规划政策[139]。作为引导性和协调性的《国家规划政策框架》，其没有强制规定如何编写地方发展规划和邻里规划或规划的成果，而是以政策指引的方式指导地方制定出符合当地需求的空间发展规划。这样的一个文件有其相对的稳定性和法律确定性；同时考虑到制定地方规划所需要的灵活性，即规划的不变是相对的，变化是绝对的，如何变化、如何应对变化是地方规划部门要研究和把握的。2013年颁布的《发展和基础设施法》（*Growth and Infrastructure Act* 2013）则进一步提出了三类精简规划审批制度的措施，削弱规划对开发的控制。

《国家规划政策框架》中除了基本的政策框架，还着重强调了以下几个方面：其一，地方发展规划是英国空间规划体系中的重要构成，需要在空间布局上考虑住房供给、经济发展、社区设施和基础设施建设的需求，并提出适宜用地。地方规划当局通过地方发展规划文件与社区合作，为本地区制定未来发展愿景和框架。地方发展规划是全面而详细的，内容涉及从宏观政策直至地块规划要求等，也涵盖了环境保护、应对气候变化等政策和措施要求。地方发展规划为社区、企业和投资者提供了一定程度的确定性，对具体开发项目的规划申请有指导意义。其二，邻里规划是整个空间规划体系运作的核心之一，强调法律要求规划许可的申请必须考虑邻里规划的内容进行决策。邻里规划的引入使得社区居民真正有机会决定其居住地的未来。邻里规划允许社区居民、社区雇员和社区企业通过当地教区①委员会或社区论坛聚集起来，确定新的住宅地、商业地和商店的具体位置，同时明确其外观形象。其三，引入了"有利于可持续发展的推定"（the presumption in favour of sustainable development），以确保地方规划部门制定的空间规划能够有利于实现可持续发展的需要，即强调了将实现可持续发展而不是仅仅考虑经济增长作为规划的目标。

---

① 从7世纪开始，随着基督教的传入，英国开始出现教区（parish），教区是基层的教会管理单位，并在民间和教会管理中发挥一定的作用。到了19世纪，教区被正式划分为民政教区（civil parish，即地方行政区，是农村地区地方政府中最小的地理区域）和教会教区（ecclesiastical parish）两种。在现代英国行政区划体系中，教区主要指地方政府的一种行政区，是指在郡和区以下最低一级的地方政府，即单一权力机构。

《地方主义法（2011）》实施后，英格兰空间规划体系改革的驱动力之一是摆脱英国持续低迷的经济和各项产业发展疲软的状态，新的政治环境和新政府的执政理念也是驱动空间规划改革的另外一个原因。在不同的政治环境下，不同利益群体间的博弈形成新的强弱抗衡格局，为适应这一新格局，空间规划体系不得不持续妥协、变革以平衡各方利益关系，这是英国空间规划体系改革背后的深层原因。可以得出一个结论，空间规划体系的构建和规划权力的配置需要综合考虑各方的利益和能力，尽可能保证整体社会能够通过规划体系改革，在追求规划效率提升的同时，实现社会不同群体、不同区域、城乡之间的公平和公正，使人民对美好生活的追求能够在国土空间规划的制定和实施之中得以实现。

八、英国规划体系的主要特点与 21 世纪以后的变革

瓦伊格（Vigar）等学者[140]通过对英国的研究，阐述了英国规划体系在 20 世纪 80 年代和 90 年代，以及进入 21 世纪后的发展目的、控制目标，以及作用和职责上所发生的变化（表 5.2）。

表 5.2　1980 年以后至今英国规划体系的演变[141]

内容与作用	20 世纪 80 年代	20 世纪 90 年代	21 世纪
目的	影响开发建设，进行冲突谈判，主要考虑经济问题	强调环境和城市中心的生活质量	社会、经济、环境一体化的战略框架
规章制度作用	主导作用，政府直接参与开发功能	规章制度的作用和投资的功能被区别开。	政府财政与直接参与开发的功能被分隔
财政作用	企业园区实行税收优惠政策，并作为开发谈判、促进发展的一个谈判工具	优惠政策较少或停止使用。开发商对公共设施和社区的贡献被认为是理所当然的，是规划许可的一个条件	继续要求开发商对公共设施和社区做出贡献；将税收优惠政策用于某些特定的目的
直接参与开发的措施	地方政府直接参与开发的作用被削弱；建立新的机构；预算进行旧城改造，预算的种类多样	继续削弱地方政府直接参与开发的作用，鼓励公私合作	与城市复兴预算联系在一起，实现"研究与实践相结合"（Jointed up thinking and working）
信息与政策导则	降低发展规划的作用	增强发展规划的作用	土地配置的制度和战略的框架，发展规划的重要性加强。地方和区域的战略作用被削减.
责任	国家权力得到强化，建立新的机构	逐步权力下放；减少政府的作用，但提高合作伙伴的效益	中央政府职能分配到区域层面

英国的规划体系是一种相对比较灵活的制度，实行政策制定、规划许可申请的开发谈判和规划督察裁决相结合的方法。"开发规划"提供了城乡发展与建设的政策纲要。规划法对"开发"进行定义，还规定除特别规定外，所有的开发项目必须申请规划许可。实际上把土地所有权与发展权分割开，政府控制了发展的权力。

英国规划的另外一个特点是将规划作为一种"开发控制管理"政策的框架。根据规划法，在规划申请的审批过程中，法定的"开发规划"不是开发控制管理决策唯一的依据，还需要考虑其他一些"需要考虑的因素"，这些因素包括其他的法律、欧盟的规章制度、中央政府的规划政策文件（PPS），以及是否对本地区的发展有促进作用。

英国的规划体系经历了从传统的土地利用（发展）规划向空间规划体系的转变。特别是21世纪以来，在经历了20年的实践后，英国空间规划面临新的问题和困境，出现了一系列大的变革。

英国的规划体系自第二次世界大战后逐渐成熟。二战后，规划成为"国家干预战后重建"的手段。更重要的是将土地的发展权国有化，这使得英国成为一个典型的通过规划管控实现政府意志的国家。简而言之，英国是以规划许可审批制度为基础，对土地利用进行规划管控。[142]

然而20世纪90年代末，二战后建立的规划体系受到不少质疑，该规划体系被认为已经无法适应新的社会经济发展需求。英国规划官员协会（Planning Officers Society）提出，必须对既有的、以土地利用规划为基础的规划体系进行改革，改革的目标是建立有效融合多种政策的规划框架，创建更加综合的空间规划体系。

"空间规划"被广泛接受是始于1999年《欧洲空间发展展望》（*European Spatial Development Perspective*，ESDP）的颁布，随后被欧盟各国政府和规划界付诸实践，不同政府、专业机构和学界对空间规划的理解存在一定的差别。[143]英国政府更多地从操作性考虑空间规划，认为"空间规划超越了传统的土地利用规划，因为空间规划将影响一个场地属性和功能的各类政策和计划结合起来，综合推动土地的利用和开发"。英国皇家城镇规划学会（RTPI）则认为[144]"规划具有双重的行为——管理空间竞争性和创造有价值、有特色的场所。这些（规划）行为关注着场所的社会、经济和环境变化及质量……空间规划……运作于不同的空间规模或尺度"。

学者之间也有不同的看法。马克·图德-琼斯（Mark Tewdwr-Jones）的研究奠定了英国政府和英国皇家城镇规划学会对空间规划的认知。他认为空间规划应当被定义为对空间和场所的批判性思考，作为行动或干预的基础。他进一步提出，空间规划所表达的是超越传统土地利用规划的观念，能够为管理变革提供积极主动的可能性，包括决策、政策融合、社区参与、机构利益和发展管理等。[143]帕斯蒂·希利（Pasty Healey）强调空间规划的编制和实施需要多方的合作。合作才能使空间规划成为"重塑城市、城市区域或更广阔的国土的自觉性努力，并设法将重塑的结果转化为区域投资、保护措施、战略基础设施投资和土地利用管理规划的优先原则"。[145]

　　英国之所以从"发展规划"转向"空间规划"，一个很重要的原因是为了更主动地协调日益多样化和分散化的国家机构。《规划与强制收购法（2004）》的颁布标志着英国正式接受了"空间规划"的概念，并将规划体系认定为空间规划体系。2005 年英国政府颁布的《规划政策声明（PPS）I：实现可持续发展》中进一步明确指出，跨部门和跨边界的工作和政策的协调及国家、区域、地方政策的一体化是成功的空间规划所具备的特征。[146]根据《规划与强制收购法（2004）》，英国的空间规划体系分为三个层级，包括国家、区域、地方规划层次。国家层面空间规划包括"国家规划政策框架""国际重大基础设施项目规划"；区域层面规划主要是"区域空间战略"；地方层面规划主要包括"地方发展框架""地方规划""社区规划"。中央政府则通过制定不同方向和内容的"国家规划政策指南和声明"指导地方规划当局编制规划，审核开发项目的规划申请。[141]

　　但是，历经近 20 年的实践，英国空间规划体系（表 5.3）在应对经济全球化带来的发展不确定性时表现出诸多问题和不足，具体可分为以下 5 个方面：

表 5.3　英国的空间规划体系构成

规划层级	规划名称	编制主体	规划目标	主要内容	法律依据
国家	国家规划政策框架	社区与地方政府部门	简化规划体系并直接指导地方规划当局的工作	以可持续发展为总体目标，规定地方规划的制定以及决策程序	非法定文件
	国家重大基础设施项目规划	分管事项的国家部门*	划定重大基础设施项目标准并加快审批速度	涉及开发规模、数量、模式、对周围环境的影响，何种法定开发人是有效的等	《规划法》（2008年）（*Planning Act* 2008）
区域	—	区域合作机构	协调地方规划	—	—
地方	地方规划	地方规划当局	为项目开发提供依据，符合当地居民的生活需要	地区未来发展愿景，每个区域的管理政策（经济、住房、交通、绿带等）地图以及具有地方特色的补充文件	《规划与强制性收购法》（2004年）（*Planning and Compulsory Purchase Act* 2004）
	社区规划	教区或镇议会、邻里论坛、社区组织		提出规划意见和建议	《地方法》（2011年）（*Localism Act* 2011）

　　注：* 能源类国家政策声明（Energy NPSs）由能源与环境变化部（DECC）制定；交通类国家政策声明（Transport NPSs）由交通部制定；水、废水和废物类国家政策声明（Water, Waste Water and Waste NPSs）由环境、食物及乡村事务部制定。

　　图片来源：田颖，耿慧志.英国空间规划体系各层级衔接问题探讨：以大伦敦地区规划实践为例[J].国际城市规划，2019，34（2）：88.

　　① 与经济规划（计划）和其他部门的政策进行更好协调的问题。空间规划与各级

政府，包括国家、区域和地方以及其他有关部门的政策之间缺乏协调是空间规划体系存在的一个明显问题。

② 简化规划系统的问题。空间规划一直试图探索一种相对灵活的规划范式以克服规划的僵化和复杂性。因此如何在"模糊边界"引入"灵活规划"，规划程度简化和改革引发规划界争论，也获得越来越高的呼声。

③ 有效性和竞争力的问题。平衡"效率"和"合法性"长期受到规划系统的关注。一方面，规划必须有效地实现与空间发展相关的目标，需要协调各级部门的政策；另一方面，公民和其他利益相关者需要通过透明的问责制度和参与机制使空间规划的活动合法化。20 世纪 90 年代以来，包括空间规划在内的所有公共政策的有效性和竞争力成为社会关注的焦点。在空间规划领域，如何提升和强化公共资源缺乏的区域和城市的竞争力，并将其置于新自由主义政策为主导地位的政治框架内是一个重要的议题。

④ 对环境问题关注的持续升级带来的挑战。由于人们对环境问题关注度的提高，空间规划体系受到来自各种民众环境运动和不同地区不同诉求的影响，规划体系如何有效应对并做出响应，不同国家的制度和体系有很大的差距，更是一个动态的变革过程。

⑤ "国土治理"新模式兴起带来的挑战。空间规划以前被认为是一个封闭的公共政策领域，现在则需要开放，需要与各种政府机构和部门、非政府组织、社区和私人利益相关方进行谈判。多行为主体参与和多层次的国土治理向传统的封闭的、法定规划提出了挑战。

综上所述，空间规划烦琐的程序和低下的效能对经济产生了一定的影响，简化规划程序，让规划权力基层化，让"当地居民有直接的机会和权利影响其居住社区未来的发展"成为普遍的趋势[147]。

《地方主义法（2011）》对 2004 年英国构建的空间规划体系所制定的规划编制办法、规划决策、管理等安排做出了程序上的改变，取消"区域空间战略"，改设"地方企业区"（Local Enterprise Zone）[148]。为了凸显地方层面的自主性，用"地方发展规划"和"邻里规划"取代"地方发展框架"，规划改革使得地方自主权与灵活性得到加强，使得地方规划编制更能针对当地特点，能够根据自身发展的需要制定规划政策[149]。当然，规划仍然需要按照国家政策要求进行编制和创新，但地方发展规划和邻里规划的内容更为丰富。

根据对英国空间规划体系改革的回顾，不难发现他们改革的主流方向是对新型"国土治理"模式的探索，通过空间规划体系的变革从"政府管理"向"社会治理"转变，重视多行为主体，私营和公共利益相关方参与规划过程，构建"谈判"和"讨价还价"的网络，使空间规划具有灵活性和前瞻性[150]，这显然是希望通过市场模式解决空间规划问题的合作方式。但是完全依赖市场经济手段解决区域的协调问题目前看来效果不是十分明显。

九、小结：两种规划体系的比较

英国与荷兰在规划体系上一个根本的不同点起源于法律体系的不同。英国实行的是惯例法，也称为不成文法（Common Law），而荷兰实施的是民事法（Civil Law），也称为罗马法。不同的法律制度影响了不同的规划体系的形成。根据莱茵（Rheistern）[151]的观点，不同的法律程序和执行方式造成人的行为的不同。

荷兰的"地方土地配置规划"是法律的文件，对发展提出了明确法律确定性。这是我们理解控制性规划的一个重要原则，但是控制性规划体系并不意味着僵硬，缺乏灵活性，毕竟经济全球化和发展的压力迫使各个国家、各个城市必须考虑如何吸引全球有限的资金，在可持续原则的指导下，促进本地区的发展。因此荷兰的规划体系一方面试图保留一定的灵活性，应对全球的竞争；另一方面对个体市民却仍然保留规划法律的确定性（托马斯 Thomas 等）[152]。在这种类型的规划体系中，规划的执行过程更倾向性地成为一个技术决策过程。

英国的规划与欧洲大陆多数国家的控制性规划不同。英国的规划采取一种更为概括性的阐述。地方规划部门和决策者具有很大的自由裁量权。在这种类型的规划体系中，公众参与成为法定程序。规划的发展控制管理更倾向性地成为一项政治行为，而不是技术决策。

第六章
美国城乡规划体系

一、美国的政治制度、文化传统与城乡规划关系

美国是一个联邦制的国家，在建国之前先有了 13 个州（state），然后通过州之间的协议，在 13 个州之上成立了联邦政府（Federal government），赋予了军事、外交、邮政、州际范围等有限的权限，而城市和住宅等领域的权限并没有由州政府赋予联邦政府，美国采用的是联邦政府与各州分权而治的政体，各州在政治、经济和法律等方面相对自治，有自己的宪法、法律和税收体系等。因此，各州的地方政府在法律性质、区域大小、人口多少、职能和组织上存在着很多的分歧，即使在同一个州内，地方政府之间也可能存在分歧，是美国地方政府制度的一个重要特征。相较于政治制度，美国的文化传统可以被称为欧洲尤其是英国思想传统和美国本土实践的综合产物，[153]具有典型的新教理念、自由主义、民族主义和实用主义烙印[154]。

美国的宪法强调个人权利和私有财产的不可侵犯性。[155]因此，19 世纪之前的美国城市发展是在缺少规划和公共控制的状况下进行的，由此导致了城市发展过程中出现了诸如拥挤、不卫生、丑陋和灾害等城市问题。这些问题促进了一系列的改革运动的形成，如卫生改革、保证城市开放空间运动、住房改革运动等，形成了许多影响至今的规划制度。其中由 1893 年哥伦比亚博览会（Columbian Exposition）所引发和推动的城市美化运动，是美国现代城市规划的开端。

1900 年到 1920 年之间，美国一些城市和州自发地进行了总体规划和分区规划。[156]其中芝加哥市规划（1909）、洛杉矶区划法令（1909）、纽约区划法令（1916）、威斯康星州的《城市规划授权法案》是早期比较著名的。这些规划引发不少城市和州的效仿。1916 年纽约市通过了"区划条例"（Zoning Regulation），区划法规得到了普遍推行。在 20 世纪 20 年代，从有利于经济发展的角度出发，美国的商业部（Department of Commerce）推动了两部法案的出台：1922 年的《州分区规划授权法案标准》（Standard State Zoning Enabling Act）和 1928 年的《城市规划授权法案标准》（Standard City Planning Enabling Act）。法案肯定了分区规划和总体规划的合法地位，并在全国范围内加以鼓励

和提倡。

根据《州分区规划授权法案标准》，各州可以授权地方各级政府进行分区规划，控制建筑的高度、总面积、体量、位置、用途等。最主要的特征是地方政府可将其管辖区内的土地按用途分成区。不同类的区规定的建设标准不同，而在同一类区则采用完全相同的控制标准。

《城市规划授权法案标准》为各州授权地方各级政府进行总体规划建立了参考模式。法案包括六个方面：① 规划委员会的结构和权力；② 总体规划的内容：包括道路、公共用地、公共建筑、公用设施、分区规划，要正式通过道路交通规划；③ 要正式批准所有公共投资项目；④ 要控制私人土地的再分；⑤ 建立区界，进行区域规划；⑥ 由区域内的各地方政府（自愿）通过并采纳区域规划。

至 1926 年美国的大多数城市都有了自己的区划法规。从 20 世纪 30 年代大萧条时期开始，联邦政府才开始真正介入州和地方的规划活动。

20 世纪 30 年代开始的"新政"（New Deal）则通过一系列的行动如联邦政府资助地方和州的规划工作开展、州际高速公路系统规划、创立国家资源规划委员会（National Resources Planning Board）以及开展田纳西流域规划等大量的区域规划工作，进一步推动了城市规划的发展。

二战后在清理贫民窟和更新废墟的过程中，城市更新是第一个重要城市规划举措。在此过程中，地方机构为了获得联邦资助必须编制综合规划，地方城市规划因此得到进一步发展。都市复兴计划是由《1949 年住房法案》发起的。《1949 年住房法案》（The Housing Act of 1949）要求：州和地方政府在申请联邦政府的城市再开发（Redevelopment）基金时，必须有总体规划作为参考。《1957 年住房法案》对申请联邦的都市复兴（Urban Renewal）基金也提出了类似的附加条件。在争取联邦住房基金的利益驱使下，各地方城市掀起了制定总体规划的浪潮。到了二十世纪五六十年代，联邦政府颁布了一系列住房政策，并为公共住房的建设提供大量的资金。截至 1973 年，都市复兴计划已经在全国范围内拆掉了约 60 万个住宅单元，搬迁了 200 万居民（多数为中低收入居民），使成千上万的小型商业和企业倒闭，破坏了社区经济和社会肌理，遭到公众的强烈反对。因此国会终止了该计划，又出台了《1974 年住房与社区建设法案》（The Housing and Community Development Act of 1974）和社区建设计划（CD Program），旨在加强对城市肌理的保护和改善，并通过各种附加条件强调中低收入居民的公众参与。

20 世纪 60 年代后出现了中心城市快速向外蔓延的趋势，对于增长的控制和管理成为新的规划领域，并且随着对环境问题的认识进一步深入，联邦政府还出台了一系列环境政策法规，环境规划得到进一步重视和开展。除了住房政策，其中对城市规划影响最大的是1969 年的《国家环境政策法案》（National Environmental Policy Act，简称 NEPA）。该法案把环境规划（Environmental Planning）的概念引入到传统的规划活动中。一方面，法案要求各州政府根据 NEPA 制定自己的环境控制法案，并为此设立了鼓励环境研究和环境立法的联邦基金；另一方面，法案要求联邦政府在决策中要强调环境问题：凡是申请联邦基金资助的建设项目，一律要先做环境影响评估，提交"环境影响报告"（Environmental Impact Statement，简称 EIS）。与此同时，州域规划也在不断加强。

自 20 世纪 20 年代后期颁布的两项法案——《州分区规划授权法案标准》和《城市规划授权法案标准》经过 70 多年的发展已经成为美国城市规划的法律依据和基础。1975 年，美国法律协会（American Law Institute）颁布了《土地开发规范》（Model Land Development Code），在一定程度上改进了联邦政府的这两个规划法案。

二、美国城乡规划行政体系架构

美国联邦、州和地方各级政府的基本政体和行政模式是立法、行政、司法"三权分立"，这一特点也决定了美国城乡规划体系的基本特征。

美国城乡规划活动的行政管理也正是因为受到这三方面既相互制约又联系紧密的要素的影响，各级政府的规划体制又能进行自我修正和有效调整。虽然，美国的城市规划法规体系可以分为联邦、州、地方三个层次，有州—县—市（镇）地方政府或自治市地方政府三级行政区划。但是，联邦政府并没有可以直接参与州或者地方城市规划的法律基础。因此，联邦政府参与城市规划相关活动的手段主要就是一些间接性的财政方式，如联邦补助金等。美国各州政府比联邦政府对地方的影响相对更强。因为地方政府的权力（如征税、发行债券、法庭系统及规划法规等）、责任和义务是由州立法赋予或者规定的。因此，地方城市的规划法规基本上是建立在州立法框架之内的。

县政府是州政府在地方上的正式的分支机构。但县政府只是行政管理的工具，没有制定政策的权力。自治市不同，虽然自治市也是州政府的"创造物"，但它同时具有立法、行政和司法三种权力。通常，地方政府的结构以及地方政府的权力与责任是由州宪法、宪章和法律所具体规定的。地方政府在执行权力的同时，还受到联邦宪法和州宪法所保障的个人权利的引导和限制。当个人权利和政府权力范围发生不一致时，最终的仲裁者是法院。

规划委员会是美国绝大部分地方城市的法定机构。通常由一组经行政长官提名并且通过立法机构批准的个人所组成，由房地产商、建筑师、社会工作者等社会各界人士和代表组成。规划委员会主要是起到市民和政府决策之间的桥梁作用，以及对规划决策和规划机构进行监督。虽然，有时地方政府官员参与规划委员会，但是他们多数没有投票权。就规划委员会的法定地位而言，它仅仅具有顾问的作用。综合规划事务方面，议会要求各相关公共部门提出行业规划，规划委员会向议会提供报告和建议，议会有权统一或者否决这些建议。

规划机构的主要职责在于编制综合规划并依法编制区划法规和土地细分管理的条

款，规划机构的负责人通常由城市行政长官任命，并得到立法机构批准后生效。规划实施过程中，规划部门负责街道、卫生、教育、娱乐设施、市政公用设施、警察局和消防设施，以及建设工程的管理。有些州法律还规定规划部门要参与城市基础设施建设计划和经济预算工作。

在美国的大城市中，常设立专门的区划管理机构，以便向具体的规划申请案例进行区划条例的解释和负责必要的区划调整工作．为了提高决策的民主性，地方政府还设有上诉委员会，上诉委员会的设置与规划委员会类似，主要职责就是接受和处理针对规划委员会和区划管理机构的决定的上诉。

（一）州政府规划主要内容

美国早期的州政府规划只侧重对州内自然资源的管理。联邦政府在1968年的《政府间合作法》（The Intergovernmental Cooperation Act）中进一步确定了州规划部门的权力和地位。20世纪90年代，州总体规划开始脱离单纯的自然资源和物质环境规划，逐渐向远期战略型规划（strategic planning）发展，侧重政策分析研究，提交预算报告，制定立法议程等。

1. 州总体规划

美国各州总体规划的名称、内容、形式、制定和审批程序差异很大。在50个州中，大约只有四分之一真正制定了全州的用地规划和政策。各州的总体规划都是根据自己的具体问题，在不同时期，各有侧重地制定一系列的目标和政策，内容包括：用地、经济发展、住房、公用服务及公共设施、交通、自然资源保护、空气质量、能源、农田和林地保护、政府区域合作、都市化、公众参与等。除了总体规划，有的州还要制定专项规划，如交通规划、经济发展规划、电信和信息技术规划、住房规划等。结合总体规划，州政府要有公共项目的"投资建设计划"（Capital Improvement Program，简称CIP）——包括项目说明、预算开支、经费来源、工程时间、日常运营的投入产出、优先顺序及理由等。投资建设计划为期5年，但每2~3年一做，以利调整。投资建设计划由州长签字后呈交议会批准。通过后，对于未列入年度计划内的项目，州政府一律不得进行投资。

2. 州政府规划授权法案

各州通过规划授权法案对地方政府的规划活动进行界定和授权。此类法案名称不一，如"规划授权法案"（Planning Enabling Act）、"规划委员会法案"（Planning Commissions Act）、"分区规划法案"（Zoning Act）等。依据州规划授权法制定的地方总体规划，在原则上只要经过当地市长签署，市议会批准通过，即可作为法律开始生效，不需要上级政府审批。其主要原因是：市长和议会是民选的；制定总体规划的过程有充分的公众参与；法庭对政府规划权限有监督和制约。所以在此基础上形成的规划应当是符合全社区人民利益的。

3. 其他相关法规及控制办法

由于美国州政府在规划立法方面具有一定的独立性，所以各州还相继出台了一系列的专项法规，强调环境保护（Environmental Conservation）、历史保护（Historic Preservation）、建设发展的控制（Growth Management）、各地方政府之间的协调发展（Regional Planning），以及中低收入住房（Affordable Housing）等区域性问题，加强对地方用地建设的控制。

华盛顿州的《发展控制法案》（Growth Management Act）要求，10年内人口增长达到某一速度以上的县必须根据该法案制定相关的总体规划，内容包括：制定县域规划政策，确立增长敏感区（农田、森林、河流等）及其保护控制法规，界定专门的城市发展区（Urban Growth Area），在规定日期以前通过一个新的总体规划。随法案产生的州发展战略委员会（Growth Strategies Commission）负责审查各地的总体规划是否与法案目标一致，并协调各市、郊、县、区在发展建设上的矛盾。在华盛顿州，各行政区必须根据州《海岸线控制法案》（Shoreline Management Act），为其辖区内的沿海地带制定一套总体规划和相应的控制建设法规。总体规划由州生态部审批。对于那些州一级的重要海岸线，生态部可以直接制定总体规划，取代地方规划。所有这些规划合起来就是全州的海岸线控制法规。如果地方政府在某沿海区颁发了一个建设许可，反对者可以向州海岸线听证委员会（Shoreline Hearing Board）上诉。

州政府对全州的用地控制主要有五种形式：① 进行全州的用地和分区规划，由州政府直接颁发建设许可（只有夏威夷州采用了这一模式）；② 针对州内的特殊地区（如环保敏感区、发展控制区、历史风景区），制定强制性的专项法规，控制地方政府在这些区域内的建设（如佛罗里达州、华盛顿州）；③ 针对州内的特殊地区，制定鼓励性的建设指南，以实惠刺激和引导地方政府的规划建设（如佐治亚州）；④ 根据州环境政策法案，某些地方建设项目要向州政府提交环境影响报告，由州政府审查其是否符合法案的要求（如：加利福尼亚州、马萨诸塞州）；⑤ 在州内的特定地区，由州政府直接颁发建设许可，地方政府不得擅自开发建设（如佛蒙特州）。

除了以上的直接控制，有的州还采取了间接的控制办法：对地方建设项目的审批程序提出特别的要求。例如，一些州在其环境政策法规中规定：对环境有重要影响的建设项目，地方政府在审批程序中必须增加研究报告或公开听证等环节。这些环节所要耗费的人力、物力和可能遇到的公众阻力，往往使开发商对此类建设望而却步。如果地方政府违反州规定的审批程序要求，任何个人或利益团体（如：环境保护组织）都可以将地方政府诉诸法庭。州规划立法的最终解释权归州最高法庭。

（二）地方规划法规的内容

1. 区域规划

几个邻近的地方辖区往往会在社会、经济、政治、交通、环境、和自然资源等方面互为依托，因此有必要进行区域规划，以协调矛盾和共同发展。区域规划一方面可以指导各地方政府的规划，另一方面可促进州、区域、地方在政策上的协调统一。

在美国，区域规划机构主要有两种形式：一是由地方政府自愿联合并达成管理协议的"联合政府"（Council of Governments），二是由州立法授权或强制要求地方联合组建的"区域规划委员会"（Regional Planning Commission）。此外，有少量机构是由几个州之间签约成立的。这几种机构的组建均要由相应的立法机构批准或选民投票通过。不同区域规划机构的资金来源不同：可能是联邦基金、州政府资助、联合政府分摊，或私人赞助。区域规划机构的主要任务是：制定区域规划，向地方分配联邦基金，为下属地方政府提供信息技术服务，联系沟通地方政府与州和联邦政府，帮助各地方政府协商矛盾。有些权力较大的区域规划机构也要介入地方用地的日常审批管理，审查对区域环境有影响的建设项目，审批和认可地方总体规划等。

区域总体规划（Regional Comprehensive Plan）的制定和修编应有各级地方政府和辖区公民的参与。总体规划应包括：① 一系列研究结果，如人口分析及预测，自然资源，区域经济，区域交通，住房调查，区域型公用设施，地质、生态、自然灾害，历史文化保护，农田调查和用地分析等；② 综合考虑现有的州、区域和各级地方政府的规划；③ 提出区域发展的目标、政策、指导纲要和建议；④ 提供必要的文字、地图、和图表进行论证说明。在总体规划通过后，还可制定更详细的专项区域规划，如给排水、交通、住房、垃圾处理、公园绿地和防洪等。

2. 城市总体规划

1909 年的"芝加哥规划"（The Plan of Chicago）建立了美国总体规划的雏形。该规划由当地的商会自发筹款进行宣传及编制，后被市政府采纳。市政府为此专门成立了规划委员会，并通过积极的财政政策（财政拨款和发行债券）来实施规划。"芝加哥规划"标志着现代城市规划的开始，美国后来的总体规划就是在这一模式之上逐渐发展和完善的。到了二十世纪五六十年代，由于联邦基金政策的引导，大大小小的地方政府竞相出台总体规划。20 世纪 70 年代以后，法庭对土地纠纷案的审判态度也发生了转变，没有总体规划的地方政府在土地纠纷中往往败诉。于是，许多州纷纷改变了过去"授权"的做法，而是变成了"强制要求"地方政府进行总体规划。

典型的总体规划一般由以下内容组成：

① 城市的现状和制定总体规划的意义。

② 城市未来发展的策略（包括：a. 城市发展的总体战略目标、措施与政策，如用地、交通、公用设施、住房、经济发展、关键区和敏感区、自然灾害等；b. 城市特殊地段地区的发展规划）。

③ 近期的具体措施和优先项目、每项的开支预算、资金筹集等。

④ 总体规划是由谁制定的、修改修编的程序。

总体规划（The Comprehensive Plan，The Master Plan 或 The City Development Plan）

主要是由地方政府发起的，由规划局或规划委员会负责指导总体规划的编制工作。参加者包括：制定和实施分项规划的部门领导，市政府各局负责人，分区规划的审批管理者，市长团队，私人投资商，公众和社会团体代表等。总体规划是由各地方政府自己制定和批准通过的，虽然没有编制程序和时间上的统一要求，但是，它一定要在州立法所规定的截止日期以前出台，并且要制订详尽的公众参与计划，形式包括公民咨询指导委员会、公众听证会、访谈、问卷调查、媒体讨论、互联网、刊物、社区讲座，以及社区规划的分组讨论及汇总等。有些州还要求地方政府利用最后一次公开听证会，同时征集相邻市镇、县、区域、州等规划部门的意见。[12] 总体规划经过多方面的辩论和修改以后，如能获得地方立法机构的批准，即作为法律开始生效。总体规划有效期一般为10年。总体规划的文本没有统一的标准，就其组成部分及格式要求而言，各州、各地方在不同时期都有一定差异。

配合总体规划的制定或修编，规划部门一般会同时修编分区规划和土地细分规划，与总体规划一起呈交当地立法机构审批通过。许多州（如佛罗里达、弗吉尼亚）把制定配套的"投资建设计划"（Capital Improvement Program，简称CIP）作为总体规划的一个组成部分。有的州（如内华达州）则规定没有CIP的城市不得对私人开发项目征收建设费（Impact Fee）。地方做的CIP与州政府做的内容类似，也是公共投资项目（如市政中心、图书馆、博物馆、消防站、公园、道路管线、污水处理厂等）的5年财政计划。CIP一经当地立法机构批准后，第一年的计划自动构成下一年度的财政预算，以后每年进行审核调整。这时，政府才可以开始对项目拨款，进行可行性研究、征地、建筑与工程设计、发行债券、施工等工作。为实施总体规划，各政府机构之间，政府与社区团体、非营利组织、私人公司之间往往会签订"开发协议"（Development Agreement）。有的州（如亚利桑那州、科罗拉多州）对合同的内容提出了具体要求，并要求必须经当地立法机构批准。在监督总体规划的实施效果上，有的州和地方政府（如俄勒冈、西雅图）进行了新的尝试，建立了"基准点体系"（Benchmarking System），即一套具体的年度目标（多为量化指标），定期跟踪统计，并向立法机构汇报，以调整对策。

3. 土地利用性质分区规划（Zoning）

如肯塔基州路易斯维尔市所实行的分区规划（由杰斐逊县于1994年通过）包括36种分类：

① 住类（13种）：按类型与密度分为RR，RE，R1，R2，R3，R4，R5，RRD，R5A，R5B，R6，R7，R8A。

② 办公类（5种）：OR，OR1，OR2，OR3，OTF。

③ 商业类（6种）：CN，CR，C1，C2，C3，CM。

④ 工业类（3种）：M1，M2，M3。

⑤ 滨水区（4种）：W1，W2，W3，WRO。

⑥ 特殊地段地区（5种）：如商务中心区、企业区，历史文化区等，分为PRO，

PEC，DRO，EZ1，CRO。

分区规划（Zoning）是地方政府对土地用途和开发强度进行控制的最为常用的规划立法。它由两部分组成：一方面是一套按各类用途划分城市土地的区界地图（详细到每个地块的分类都可查询），另一方面是集中的文本，对每一种土地分类的用途和允许的建设做出统一的、标准化的规定。分区规划是由各市、镇或郡自行制定和通过的，各地方可以根据自己城市土地使用的特点，灵活掌握分类的原则和数量，因此不仅在全国，在全州之内也没有统一的区划分类。但是，因为区划立法由州政府授权，区划法所引起的土地纠纷应当按照州法律进行审判裁决，所以，同一州内各个地方的区划法在内容和权限上具有一定的相似性。总的来说，区划法的文本内容应当包括以下四个方面：

① 地段的设计要求（如地块的最小面积和面宽、后退红线距离、容积率、停车位数量与位置、招牌大小等）。

② 建筑物的设计要求（如限制高度与层数、建筑面积、建筑占地面积等）。

③ 允许的建筑用途。

④ 审批程序（如何判定建筑项目是否符合区划法的要求，以及必要的申诉程序等）。

区划一旦由立法机构通过后，就成为法令，必须严格执行。如果开发项目需要修改或调整区划，则必须依照法定程序进行，其中最关键的一环是公开听证会。如果有人对区划审批机构在听证会上的决议（否决或批准）不满，可向独立的区划上诉委员会（Board of Zoning Appeals）提出上诉。对于符合现有区划的开发申请，则不需启动该程序，可直接申请建筑许可证。

历史上，分区规划和总体规划一度相互脱节、各行其是。直到20世纪70年代，法庭判案原则的转变（土地纠纷案的裁决要以总体规划为依据）和州立法的压力（强制要求地方政府进行总体规划），鼓励、强化了二者之间的联系。概括地说，总体规划是一系列长期的目标、政策和指导原则，而分区规划是近期的具体的土地管理控制措施，是地方政府实施总体规划和控制用地发展的关键手段。政府为了保护公众利益（公共卫生、安全、福利等），有权约束个体的行为（包括土地的使用和开发），这就是分区规划作为法律存在的依据。因此，政府对于土地用途的控制带有强制性，一般不需要做任何经济赔偿。区划对土地的控制牵涉到每个土地所有者的经济利益，在很多情况下，与宪法对公民私有财产利益的保护存在着明显的矛盾，因此，围绕分区规划的法律纠纷自始至终都没有间断过。分区规划法是在几十年的立法、诉讼和法庭判决中不断探索、完善、发展的，并找到每一个时期的矛盾平衡点；法庭有的时候倾向于保护个人权益，有的时候倾向于鼓励政府控制。总之，地方政府在分区规划中可以享有的权限，是通过法庭的判案结果来把握和界定的。分区规划存在着局限性。比如说，它对地块严格统一的规定，限制了建筑师在地段设计上的自由和创造性；强制分离的用地造成工作生活环境的单调和不安全感；分区规划只能控制用地，而不能促成开发建设；对用地的控制为地区保护主义创造了条件；等等。因此，一些新的区划形式出现了，如奖励式区划（Incentive Zoning）、开发权转让（Transfer of Development Rights）、规划单元整体开发（PUD）、组团式区划（Cluster Zoning）、包容式区划（Inclusionary Zoning）、达标式区划（Performance Zoning）、开发协议（Development Agreements）等。

4. 土地细分法

土地细分法一般用于将大块农业用地或空地细分成小地块，变为城市的开发用地。细分法在地段的布局，街区及地块的大小和形状，设计和提供配套的公用设施（道路、给排水等），保持水土与防洪，以及如何保持与相邻地段的开发建设的一致性等方面规定了比较具体的设计标准。细分土地的目的之一是为了促使开发后的每一块房地产价格合理，能顺利出卖，因此该法规的一个重要职能是为地籍过户提供简便而统一的管理和记录办法。在保护环境和控制发展的压力下，一些州政府要求地方政府修改土地细分法的内容和审批程序，例如增加 EIS（Environmental Impact Statement）报告，要求开发项目尊重现有的环境。对于涉及土地细分的开发项目，一切地段内的公用设施的铺设费用，以及因冲击现有城市资源和环境所造成的损失和经济负担，全部要由开发商自己承担。

5. 其他控制办法

其他的控制手段还包括城市设计（Urban Design）、历史保护（Historic Preservation）、特殊覆盖区（Special Overlay Districts）等设计指导原则。设计导则是在分区规划的基础上，对特定地区和地段提出更进一步的具体设计要求；它们不是立法，而是建议鼓励性的原则。实施设计指导原则依靠两个办法：第一个办法是，市政府在做投资建设时，以设计导则为依据，通过公共项目的选点示范来带动和引导周围的私人建设。第二个办法是，在特定地区和地段的项目审批程序中再增加一个层面的审查。例如，在历史保护区内的翻建或新建项目，必须经过历史保护委员会的审批。因为地价主要由区划中的用地分类决定的，建筑外观方面的问题不会对地价和开发商的投资回报有太大影响，所以只要城市设计导则不干涉分区规划的内容，开发商的经济利益就不会有损失。在这种情况下，开发商一般都乐于采纳地方政府的意见，创造良好的合作气氛，尊重（乃至取悦）当地社区，节省审批时间。因此，双方以导则为标准，再加上审批中的沟通和协调，一般都能达成共识。

三、美国城乡规划运作体系

美国政府的各个层次都有各种发展规划。

在土地使用规划方面，联邦政府只能决定联邦政府所有的土地的使用，而没有权力来管理其他用地。州政府也依法将除了州所有的土地使用管理权下放给地方政府。城市和县的地方法规在执行所在州的法规和地方宪章的同时也就确定了规划的范围。

　　州的立法通常都要求地方编制综合规划（comprehensive plan），并确立了该类规划的作用范围。如果地方政府想要获得联邦政府的项目资助，就必须先编制综合规划，并表明该项资助有利于实现规划目标。如加利福尼亚州的《保护、规划和区划法》（Laws Relating to Conservation，Planning and Zoning）就指出："每一个规划委员会和规划部门都应编制并审批综合和长期的规划，这些规划应当是有关于城市、县、地区区域的，以及尽管是位于边界之外的但委员会认为与规划有着密切关系的物质发展（physical development）。"

　　美国的公众参与贯穿规划决策过程，规划机构在编制规划过程中所收集的资料、研究成果及提出的规划建议必须提交给由公众参加的定期研究会议进行讨论和确定，规划委员会和立法机构在决策之前还必须召开正式的公共听证会。

　　在美国，州和城市、县颁布和实施涉及州、地区和地方事务的规划，城市和区域的规划和实施由地方政府做出决定而无需州和国家机构进行复审。联邦政府不直接参与地方事务的决策。

　　各个州的规划审批过程是不同的，大多数州的综合规划是由规划委员会审批而不必经立法机构审批。在州的授权法中一般都规定了规划委员会审批综合规划的过程和程序，如在审批之前必须进行公共听证会，审批时规划委员会的投票数等。

　　各个州的授权法中对批准后的综合规划的效用也有明确规定。地方政府关于社区发展、再开发、社会公共设施的改进及其预算等决定都应当与综合规划的原则和内容相符合，而且必须阐明这些决定可能的结果与规划目标实现之间的关系。综合规划的实施得到了法庭的支持，由此而确立了城市综合规划的法律地位。

　　综合规划必须包括一系列广泛的社区未来发展的具体项目和计划。这些具体规划通常都将区划法规、基础设施投资计划、详细的开发规范和其他的法规规章因素结合成为一个整体，以适合特定地区的具体要求。这类具体规划有多种类型，根据各个城市在实践过程中所要解决的实际问题而定，法规上面没有具体规定。主要类型包括基础设施规划（capital facilities planning）、城市设计、城市更新规划和社区发展规划、交通规划、经济发展规划、增长管理规划（growth management planning）、环境和能源规划等。区划法规是美国城市中进行开发控制的重要依据。因此，只有将城市规划的内容全面而具体地转译为区划法的内容，城市规划才有可能得到实施。在这方面，绝大多数的州都在法律条文中明确要求区划法规的制定必须以综合规划为基础。区划法规需经地方立法机构的审查批准，并作为地方法规而对土地使用的管理起作用。

　　土地开发控制的详细规定，由美国各地方政府制定。联邦政府在开发控制方面的作用是间接的，主要的控制机制是由地方政府执行的。但开发控制的范围自20世纪70年代以来变得越来越广泛，而且也越来越复杂，因此各州对于审批的权限也采取相对集中的办法。如新泽西州的《州建设管理程序导则》（Directory of State Programs for Regulating Construction）就详细列出了至少38项必须经州审批的内容。对于一些特定的项目还需要由联邦政府进行审批，如有可能影响到湿地（wetland）等环境敏感地区的项目等。这些控制往往强调的是具体的环境方面的内容，并对规划系统的开发控制也带来了重要的影响。

在开发控制方面，区划是地方政府影响土地开发的最主要手段。地方政策制定和执行区划规则的权力主要源自于政府的行政权力。区划法规确定了地方政府辖区内所有地块的土地使用、建筑类型及开发强度。在区划法规批准后，所有的建设都必须按照其所规定的内容而实施，对于与区划法规相符的开发案的审批无需举行公共听证会（除非区划条例中有特别规定）。在实施过程中，由于种种原因要对区划法规进行调整，那么就需按照法定程序进行。这些程序按照所需调整的内容而有所不同，而且往往都非常复杂，有的甚至与区划法规制定的程序完全不一致。这些程序在州的授权法和区划法规中都有详细的规定。在区划法规实施的过程中，如果土地所有者对区划法规修改的内容，对规划委员会、区划委员会或立法机构的决定不满，或者社区居民对区划调整有意见，可以将这些案件呈交法庭进行审理。

土地细分（subdivision）是一种对土地地块划分和控制的法律过程，主要是将大的地块划分成尺寸较小的建设地块，以满足地块产权转让的需要。在建设地块可以出售之前，或者土地的所有者在对地面设施进行改进之前，必须先获得市政当局对地产权的土地范围批准。根据相应的法规，在地产权的地图上至少要表示出街道、地块的边界和公共设施的通行权（easements for utilities），还规定在建设地块出售或建设许可得到批准之前必须进行怎样的改进。这样，社区就可以要求地产的所有者在地块内建设街道，并在符合宽度、安全和建设质量标准的基础上，以适当的方式与城市的街道系统相联系。同样，也可以要求地产的开发者提供给水、排水及下水道等设施以符合社区的标准。土地细分的要求通常还会规定地产开发者必须向社区贡献出一定量的土地（或者为替代这种贡献而需支付的款项）以作为社区建设学校、娱乐设施或社区设施所需。土地细分控制也考虑其他基础设施的可供应范围，比如给水和排水、消防设施的可获得性以及诸如公园、学校、路灯等的服务设施的供应范围等。场址规划审查（site plan review）通常用来保证区划条例中的各项标准在重要的开发项目中得到贯彻。开发项目是否需要进行场址规划审查，一般由地方政府决定，在各个城市是不同的。有的城市，场址规划审查是作为获得建设许可过程中的一个组成部分，因此其主要内容也就更多涉及建设工程标准的审批。

另外还有两类相关的控制可归纳为美学方面的控制，一类是地标控制（landmark controls），即通过保存历史建筑本身和保证在历史地区的新开发在规模和设计上与这些地区的特征相和谐的两种方式，并通过管理这些指定建筑物作为财产的转让和转换过程，而达到对建筑遗产的保护。另一类是在一些城市中除了有标准的建设法典，还要经过独立的设计审查（design review）过程。

四、美国城乡规划体系的特点

美国城市规划系统的最显著特征体现在两个方面：一是在政府体制架构上，城市规划基本上是由州和自治市负责，不构成国家城市规划的概念；二是国家不具有统一的城市规划法规，各个州的规划行政运作体系有所不同，甚至在一个州之内的各个自治市也各不相同。

联邦政府对于地方政府的规划活动主要通过基金引导，就是通过发放联邦基金的附加条件，或直接设立专项基金来调控地方的规划工作。个人或社会团体可以对地方政府或机构就有关基金的使用进行监督，并有权提出诉讼。联邦政府有时也出台一些强制性法规，其特点是要在规定时间内取得某种定性和定量的目标，未达标者今后将得不到联邦基金的资助。

州规划法规的特点是，大多数州规划法案是针对特殊地区（如环保脆弱区、历史风景区、增长发展区）而制定的专项法规，往往不是全覆盖型的，相当于在地方政府的规划法规之外，增加了一个控制层面。二者在内容上一般不重叠，具有各自独立的法律效力。州规划立法对地方进行调控的总体原则是，制止或修正地方政府想要（允许）进行的建设，而不强迫地方政府进行某一类建设。

美国的规划法规体系是联邦制政体下的产物。其中，以州为框架的规划法规体系，自下而上的规划理念，三权分立的施政纲领，公开听证的准司法程序，以经济机制为主导的规划调控原则，以强大的法庭系统做支撑的规划监督体系，均使得美国的规划法规在立法和实施上能够较好地平衡各方的利益，具有针对性、可操作性和创造性，并且能不断自我纠正和完善。其中一部分经验和手段对我国城市规划法规的改革具有一定的参考价值。

五、美国各州的城乡规划实践案例

（一）马里兰州案例研究

马里兰州在土地利用政策和规划方面一直处于领先地位。1933 年，它在美国成立了第一个州域计划委员会（state planning commission）。从那时起，该州已经允许地方政府进行规划，并建立了一个州规划部门，并确定了关键的环境问题领域。在 1997 年，随着《精明增长和社区保护法案》（Smart Growth and Neighborhood Conservation Act）的通过，马里兰州逐渐成为美国推进精明增长的一个样板，并先后获得肯尼迪政府学院颁发的 2008 年美国政府创新奖（American Government Award from the Kennedy School of Government）以及美国规划协会 2012 年颁发的杰出规划领导奖（the Outstanding Leadership in Planning Award from the American Planning Association)。

因此，本部分内容将聚焦于马里兰州的规划管理实践经验，基于科纳普（Knaap，2015）[157]的研究基础，对其城乡规划体系以及其在土地利用、精明增长和可持续性方面的独特方法展开系统性的引介。

1. 马里兰州的基本概况

马里兰州位于大西洋海岸，位于波士顿–华盛顿大都市区的南端，是美国人口密度第五大州，几十年来人口一直在稳步增长，但并不均衡。马里兰州的616万（2021年）名居民大部分居住在相距仅64公里的巴尔的摩和华盛顿的郊区。巴尔的摩–华盛顿大都会区合计超过900万居民，是美国第四大统计区。马里兰州是美国最富有的州，但在巴尔的摩市、阿巴拉契亚山脉西部和东南海岸地区也有很多贫困人口。人口结构多样化，但又高度隔离。该州围绕着美国最大、最具生产力，但严重受损的河口–切萨皮克湾。马里兰州在土地使用和环境政策方面的进步方法，很大程度上建立在保护和恢复切萨皮克湾的努力之上。

与其他州一样，马里兰州的增长模式反映了该州的经济结构和动态。该州的主要城市中心巴尔的摩的工业持续衰退。巴尔的摩呈现出明显的人口流失，从1950年的近100万居民流失到今天的略高于62万，但这种人口流失已经放缓，并在城市的某些部分出现反弹。虽然是美国最富裕的州，也是繁华都市地区的一部分，但2010年该市21%的居民生活在贫困线以下，每九套住房中就有一套空置。随着就业和家庭离开巴尔的摩市和华盛顿特区，郊区发展成为该州主要的土地利用模式，至今仍是如此。部分是由于这个原因，马里兰州的交通运输量在全国排名第二，但它经常是全国最拥挤的州之一。尽管华盛顿州与邻近的弗吉尼亚州竞争就业机会，但华盛顿郊区的经济随着联邦政府支出的增长而起伏，而联邦政府支出的增长往往多于下降。

在政治上，马里兰州60%的注册选民是民主党人。民主党人集中在巴尔的摩–华盛顿走廊，尤其是黑人占多数的巴尔的摩市和乔治王子县。与此同时，马里兰州西部和东海岸主要是共和党和白人。在许多政策问题上的政治分歧，包括土地使用，反映了这些地理和文化差异。该州有24个县和157个市，但只有10个市的人口超过2.5万。马里兰州的几个县有超过50万的居民和大量的规划能力。尤其是蒙哥马利县，它在规划方面的创新方法在全国享有盛誉。马里兰州县协会（The Maryland Association of Counties，MACo）在政治上很强大，对当地的土地使用高度保护控制。在马里兰州议会上，主张加强州政府作用的巴尔的摩–华盛顿走廊的进步民主党和主张地方自治的东部和西部农村地区的共和党之间存在很大的政治矛盾。

2. 马里兰州的规划体系

马里兰州的规划和区划工作与其他大多数州一样。根据1927年州立法机关的授权，马里兰州的市政当局和县制订并采用综合土地使用计划，并通过分区条例、可转让发展权和适当的公共设施条例（所有这些都由法律明确授权）实施这些计划，以及其他土地利用政策文书。1992 年的《经济增长、资源保护和规划法》并没有从根本上改变该州土地使用治理的相对权力，但它为规划和分区建立了基本框架，至今仍保留着。1992 年的法案要求地方政府在制定分区条例之前，必须先制定综合计划。该计划必须包含 8 项内容，并且必须以 6 年（现在是 10 年）为周期提交给马里兰规划署进行审议。马里兰规划署审查的计划与 12 个土地使用愿景的一致性，也在法案中阐明该法案没有授予马里兰规划署批准或确认地方计划的权力，也没有授予马里兰规划署在认为计划不能促进国家目标时扣留国家资金的权力。国家确实拥有干预土地使用决策的明确权力，但它很少行使这种权力，而且通常将土地使用监管和开发审批交给地方政府。地方分区和分区规定必须与综合计划相一致，尽管这种一致性的执行情况各不相同，最近在法庭上也有争议。所有国家机构的支出也必须与地方计划一致，这一要求仍然有效，但经常被遗忘。

马里兰州在土地利用政策方面有着悠久而丰富的政府行动主义历史。1927 年通过的国家第一部规划法，授权地方规划委员会采用综合规划。在随后的几十年里，通过了一些法律，以获得公园用地，保护森林和湿地，减少土壤侵蚀，保护农田和调节雨水径流。在 20 世纪 80 年代，在 1983 年签订《切萨皮克湾协议》后，重点转向了切萨皮克湾。20 世纪 90 年代，联合国大会通过了 1992 年的《经济增长、资源保护和规划法案》，并在 1997 年通过了备受赞誉的《精明增长法案》。

近年来，该州通过了新的立法，旨在加强地方一级的规划和分区。具体来说，2006 年联合国大会通过立法，要求地方政府在其综合计划中包括两个新要素：城市增长要素（仅限城市）和水资源要素。此外，2009 年的智能、绿色和增长立法加强了分区规划和综合规划之间的联系，要求地方政府采取城市遏制目标，并提交一系列发展指标。

与大多数其他州不同的是，县（而不是市）在土地使用规划和管理方面发挥着更大的作用。马里兰州大多数县的面积都很大；有些地方有数十万居民，却没有自治市。大多数县提供全方位的城市服务，包括道路、学校、警察和消防服务，以及土地利用规划。在土地利用和环境政策方面，马里兰州在各州活动中经常名列前茅，县而不是市或国家在土地利用治理中发挥主导作用。治理的质量从蒙哥马利县一直到加勒特县呈现很大差距。在规划历史上可能是全国最著名的，加勒特县的大部分地区至今还没有区划规划。

马里兰州有许多不同寻常、有趣的州机构、办公室和委员会，专注于土地利用和可持续发展。马里兰规划署（Maryland Department of Planning）是一个内阁级机构，预算不多，但技术能力相当强。与其他机构一起，马里兰规划署拥有全国最好的州级数据资源。马里兰规划署也是创新的 iMap 英特网信息访问协议项目和 BayStat Subcabinet 的主要贡献者，BayStat Subcabinet 是专门为监测清理切萨皮克湾的进展而设立的。部分由于这些原因，曾任州长的马丁·奥马利（Martin O' Malley）作为绩效管理方面的领导者在全国享有盛誉。

精明增长分内阁是在 1998 年由行政命令创建的，并在 2001 年与 OSG 一起被写入法律。内阁包括 9 名内阁官房长官和国家智能增长中心（National Center for Smart Growth）执行主任。在 2010 年，它扩大为由到 15 个成员，组成的精明增长协调委员会为精明增长分内阁提供人员支持。来自每个机构的高级职员代表精明增长分内阁精明增长协调委员会。因此，精明增长协调委员会的会议是完成大部分实际工作的地方，精明增长分内阁的许多决策也是有效地做出的。除了作为跨部门协调的工具，精明增长协调委员会还负责审查精明增长领域法案的例外提案。

马里兰州最新的土地利用管理机构是可持续发展委员会（Sustainable Growth Commission）。可持续发展委员会是由 2007 年成立的未来增长与发展专责小组演变而来的，其主要目的是解决通常属于同类的土地兼并所造成的僵局。2010 年，联合国大会重新委任了该工作组，并将其职责扩大到评估实现国家规划愿景的进展情况，确定基础设施需求；促进规划协调；评估智能、绿色和发展立法的实施情况；并就国家发展计划、国家交通计划和国家住房计划的内容和准备提供咨询，以及这些计划的实施，包括这些计划与当地土地使用计划的关系。为了履行职能，委员会成立了几个工作组，其中包括一个专门负责马里兰计划的工作组。

2011 年，马里兰州环境部发布了最新的温室气体减排计划，马里兰州运输部发布了《马里兰州运输计划》，马里兰州住房和社区发展部也发布了《马里兰州住房：今天和明天的住房政策框架》。五项由地方政府制定的马里兰计划已获得州精明增长分内阁的批准，六项由州和地方政府讨论，五项处于开发阶段。整体而言，目前的马里兰州规划地图基本上是现有州计划下指定的区域地图，如优先资金区、农村遗产区、企业区、可持续社区等。

（二）加利福尼亚州案例研究

加利福尼亚州的历史在美国各州中是独一无二的，它也是 1850 年淘金热之后美国西部第一个成为州的地区。作为美国西海岸的核心地带，加利福尼亚州的城乡规划体系也有明显的特征，是本部分关注的内容重点。[158]

1. 加利福尼亚州的基本概况

加利福尼亚覆盖了美国西海岸的大部分地区，位于密西西比河以西 3 218.7 公里处。它比意大利或德国大 42.2 万平方公里，是美国大陆仅次于得克萨斯州的第二大州。人口超过 3 800 万，是目前美国人口最多的州。在 1950 年为纪念加州 100 周年出版的《加州：大例外》一书中，传奇作家凯里·麦克威廉姆斯解释说，因为淘金热在瞬间创造了大量财富，加州跳过了传统的农业发展阶段。加州并没有从农场开始，然后向城市发展，而是以相反的方式发展：像旧金山和萨克拉门托这样的城市在农业出现之前就出现了，凭借城市的商业财富在该州许多乡村山谷建立了农业帝国。

因此，从一开始，加州就拥有快速增长的城市人口。在 20 世纪，与美国其他大多数人口稠密的城市州相比,这种快速的人口增长速度加快并持续了很长一段时间。加州在第二次世界大战期间成为太平洋战争的供应和制造中心,并在战后的郊区繁荣时期持续到 20 世纪末。从 1940 年到 2010 年,加州的人口从 700 万增加到 3 700 万,平均每年增加 44 万人,增长量与亚特兰大和克利夫兰等美国城市以及都柏林和利物浦等英伦诸岛城市的人口大致相当。

随着时间的推移,人口增长的性质发生了变化。在战后时期,大多数人口增长来自美国其他州的移民。至少在过去 20 年里,几乎所有的人口增长都来自外国移民和自然增长,主要来自移民家庭;有净向外移民到美国其他州,尤其是西部的其他州。人口增长在 2008 年经济萧条期间放缓,部分原因是新加州人的生育率较低,部分原因是许多移民移居到加州。加州的收入中值总体下降,但在软件、高科技和娱乐等某些快速增长的行业,加州在美国和世界上仍处于领先地位。虽然很难预测今后该州的人口增长速度,但不太可能停滞或降低。

2. 加利福尼亚州的规划体系

加州有着悠久的规划历史,在美国各州中一直处于领先地位。分区法可以追溯到 1893 年。该州于 1927 年在州立法中发明了现代美国总体规划——市级综合规划。

对加州经济增长的现代担忧可以追溯到 20 世纪 50 年代末,当时社区的反对者阻止了旧金山的 Embarcadero 高速公路项目。从 20 世纪 60 年代末开始,部分自治团体也开始利用 1911 年进步政治时代引进的"国家创议制"和"公民投票制",对土地使用问题进行投票。从 20 世纪 70 年代末开始,加州最高法院发布了一系列有利于投票箱分区的裁决,从而允许当地居民将发展项目和规划政策纳入投票。法院和投票的便利使得当地公民有可能拒绝政治妥协过程的结果。

总的来说,这些规划和环境审查过程是高度本地化的。总体规划并不要求地方政府考虑地区问题,尽管加州环境质量法案(CEQA)的审查确实允许邻近地区有机会对跨司法管辖区的发展影响发表评论,有时甚至提起诉讼。国家广泛的规划法大多是程序性的,只有在保障性住房的情况下,州法律才试图要求地方政府产生一个实际的规划结果,而不是参与一个过程或考虑主题。部分由于这个原因,加州在区域规划方面的历史并不悠久。

20 世纪 70 年代早期所谓的"安静革命"在加州留下了遗产,建立了 3 个土地使用监管机构,在地区层面上运作,以保护自然资源,分别是旧金山湾保护和发展委员会、加利福尼亚海岸委员会和塔霍湾区域规划局,最后者拥有加州和内华达塔霍湾盆地的土地使用权力。但在 1972 年选民通过倡议创建了海岸委员会后"安静革命"的努力实际上停止了。1992 年,该州成立了圣华金萨克拉门托三角洲保护委员会。这个委员会有一些权力可以推翻地方的决定,但它的权力比其他三个机构的弱,委员会的规划机构假设位于三角洲地区的 5 个县将承担大部分的监管重担。

加利福尼亚州的 18 个政府委员会(COG)成立于 20 世纪 60 年代,当时该州提出要建立更强大的区域规划机构。COG 的规模从 180 个成员组成的洛杉矶南加州政府协会（Southern California Association of Government）到农村县的小 COG 不等。与美国其他地方的类似机构一样，如果按照联邦交通法，这些 COG 被指定为大都会规划组织（MPO），则它们具有重要的联邦资助的交通规划职能，大多数都是这样。主要的例外是旧金山湾地区，其中海湾地区政府是 COG，大都会交通委员会（MTC）是 MPO，但是这些机构被安置在同一建筑中并共享资源。

（三）纽约市案例研究

作为美国最大城市和极具全球影响力的国际大都市，纽约市（New York City）的城乡规划体系被认为是美国城乡规划体系的典型代表，[159]并深刻影响了包括中国在内的世界其他地区的规划管理体系，也是本部分的聚焦重点。

1. 纽约市的基本概况

纽约市是美国人口最多的城市，通常被称为纽约市（New York City），以区分其所在的纽约州（State of New York）。2020 年，纽约市人口约为 880 万人，总面积约为778.2 平方公里，是美国人口最密集的主要城市，以其为核心的纽约大都会区（New York Metropolitan Area）总人口超过 2 010 万，是世界上最大的大都会区。纽约市被称为世界文化、金融和媒体之都，对全世界的商业、娱乐、科研、教育、政治、旅游、餐饮、艺术、时尚和体育都有重大影响，纽约市同时是联合国总部所在地，也是重要的国际外交中心，有时被称为"世界之都"。

纽约市拥有世界上最大的天然港口之一，由五个行政区组成，每个行政区也同时是纽约州独立的县。布鲁克林（国王县）、皇后区（皇后县）、曼哈顿（纽约县）、布朗克斯（布朗克斯县）和斯塔滕岛（里士满县）在 1898 年合并成一个单一的市政实体，从而形成了今天的纽约市。纽约市及其大都市区是国际移民进入美国的主要门户，在纽约市，有多达 800 种语言被日常使用，这使它成为世界上语言最多样化的城市。纽约市也有超过 320 万在美国以外出生的居民，是世界上出生在外国的人口最多的城市。2020年，纽约市的 GDP 达到 1.5 万亿美元，位居全美第一，且经济规模大致相当于韩国全国的经济产出。

从 1785 年到 1790 年，纽约市一直是美国的首都，从 1790 年以来，一直保持为美国最大的城市。自由女神像、时代广场、曼哈顿中央公园、帝国大厦等均已成为世界知名的美国形象代表。在 21 世纪，纽约市已经成为一个全球创新、创业、环境可持续性的节点，并成为自由和文化多样性的象征，因其文化多样性被选为世界上最伟大的城市。

2. 纽约市的规划体系

城市规划部（Department of City Planning）是纽约市政府的下属部门，直接负责城市规划的管理工作，该部门负责土地使用和环境审查、制定计划和政策，并就城市宏观发展的相关问题向纽约市市长、纽约市议会、社区委员会和其他地方政府机构提供信息和建议。

在城市规划部的操作下，以区划（Zoning）为核心开展规划控制是纽约市规划体系的最大特点。区划起源于德国，但却在美国（特别是纽约市的推动下）发扬光大，也直接启发了区划规划在美国其他城市的大量推行，以及控制性详细规划等在中国的实施。

1916年，纽约市实施了美国第一个分区决议（Zoning Resolution），以确保空气和光线能够穿越摩天大楼的阴影区，到达城市街道。该区划决议对建筑的高度和后退距离提出明确要求，并通过排斥性的分区规则，禁止在已建成的住宅区建设某些可能影响这些地区房产价值的项目。这些限制迫使设计师和开发商追求适合行人的外部环境，让空气和光线进入室内，提高生活质量。在纽约市区划规划的影响下，美国商务部于1922年正式通过《标准州区划授权法案》（Standard State Zoning Enabling Act），开始在美国全国推行区划规划。

为适应不同时期城市开发建设的需求，纽约市于1936年设立了城市规划委员会（The City Planning Commission），并在1961年更新区划决议，用来解决日益突出的空间拥挤和小汽车停车问题；其后，地标保护委员会（Landmarks Preservation Commission）也被正式设立，苏荷艺术区、滨水地区、广场地区等的发展诉求也被纳入纽约市的区划管制要求，为纽约市城市空间的营造提供了有力的保障。

需要特别指出的是，尽管区划规划是纽约市规划体系的核心，但城市综合规划和城市设计也是纽约市规划体系的重要组成部分，并为区划规划的维护、修订和实施提供了强有力的支撑。根据纽约市的分区规划法规，区划规划的编制必须根据一个综合规划（Comprehensive Plan）来通过，综合规划也是纽约市区划规划的支柱。在纽约市，综合规划被认为是规划体系的上层内容，它提出了城市正式的土地使用政策，并明确了指导政府进一步决策的目标和未来愿景。综合规划包括对当前数据的彻底分析，揭示土地发展趋势和问题、社区资源以及公共交通、娱乐和住房需求。例如，《一个纽约2050：建立一个强大且公平的城市》（One NYC 2050：Building as Strong and Fair City）于2019年正式发布，并强调纽约市市政府致力于建设一个更加公正、进步的城市，该综合规划也是基于环境可持续、经济平等和社会公正的理念而展开的。基于八个方面的规划策略（活力的民主、包容的经济、活力的社区、健康的生活、公平卓越的教育、宜人的气候、高效的出行、现代的基础设施），该版本综合规划为纽约市的区划优化提供了方向指引。

此外，在纽约市的规划实践中，一系列城市设计也是纽约市规划体系的重要组成部分。在纽约市，良好的城市设计原则不仅体现在城市分区规定上，而且还体现在为促进新开发而改变区划的公众审查过程中。城市规划部的城市设计师帮助制定法规并提供指导，使新建筑或公共空间对周围社区做出积极贡献。通过城市设计，将有助于形成纽约市的区划法规，并对城市空间产生积极的影响——从舒适宜人的街道，到有助于每个街区特色的建筑。例如，区划规划对建筑形体提出要求，以保证相邻地块的采光权。简而言之，通过城市设计审查，可以进一步修正和优化区划规划内容，提升纽约市的街道景观和公共领域，以满足良好的城市设计标准。

（四）洛杉矶市案例研究

洛杉矶市是美国加利福尼亚州的最大城市，也是南加利福尼亚州的空间核心，但其规划体系和开发控制却引起了学术界的大量批评，被称为"打地鼠式"（whack-a-mole）的城市规划，难以全面地对城市快速蔓延导致的城市问题进行整体的规划应对，[160]这是本部分的引介重点。

1. 洛杉矶市的基本概况

洛杉矶市位于美国加利福尼亚州南部海岸，同时是洛杉矶县的核心。洛杉矶市陆地面积接近约为 1217 平方公里，其形状极不规则，最广阔的区域位于城市的北部，并逐渐缩小到南部的一个带状区域。在 2020 年，洛杉矶市人口约为 390 万，是美国第二大城市，仅次于纽约市。洛杉矶市以其地中海气候、种族和文化多样性、好莱坞电影业和不断扩张的大都市地区而闻名。

洛杉矶市的经济多样化且蓬勃发展，拥有多行业门类的企业。洛杉矶市还拥有美洲最繁忙的集装箱港口。洛杉矶市大都市地区的城市生产总值超过 1 万亿美元，使其成为世界上第三大 GDP 城市，仅次于东京和纽约。洛杉矶市也是好莱坞的所在地，并拥有湖人队等多支世界知名的职业体育队伍，曾在 1932 年和 1984 年举办过夏季奥运会，并将在 2028 年举办夏季奥运会。

此外，洛杉矶市也以其城市扩张、交通拥堵、空气污染而闻名。根据交通数据公司INRIX 发布第十一届"全球交通记分卡"（Global Traffic Scorecard）的 2017 年年度报告，洛杉矶市的交通拥堵情况在全球 38 个国家 1 360 个城市中已六次排名全球第一，是洛杉矶市规划编制和管理面临的重大议题。

2. 洛杉矶市的规划体系

在洛杉矶市，洛杉矶城市规划部门（Los Angeles City Planning）负责审查洛杉矶市内各类开发项目，并进行批准或不批准的决定，以确保未来的发展决策与城市的土地使用政策和拟议的土地使用法规一致。城市规划部门还负责执行区划法规、宣传城市设计原则、管理城市历史资源等。从监督长期规划工作到管理项目的环境审查，城市规划部门的工作对洛杉矶市有着持久的影响。

在洛杉矶市，区划规划依然是实施规划管理的核心内容。基于 1946 年编制的区划规划的洛杉矶市新版区划，洛杉矶市正在推进区划规划修编（RE：CODE LA），并推动原有的欧几里得区划（Euclidean Zoning）转向混合区划（Hybrid Zoning）。此外，根据加州的规定，洛杉矶市也制定了城市总体规划（General Plan），并作为一份全面的政策文件，为未来的土地使用决策提供参考，有助于决策者审查新项目的规划批准或考虑拟议的条例或政策。通过确定土地用途类别和相应分区，城市总体规划为区划规划提供了基础指南，概述了土地的使用和城市资源的分配。需要特别指出，城市总体规划不仅仅是所有地方土地使用决定的法律依据，还是城市如何发展的愿景，反映了洛杉矶市建设的价值观和优先事项。

此外，洛杉矶市城市规划部门也开设城市设计工作室（Urban Design Studio），从而致力于提升公共和私人设计的质量，以创造一个更有活力、宜居、适宜步行和可持续发展的城市。该工作室的指导价值和主题包括在公共领域匹配洛杉矶市非凡的私人空间，提高对私人开发的设计期望，并促进洛杉矶市作为一个设计创新和实验中心。

然而，在解决大洛杉矶市持续存在的城市挑战中（包括经济适用房、公平不公正、中产阶级化、交通、空气污染、气候变化），洛杉矶市的规划管理工作仍受到了广泛的批评。这是因为，城市规划将这些相互关联的问题分开处理，一个地区的孤立发展会在另一个地区产生问题。例如，新住房建设提供了急需的住房，但也造成了中产阶级化压力，减少了公平，可能还增加了交通流量；新增的交通工具提供了新的交通选择，但也刺激了周边密度的增加，从而允许以汽车为中心的发展，产生更多的交通流量。此外，也有许多学者批评洛杉矶市老旧的区划法规导致了洛杉矶市的低密度蔓延——根据洛杉矶市的区划规划，多户型住房并不符合当前的区划规划要求，需要通过繁杂的手续来申请区划豁免。由于洛杉矶市的低密度蔓延，洛杉矶市也几乎没有令人满意的自行车交通和公共交通系统，明显弱化了洛杉矶市的城市空间魅力。

（五）波特兰市案例研究

在波特兰市，以"城市增长边界"严格管控大城市的无序郊区化和低效扩张，实现"精明增长"被认为是波特兰市城市规划的重大贡献。这也体现了公共利益相对于个人利益的绝对优先度，是一个值得所有城市效仿的榜样，在本部分予以重点引介。

1. 波特兰市的基本概况

波特兰市是美国俄勒冈州面积最大和人口最多的城市。在俄勒冈州，波特兰也是马尔特诺马县的次区域权力中心，马尔特诺马县是俄勒冈州人口最多的县。截至2020年，波特兰市人口为65万人，使其成为美国人口第25大城市，西海岸人口第6大城市，太平洋西北部人口第2大城市，仅次于西雅图。大约有250万人居住在波特兰大都市统计区，使其成为美国人口第25多的地区，在俄勒冈州，大约47%的人口居住在波特兰都会区内。波特兰市的气候特点是夏季温暖干燥，冬季凉爽多雨，非常适合种植玫瑰，波特兰市也一直被称为"玫瑰之城"。

2. 波特兰市的规划体系

在波特兰市，规划和可持续性局（Bureau of Planning and Sustainability）是负责城市规划的职能部门，负责提出具有创造性和实用性的规划方案，以提高波特兰市的宜居性，保护地方独特性，并规划一个有弹性的未来。具体而言，波特兰市的规划体系同样是以区划规划为核心内容，同时包括城市综合规划（Comprehensive Plan）和城市设计的一系列城乡规划内容，但波特兰市的规划体系又有明显的特点，在过去的几十年来一直引领了规划关系的潮流，具体如下：

1973 年，波特兰市所在的俄勒冈州通过了具有里程碑意义的 Senate Bill 100 法案，要求建立城市增长边界（urban growth boundary），以限制郊区的无序扩张，并保护农田。在波特兰都市区（Metro），地方选举管理委员会是全美唯一一个由区域共同选举产生的委员会，目的是监督该地区的城市增长边界。在城市增长边界等一系列规划政策的引导下，市政当局更加重视对绿色空间网络的积极投资，绿色交通成为区域发展的重点，而汽车已经不是在波特兰市生活的必需品。波特兰市中心逐渐变成了高科技资本和美好生活方式的集聚地。20 世纪 90 年代中期，波特兰市的小汽车使用量开始下降，碳排放大幅下降，通勤自行车率居全美之首，肥胖水平位居全美最低。

值得一提的是，波特兰市在 1993 年通过了美国第一部碳减排计划，该计划旨在实现美国环境保护署与交通、住房和城市发展部之间的协调。在波特兰市，可持续也是城市规划的重大原则，2016 年，时任市长查利·黑尔斯（Charlie Hales）宣布进入紧急状态，以解决无家可归和负担不起房价的问题。分区变得更加密集，选民们还批准了一项 2.584 亿美元的住房债券措施，用于建设经济适用房。此外，为配合城市发展战略，波特兰市还率先推出了税收增值融资，以刺激珍珠区（Pearl District）的发展。珍珠区原本是一个衰落的工业区，现在已转变为一个适合步行的、以交通为中心的社区，再次体现了波特兰市在规划管理方面的引领性。

第三部分

城市规划实施成效及其评价的理论进展与概要

第七章
城市规划实施成效的实质性理论进展

一、西方现代城市规划理论演变的启示

纵览西方现代城市规划理论的产生、形成、发展、成熟的过程，20 世纪 60 年代以前，城市规划主要关注的是城市空间形态方面的"物质规划"（physical planning）问题。20 世纪 60 年代以后，城市规划的关注焦点才转向城市的社会、经济、环境等方面和城市物质空间规划的关系上来。直至 20 世纪 90 年代，可持续发展的理念才在世界范围内得到重视。

城市规划理论的历史演变过程实际上就是人们对于城市规划实质的认识不断深化的过程。针对"城市规划是什么"的问题，西方 100 多年的城市规划理论演变给了我们非常重要的启示。

在西方，二战后至 20 世纪 60 年代，城市规划被认为是一种实体空间的设计活动，主要为未来的城市发展制定"蓝图"。自 20 世纪 60 年代到 70 年代，理性过程规划理论和系统规划理论[161]则强调规划的科学性、系统性。然而，过于烦琐复杂的数学模型和方法使系统规划理论难以指导和被运用于日常城市规划的实践，但是，这种理性规划的理念是城市规划的理论范式上的一次质的变化。法卢迪的理性过程规划理论强调规划过程中的决策理性。但是，针对城市规划的实施问题，林德布鲁姆（Lindblom）认为这种理性过程的模式不现实。他认为，真正的规划实施过程是不连续的、渐进的，因为在现实生活中，决策的时间和资源都是有限的。这两种理论都可以看作对于城市规划手段和方法的一种理性，所忽略的是城市规划决策的实质是基于一定的价值观念、带有政治意义的抉择。正如达维多夫和赖纳（Davidoff & Reiner）[162]提出的一种选择理论，认为城市规划的目标、准则以及贯穿于城市规划实施整个过程的决策都是基于一定的价值观念，反映了一定的政治、民主的选择。

20 世纪 70 年代以后至今的城市规划理论主要是围绕城市规划的实质问题和城市规划实施成效问题进行的讨论。马克思主义的政治经济学理论和"政体理论"（regime theory）就城市规划的实质问题持有两种不同的观点。两者共同之处即都是从城市规划

的政治经济本质的角度解释城市规划的成效。从马克思主义的政治经济学观点出发，城市规划作为上层建筑的一个部分，为统治阶级服务。[163] 而政体理论的出现则更加关注城市规划的成效问题。用皮克万斯（Pickvance）的话说，城市规划的成效如何关键是看城市规划对于土地和资源的控制结果和资源在"完全自由市场"的"没有规划"的情况下有什么不同。[15] 美国人斯通（Stone）[164] 创立了"政体理论"，对于城市规划的管制问题做出不同的解释。此处"政体"指的是一种非正式的制度安排，用来促进公共机构和私人机构共同合作执行和完成政府的决定。他认为政府的管制不是指完全的控制，而是起到一种推动和促进各种方式的合作的效果。根据这样的观点，城市规划的成效很大程度上取决于政府和非政府的所有行为者之间的合作。这种政体理论在西方表现出强调政府和非政府两种不同的倾向。例如英国撒切尔时代和布莱尔时代则可以从某种意义上理解为强调非政府和政府两种倾向的代表。

影响了近 20 年的关于过程理性的规划理论是哈伯马斯的"交流行动理论"。用茵斯[94] 的话说，这种交流规划理论是以行为为中心的规划理念"范式"的转变，可以理解为既是实质性又是规范性的理论。德国哲学家和社会学理论家哈伯马斯认为规划只有通过可以理解的、真实的、诚实和合法的交流行动，社会共识才有可能形成，政府管制也更有效。抽象体系本身也通过交流行动的过程而重构。这种理论的假设前提就是认为社会共识是可以通过交流来实现的。希利[165] 接受了可持续发展的思想，汲取了交流规划理论和"政体理论"，提出"合作规划"理论，认为城市规划的实现需要所有利益相关者的合作行动。而基于新制度经济学理论的公共选择规划理论则认为，基于"集体行动的逻辑"，广泛的社会共识是不可能形成的，城市规划的结果最终只可能反映或者说有益于社会中的特殊群体。因此，城市规划作为一种在一定社会政治、经济、文化背景下的制度安排[166] 和社会实践过程，其结果取决于社会中所有的利益相关者的行为。政府试图通过这种制度安排从而促进所有利益相关者采取协作行动，以达到和完成社会一定时期的目标。从理论上讲，判断这种制度是否有效就应当考察这种制度是否能够有效地减少所有的利益相关者的交易成本和外部成本，外部成本包括社会、经济成本和环境成本。由于在一定社会政治，经济，文化背景下，城市规划实施的社会成本大或小即城市规划实施成效评价只能是在一定的制度安排基础上比较分析的结果，因此，城市规划制度的变革是渐进的、学习的过程。

随着西方战后重建和城市的快速发展，继 20 世纪 80 年代的一系列自然环境灾害之后，环境问题、社会经济问题的不断出现引起了人们对于生态环境、社会公平的关注和对于人类自身行为的反思。可持续发展的问题于 1992 年在巴西里约热内卢召开的国际高端会议上已真正成为全球关注的焦点。

西方现代城市规划理论的发展和演变表明人们对于城市规划实质的认识有了本质的变化。对于城市规划的认识从认为规划是关于未来空间设计的美好"蓝图"演变成认为规划是所有利益相关者的合作行动和广泛的社会实践过程及成为促进社会、经济、环境可持续发展目标实现的重要途径。规划师的职责也从原来的"设计师",发展成为实现某种社会目标的"交流者"和"倡议者"。

不论城市规划是作为一种制度安排,还是一种社会目标借以实现的物质空间载体的"蓝图",奠定城乡规划制度的形成、实现以及城市空间资源配置决策基础的最根本要素就是所有的社会利益相关者,尤其是决策者的价值观、发展观。坚持社会、经济、环境的可持续发展是城乡规划有效实施的首要和关键问题。在科学发展观的基础上,城乡规划就会走上一条交易成本低、规划实施监督机制健全、信息灵敏的制度创新之路。对于城市规划的政策制定、实施和监督,只有将政府的自上而下与百姓的自下而上的方式真正结合起来,城乡可持续发展的目标才会从仅仅是"think globally"(心系天下)演变成"act locally"(立足本土)。

二、理解城市规划成效本质:西方新制度经济学理论框架下的城市规划[167]

(一)新制度经济学理论简介

在当代经济学文献中,有两个"新制度经济学"概念,分别指向两个不同的制度学派。一个是20世纪50年代发展起来的,以加尔布雷斯为代表的现代制度学派;另一个是基本上与加尔布雷斯的"新制度经济学"同时代的,20世纪70年代发展起来的,以科斯、诺思、威廉姆森为代表的当代制度学派,亦称"新制度经济学"。二者都是由以凡勃伦为鼻祖的旧制度经济学派演变而来,是制度经济学在20世纪后半叶的新发展。书中所出现的新制度经济学,如未加特殊说明,均涵指后者,即以科斯、诺思、威廉姆森为代表的新制度经济学[168]。

罗纳德·科斯(Ronald Coase)于1937年发表的《企业的性质》一文被公认为是新制度经济学的开山之作,他于1960年发表的《社会成本问题》也是新制度经济学的经典。科斯指出:"当代制度经济学应该从人的实际出发来研究人,实际的人在由现实制度所赋予的制约条件中活动。"简单地说,新制度经济学是用经济学的方法研究制度,其研究对象是人、制度与经济活动以及它们之间的相互关系。如果从《企业的性质》发表算起,新制度经济学的产生也有近80年的历史了。但是其大规模的发展是在二十世纪六七十年代。因为这一学派运用新古典经济学的逻辑和方法,不仅注重从现实世界存在的问题出发,而且侧重于从微观角度研究制度的构成、运行以及制度在经济生活中的作用,其主要代表人物有科斯、阿尔奇安(Alchian)、德姆塞茨(Demsetz)、威廉姆森、克莱因(Klein)、詹森(Jensen)、梅克林(Mechling)、张五常、布坎南(Buchanan)、诺思(North)等。

科斯提出了奠定新制度经济学基础的基本概念——交易成本。在交易费用的理论基石上，新制度经济学家将制度纳入不同的领域进行分析，形成了包含企业理论、官僚组织理论、产权理论、集体行动理论、寻租理论、自发秩序理论、经济增长理论、经济史理论等理论的理论群。该理论群直到 20 世纪 80 年代中期，经过诺思、阿尔奇安等的努力，才将制度较为全面地纳入成本—收益分析框架中，形成利用新古典经济学基本理论分析方法去分析制度的产生和发展规律，以及制度在经济体系动态运行中的地位和功能的统一理论体系——新制度经济学。

（二）新制度经济学理论的要点

新制度经济学的三个关键要点就是，"产权""交易成本"，以及以个体有限理性选择行为为假设的方法论。根据新制度经济学对于成本的定义，从社会中的每个个体角度来看，社会个体的社会生产活动的总体成本包含其应当付出的直接生产成本、交易成本，以及所承受的外部成本。某个人做出一项行动，他本人不一定要承担全部费用或收取全部利益。他承担的部分叫作私人成本，他不承担的部分叫作外在成本，这两者的总和组成社会成本。从制度经济学的角度来看，社会制度的主要目的就是要减少社会成本。

"经济人"假设是西方经济学的"基石"，而亚当·斯密则是经济学殿堂的奠基人。在斯密的经济学理论体系中，人在两种意义上进入经济学研究的视野：一是作为经济分析出发点的人的动机和行为；二是作为财富生产要素的人的作用。在《国富论》所构建的经济学体系中，斯密把人的自利性看作社会进步的动力，是一切经济行为的原始动机，一切经济现象则是这些行为的后果。他第一个系统地运用"经济人"假设，分析交换、分工、价值和自由竞争，进而以"经济人"和"看不见的手"确立了市场经济的自然秩序理念。

经济学中所说的人是"经济人"（agent），是经济学中的一种对作为经济活动的主体的"人"的理论预设。"经济人"是发生经济活动的社会基本单位。他可以是一个个人、一个家庭、一个集团或者一个组织，具有独立的决策机构或中心，这个机构或中心决定和指挥着它的一切经济活动。因此，"经济人"是经济活动的主体。经济人假设包括两个方面：作为行为目标，经济人被设定为趋乐避苦、谋求自身利益最大化的人；作为行为能力，经济人被设定为在工具主义意义上的理性人，既具有完整的、充分有序的偏好，也具有完全的信息和充分的计算能力。这一概念由意大利经济学家帕累托（Pareto）第一次明确提出。

继斯密之后，经济学经过约翰·穆勒的综合，"经济人"被当作适应经济分析需要而进行过严格抽象的概念。按照穆勒的观点，经济学只研究人类活动的某一方面，即以取得和消费财富最大化为目标的行为，相应地，经济学视野中的人，只能是抽象掉自利性以外的一切属性之后的"经济人"。虽然"经济人"的自利属性是一个非现实的抽象假定，但其构成经过合理地省略了某些品质和特征，并不会影响所得出的结论。

以发展边际革命创立起来的主观主义学派，进一步发展"经济人"的思路，形成以"效用极大化原则"为特征的经济理性主义。奥地利学派关于追求"幸福"的功利主义哲学，又引进实证主义的"行为"概念，这样个体对最大快乐或最小痛苦的追求，被确立为经济行为的道德原则，经济学成了围绕财富取得和追求最大快乐，或者说个体价值最大的理性选择，边际计算成为基本的方法论工具。为了满足这种精密分析的需要，帕累托明确引进了"经济人"概念，并做了更严格的规定，使之成为具有完全充分有序的偏好、完备的信息、能选择使自己偏好最大化的代名词。

在 18 世纪末 19 世纪初，就有人对"经济人"概念提出过零星的批评。古典经济学之后，对"经济人"概念的批评，依其视角的不同，大体上可分为两类：一是伦理视角性批评；二是非现实性批评。

19 世纪 40 年代，德国的历史学派对"经济人"概念展开了系统的伦理批判。历史学派强烈批评古典经济学对自利的张扬，认为在"经济人"概念中，人几乎成了若干种具有强烈自利倾向的原始生命本能的集合体，只受纯粹自私动机的驱使。希尔德布兰德则指出，抽象的"经济人"并没有反映人的全貌。

西蒙①对"经济人"假设的批评，主要针对其完全信息和完全理性，即从非现实性的角度进行批判。他认为，由于环境的不确定性和复杂性，信息的不完全性，以及人类认识能力的有限性，个人不可能了解所有备选方案及其实施后果，所以，人们在决策过程中所寻求的并非最优而是满意的解决方案。西蒙特别强调人自身理性能力的限制，主要表现在个人无法准确无误地接受、储存、检索、传递和处理信息。因此，他提出了"有限理性"的概念："我们可以把那类考虑到活动者信息处理能力限度的理论称为有限理性论。"在他看来，"有限理性"比"完全理性"更接近于现实。

行为经济学对新古典"经济人"理性同样持批评态度。首先，它不承认"经济人"这个前提，认为人的本性中有利他的一面；其次，它不承认"理性"作为绝对前提，不管是完全理性，还是有限理性，都不是无条件承认。它强调"经济人"理性和"非经济人"理性。它认为，人可以依据非理性直接行事，而按理性行事反而可能是派生的。此外，非理性是指"非经济人理性"，而不是否定理性。

新制度经济学也对"经济人"假设提出了批评。威廉姆森接受了西蒙的"有限理性"说，认为"经济人"的自利行为常常会导致机会主义，即经济中的人不但自利，而且为了利己不惜去损人。他会借助于不正当的手段去谋取利益，会随机应变，投机取巧，有目的、有策略地利用信息，按个人目的对信息进行筛选和扭曲，并违背对未来的承诺。

---

① 赫伯特·西蒙（Herbert A. Simon），美国管理学家和社会科学家，于 1916 年生于美国威斯康星州密尔沃基，毕业于芝加哥大学，1943 年获得博士学位。他倡导的决策理论，是以社会系统理论为基础，吸收古典管理理论、行为科学和计算机科学等内容而发展起来的一门边缘学科。由于在决策理论研究方面的突出贡献，他被授予 1978 年度诺贝尔经济学奖。他的主要著作有《管理行为》《公共管理》《人的模型》等。

诺思在《制度、制度变迁与经济绩效》一书中指出："人类行为比经济学家模型中的个人效用函数所包含的内容更为复杂。有许多情况不仅是一种财富最大化行为，而且是利他的和自我施加的约束，它们会根本改变人们实际做出选择的结果。"[169]在诺思看来，有效率的经济组织是社会经济发展的关键因素，而有效率的经济组织需要建立制度化的财产所有权，把个人的经济努力不断引向一种社会性活动，使个人的收益率不断接近社会的收益率。他认为新古典经济学不能解释人的利他行为，为了解释制度的稳定与变迁，需要超越个人主义的成本—收益计算原则，他把诸如利他主义、意识形态和自愿负担约束等其他非财富最大化行为引入个人预期效用函数，从而建立了更加复杂的、更接近现实的人性假设。他承认有限理性和机会主义假设，但认为特定的意识形态对"经济人"的机会主义具有"淡化"作用。诺思强调意识形态是决定个人观念转化为行为的道德和伦理的信仰体系，它对人的行为具有强有力的约束，它通过提供给人们一种世界观而使行为决策更为经济，即"经济人"只能在特定的制度环境约束中最大化自己的效用。人类的利他行为和克服了"搭便车"动机的大集团行动，就源于意识形态的作用。这就意味着，社会中人的行为存在个人利己的动机，但也不否认采取利他的非经济人理性的行为。

新制度经济学理论虽然接受了以个人主义为基础的"经济人"有限理性的行为假设，但是，它强调的是作为有个体差异的、一定社会背景中的人是不同的，人们依据各自的价值观、动机、可能获得的知识或信息以及各自对于边际成本和收益的盘算来进行理性行为的抉择。以"个人主义"为基础的"经济人"在一定社会制度背景中的有限理性行为构成了新制度经济学理论的基本方法论。值得关注的是这种以个人主义为基础的有限理性假设的合理性在于它有助于我们剖析在一定社会制度中的人的决策行为理性所在，尤其是在城市规划这样一个需要社会中个体合作的集体实践过程中。它并没有否认集体主义的存在和实现，而是一种基于现实主义的价值观体系上的更能反映社会中人类个体行为真实理性的理论途径。它对于探索有效的城市规划制度安排，具有极为重要的理论和现实意义。

交易成本实际上就是一种制度成本，就是人们为了组织完成生产活动而需要付出的获取信息、达成契约和保证契约执行的费用。[170]个体为达成契约、执行契约和监督契约而花费的信息成本构成交易成本的主体。

产权就是界定个体对于有形或者无形资产的处置、收益、所有权的交易以及合法阻止他人利用个体资产的规则，例如城市规划实施中所涉及的土地所有权和使用权。产权的界定实际上构建了个体在经济体系中的行为动机，从而影响个体"经济人"的行为。这种理论的一个重要的观点就是，现实中的经济交易（也扩展到政治交易）的成本不可能为零而为正的情况下，制度对于产权的界定将对于社会成本具有主要的决定作用。所以，一种制度安排与另一种制度安排的资源配置效率是不同的。这句话道出了制度经济学的基本观念：制度结构以及制度变迁是影响经济效率以及经济发展的重要因素。

（三）新制度经济学理论在城市规划领域中的运用和主要理论观点

到 20 世纪 90 年代，新制度经济学在理论化和体系化上得到了加强，形成了制度理论、制度起源理论、制度变迁理论、制度道路理论和经济绩效理论，从而全面地、理论性地在动态经济运行中研究了制度发展变化的规律，以及制度在经济机制中的功能和作用。最新的发展是用博弈论来重新研究新制度经济学的所有重要问题。

把新制度经济学观点运用于城市规划实践领域，在西方主要形成三个学术倾向，即交易成本的规划理论、产权规划理论和公共选择规划理论。

1. 交易成本学派的规划理论观点

根据传统福利经济学的观点，城市规划作为一种政府干预市场的制度安排，其主要目的就是要减少市场自身的"失败"而带来的社会外部成本，即由市场自身发展而造成的社会不公平以及对于环境的负面影响。以亚历山大·恩斯特（Ernest Alexander）[171-175]为主导的交易成本规划理论从组织的角度强调不论是市场，还是政府干预，这种公共政策的有效性主要是要看这种制度设计和安排是否有效地减少交易成本。实质上不是市场需要规划，而是组织需要规划，因为这样利于减少交易成本。

2. 产权学派的规划理论观点

根据黎（Lai）[176]关于科斯理论对于城市规划之贡献的评论，有两种相关观点来解释城市规划和交易的外部成本问题，即不变法则和产权法则。不变法则认为，不论规划规定和开发控制如何严格地或者自由地裁量，市场都会通过"讨价还价"或者说协商自行解决其外部性问题。产权法则认为清晰的产权配置和安排是经济和政治市场交易的先决条件，它决定了是否能够解决外部成本问题。彭宁顿（Pennington）[178]、韦伯斯特（Webster）[177][179]、黎（Lai）[180]的产权规划理论，明确私有产权（例如土地私有产权）是解决规划实施外部性问题的一个基本途径，但前提是政府将其角色仅仅界定于产权交易的强制监督者。之所以认为私有产权可以解决外部性问题是因为在市场体系中，产权私有化可以提供给社会中不同个体根据其个体理性自愿选择的机会，同时，借助这样的安排，可以有效地避免"搭便车"问题。市场的成本和收益反馈可以给规划师们提供那种比制度安排更为有效的信息。

但是，这种产权法则存在一些疑问和前提：第一，政府有没有可能仅仅退居"强制监督"。第二，即便是仅仅强制监督的政府规划控制，由于城市规划是一项社会实践活动，涉及大规模的社会个体行为选择，仍然存在城市规划的交易成本，即制度成本问题，所以，产权派认为，不论规划制度设计成"第三方管治"（政府管治）还是"双方管治"（市场管治），或者是"混合管治"的方式，市场和政府规划控制总是在一定的条件下同时发挥作用。[181]因此，新制度经济学的产权学派理论强调政府干预市场发展的制度设计和安排本身也存在交易成本问题。因为如果通过政府干预的制度安排的交易成本大于没有政府干预的市场自身交易所带来的外部成本，那么，从整体的社会成本来说，这种政府干预的必要性就不大了。例如英国著名规划院校卡迪夫大学的韦伯斯特[182-183][177-179]教授等强调明晰界定产权制度具有最根本的重要性，城市的发展应当是一种"自发自主型"发展。

3. 公共选择学派的规划理论观点——"集体行动的逻辑"

新制度经济学理论实际上是对于社会制度、社会中个体的行为以及行为结果之间关联性的探索。[184]从这个意义上讲，制度被看成为达到一定的社会目标的规范体系，从而以此引导和约束社会不同个体的行为。[185]

美国诺贝尔经济学奖获得者布坎南与塔洛克合著的《合意的计算》(*The Calculus of Consent*)[186]，基于方法论上的个体理性行为的假设和新制度经济学基本框架，把经济学的帕累托最优的规范运用于分析美国的政治领域，从而构筑一个民主选择的帕累托最优，为公共选择理论奠定了基础。"公共选择"的含义实际上正好与字面的含义相反，因为这种理论仅仅认可个体私人的选择理性，它不仅仅是微观经济学一个分支，更是关于民主政治意识形态的一种观念。[187]用拉塞尔·哈丁（Russell Hardin）《集体选择》[188]中的一句名言就是"Everybody's business is nobody's business"，根据公共选择理论，个体是公共选择的核心。这种理论的主要代表有肯尼斯·阿罗（Kenneth Arrow）的《社会选择与个人价值》[189]，安东尼·唐斯（Anthony Downs）的《民主的经济理论》[190]和曼瑟尔·奥尔森（Mancur Olson）的《集体行动的逻辑》[191]等。

根据这种公共选择理论的观点，市场经济下个体选择活动中适用的理性原则（追求个体利益最大化），也适用于政治领域的公共选择活动。也就是说，政府官员在社会政治活动和市场交易过程中同样也扮演着"经济人"的角色。布坎南与塔洛克认为集体行动只不过可以看作个体为了追求利益最大化而选择这种方式来达到行动目的。[186]

德国哲学家和社会学理论家哈伯马斯认为规划是基于四个基本前提的交流行动过程。这四个前提包括可理解性、真实、诚实和合法。他把政治（政府机构）经济（市场）体制看作一种抽象的体系。人们行为理性不仅仅受抽象体系的约束，也同时受情感理性和道德规范理性的影响，三者交融共生。所以，只有通过可以理解的、真实的、诚实和合法的交流行动，社会共识才有可能达成，政府管制也更有效。抽象体系本身也通过交流行动的过程而重构。这种理论的假设前提就是认为社会共识是可以通过交流来实现的。希利接受了可持续发展的思想，汲取了交流规划理论和"政体理论"，提出"合作规划理论"[176]，认为城市规划的实现需要所有利益相关者的合作行动。然而，海因斯（Hindess）提出[192]，因为有一个最终的目标，所有相关的具有理性选择（个人利益最大化）的个体就会自然而然地朝这个共同的方向而努力是错误的。奥尔森在他的《集体行动的逻辑》中提出以下论断[191]：在大规模的社会范围内，以城市规划为例，其最终的实施（"讨价还价交易"）的结果只可能有益于一些特殊的利益群体而不是社会所有的利益相关者；城市规划实施过程中的个体是否采取集体合作的行为主要取决于制度的强制性程度以及在规划实施过程中个体所得到的利益大小。

　　马克·彭宁顿（Mark Pennington）用这种公共选择的理论针对英国的城市规划实践进行了系统性理论分析。[193]他从城市规划的政治"市场"的"供给"和"需求"的角度，通过分析政府的制度安排对于个体理性行为动机结构的影响，揭示了政府的土地利用规划干预市场的结果。从而得出结论，英国的土地利用规划制度并没有有效地减少城市规划的负面外部性影响。从这个角度讲，政府的规划干预市场是一种失败。

　　从公共政策的角度讲，城市规划是一种在一定社会政治、经济、文化背景下的制度安排。城市规划的实质是一个社会实践过程，其结果取决于社会中所有的利益相关者的行为。根据公共选择理论，政府官员如同其他社会个体一样，其行为理性就是谋求自身利益的最大化。如果我们认可政府官员们的为自身谋利和追求个人利益最大化是一种理性选择行为（新制度经济学假设这是每个个体的理性选择），那么关键的则是这样的理性行为的结果如何，以及由此带来的社会经济和环境的负面影响。用诺贝尔经济学奖获得者科斯的话说[194]，就是社会成本问题。因此根据新制度经济学理论，作为一种制度安排的城市规划的成效关键是要减少交易成本（制度成本）和外部成本。

第八章

城市规划实施成效评价的理论与方法进展概要

一、城市规划实施成效评价的理论进展

有效的规划控制可以理解为不同的含义。例如，规划本身的有效性，规划实施的有效性，等等。有效性最基本的概念就是指"某种活动实现其既定目标或者作用的程度和效应"[195]。这样一种定义实质上意味着对于城市规划实施成效的评价应当基于"既定的目标和作用"而言。

西方关于评价规划政策实施的理论研究已经有近50年历史。塔伦（Talen）根据侧重点的不同，将他们归纳为四种[196]：

第一，实施之前的评价，例如对于不同的规划的评价或者对于规划文件规定的分析；

第二，对于规划实践的评价，例如对于规划行为的评估或者描述规划的影响；

第三，政策实施的分析；

第四，对于规划的实施结果进行评估。

这些不同的评价重点实际上针对城市规划过程的不同方面。无论采用什么样的标准和方法，也无论采用怎样的实施途径，关键的是城市规划实施的整体的结果和影响。所以，由于对结果的影响可能来自城市规划的任何一个相关环节，结果中所出现的问题也可能源于规划制定的影响、土地产权结构的主要影响、规划实施过程的影响，或者规划体制本身的影响。因此，评价城市规划实施有效性就不能孤立地考虑某一个方面或过程。

新制度经济学对于制度的定义包含两个方面：正式约束和非正式约束。正式约束包括法律、法规、规则等，非正式约束包含道德标准、传统习俗和行为规范。现实中的制度是正式约束和非正式约束共同作用的体现。制度的发展和演变具有延续性，尤其是非正式约束，成为一种在特定文化背景下被人们认为理所当然的行为规范或者意识观念，对于人们的行为具有深刻的影响。例如，在当今的中国社会中，"社会关系"已经成为一种特殊的资源，影响人们的行为能力。

　　在规划领域中，荷兰和美国的文献对于城市规划的实施有效性问题关注最多。亚历山大根据不同的标准将规划实施过程问题分为三类：第一，规划作为一种对于未来的控制，意味着如果规划没有被运用于实际空间开发中，就等于失败；第二，规划作为一种基于一定的不确定性前提下的决策过程，意味着实际空间开发与规划不符合时，并不一定等于规划的失败，如同法卢迪所言，规划过程是个学习过程[197]；第三，介于这两者之间，认为规划实施仍然很重要，但是只要结果是有利的，实际的建设即便与规划相悖也是可以认为规划的实施是有效的。亚历山大提出用政策—规划/程序计划—运用实施—过程（PPIP）的模式对于规划实施有效性进行全面综合评价。[175]他给出五个标准：符合性、理性过程、前期方案优化、后期结果优化、实用性。这种评价模型可以说是非常全面的。但是，从新制度经济学的个体理性假设前提的角度讲，这每一个标准都存在要回答规范且涉及本质的问题，例如什么是优化的标准，谁的理性，怎样才是实用的，等等。这本身就是规划要解决的问题。

　　总之，评价城市规划作为一种制度安排实施的有效性，首先，就是要看这种制度安排是否有效地减少城市开发建设活动中所有利益相关者的交易成本，关键的是获取城市规划相关信息的成本；其次，就是要看城市规划中所涉及的土地产权的制度安排是否明确地界定了个体利益和权限；再次，就是要看如同公共选择理论所揭示的外部强制性影响，即城市规划监督机制的有效性；最后，就是要看目前在中国社会中，作为法律、规章等正式制度约束前提下的非正式制度的影响程度。这样的评价机制，给予我们一个重要的启示：城市规划作为一种正式的制度安排，其实施的有效性不仅仅在于城市规划自身领域的制度规定，与此相关的社会经济发展战略、土地产权、非正式约束的影响程度等也是影响城市规划成效的重要因素。

二、城市规划有效性评价方法的历史进展

（一）规划评价的类别

　　以时间为参照，亚历山大将评价方法分成三类，这三类方法的评价目的也有区别。

　　第一类是事前评价。事前评价，顾名思义，是在规划实施前进行的评价，指的是针对未来所规划的目标可能产生的影响进行评析。这样的评价通常涉及规划早期，对比其他不同的途径，从中选择最佳规划方案。在决策投入资源之前，为计划预投入的项目提供价值评估的信息，以便使决策更加合理。这是一种带有预测性结果分析的评价。事前评价是目前主要关注的评价。

　　第二类是过程中的评价。过程中的评价随着项目和规划的实施同步进行。这主要是监督实施和与既定目标符合性的评价，可能包括一些量化的效能目标和中间环节的评价节点。关于这类评价的方法很多，作为一种管理手段，主要用于规划目的和项目管理

方面。

第三类是事后评价。事后评价涉及测量和评估政策、规划、计划以及项目的影响和效应，即评价规划的后果。这种评价方法通常始于项目和计划完成以后，通过一段时间来观察相关的影响。事后评价包括系统地分析输入、输出关系，以及解析这些结果所造成的影响。事后评价的目的是学习经验和吸取教训，以便为未来提供有用的借鉴和启示，或借此调整未来的制度和政策安排。事后评价因为涉及很广泛的领域、多方利益，也不是规划师单方面所能完成的。亚历山大认为，重点应当关注事前评价。不论是事前还是事后评价，涉及规划评价的基本问题都有三个：首先，依据的标准——什么是"好的"规划，或者"坏的"规划；其次，谁来评价？用什么方法评价？最终，评价的目的是什么？对于规划实践而言，它涉及评价规划的成效，[198]以及实质性的规划评价。西方有关城市规划评价的理论范式和演进都是围绕着这三个主要问题展开的。

（二）评价方法的历史演进

如同亚历山大所言，评价是决策过程和内涵的必然组成部分。像生命科学一样，规划评价中的演化理论与分类系统密切相关。古帕和林肯（Guba & Lincoln）很早就研究出了一种分类方法。他们的研究将评估范式的演进分为四代，[199]体现了从经验实证主义到后实证主义的发展路径。第一代，以依靠科学的测量为特征，是完全实证主义的；第二代，试图超越简单的实证主义，将经验的度量和目标成效的评估结合；第三代，相对于第二代，寻找客观和价值自由的评估方法，例如多种环境影响评估方法；第四代，超出原始的经验主义而趋向于后实证主义主体交互式影响的相互作用。[200]另一个评价类型的分类方法是根据聚合程度划分为高聚合度、中等聚合度和高离散度。[201]高聚合度方法将对于单个目标的功效所产生的影响评估聚合成一种量化的标准，比如，一个利益成本比率或者用来衡量经济效益的现有净收益。高聚合度方法本身就是多维度的，试图呈现一个项目的整体价值。中等聚合度方法也应用单一定量指标去调查一个某种可替换方法的整体功效，但是它是反映不同的价值或成效的综合维度。高离散度方法则试图通过激励交互式作用的不同价值理念而建立共识，是想通过评估来揭示对于不同群体和利益相关者所产生的不同影响。

在西方的文献中，也有很多吸取其他理论方面的分类方法，把规划中的评估方法与不同的规划理论范式相关联，包括理性规划、交流规划、合作规划和作为框架设置的规划理论。反过来说，这些不同的规划理论范式和评价方法都与不同类型的理性，如工具理性、实质性理性和交流理性等相关联。理性规划主要和工具理性及实质性理性相关，而交互式规划（交流实践）主要源自交流理性。更深层次而言，所有的规划理论范式都涉及几种不同理性的混合。[202]因此没有某种理论范式能简单地将规划评估方法、规划理论范式和各种理性之间简单对应起来。

亚历山大根据以上的分类，认为西方城市规划评价的范式及演进经历了四代演变过程。

第一代评价方法：成本收益分析法（Benefit and Cost Analysis，以下简称 BCA）；成本效率分析法（Cost Effectiveness Analysis，以下简称 CEA）；财政影响分析法（Finance Impact Analysis，以下简称 FIA）。

第二代评价方法：目标实现矩阵法（Goals Achievement Matrix，以下简称 GAM）；多标准评估法（Multiple Criteria Evaluation，以下简称 MCE）。

第三代评价方法：规划平衡表分析法（Planning Balance Sheet Analysis，以下简称 PBSA）；环境影响评价法（Environment Impact Analysis，以下简称 EIA）；社会影响评价法（Social Impact Analysis，以下简称 SIA）。

第四代评价方法：社区（社会）影响分析法（Community Impact Analysis，以下简称 CIA）；社会影响评价法（Community Impact Evaluation，以下简称 CIE）；动态规划评价法（Dynamic Planning，以下简称 DP）。

1. 第一代评价方法及基本理念

关于公共投资效益评价的系统研究源于 19 世纪，随着政治经济学和古典经济学理论的出现而产生。在 1844 年，法国经济学家迪皮斯（Dupuis）是第一个明确阐述成本收益分析原理的人。该分析方法的目的是确保公共投资的配置能促使社会总体利益最大化。BCA 方法实际上是按照"市场的原则"，把对于公共部门的评价与私有部门（例如评估公司未来潜在的收益）等同考虑。第一个将 BCA 方法运用于大型公共投资项目分析的是在美国"罗斯福新政"资助下的实行洪水控制法令（Flood Control Act）的公共工程项目，即水坝和其他洪水规划控制项目的评价（1936 年）。[203] 从那以后，成本收益法被越来越广泛应用于评价公共项目的规划和投资决策。但是，尽管 BCA 方法从"金钱"角度评价总体社会价值时是一个有用的工具，但是，它忽视了社会分配方面的效应，即谁受益和谁支付的问题，及其在分配公平性方面的影响。在城市规划方面，BCA 忽视了规划在资源配置方面的公平性及其社会影响问题。因此，广义地看，BCA 在社会经济影响的评价上存在问题。尽管如此，BCA 的最大优点在于它能够提供给决策者相对科学和量化的评价公共事业总体社会价值的重要方法和思路，以便于对是否把公共资源投资到项目中做出决策。

为了完善 BCA 方法，CEA 范式和方法随之出现。CEA 是用于事后项目评估的一种工具。CEA 的效率是一种效益指标，也可以用作一种方法。例如，通过比较每项不同规划的成本费用情况评价项目的效果，而不需要将社会项目影响的总效果货币化再进行评价。但是，评价一个单一的项目和评价公共综合性的规划是不同的，这就是为什么 CEA 有所改进，但却失去了 BCA 的优点。CEA 同样没有解决 BCA 所需要解决的问题。就已经规划的项目评价而言，BCA 只能显示单一项目对于社会经济共同体的长期效应，但它不能直接反映对当地政府和公共服务部门的财政影响。因此，对于 BCA 的改进形成了一种模式，即 FIA，FIA 之后享有极高的知名度并在美国等西方国家被广泛地应用于评价政府和公共服务部门的财政影响与绩效。

2. 第二代评价方法和基本理念

第二代试图预先超越简单的实证主义，将经验的度量和一些目标成效的评估加以结合，这是应用 GAM 和 MCE 的方法。对于城市发展的一些战略性项目决策的评价，BCA 无疑是首选方法。例如对于公共事业大范围的开发项目（城市扩张和新社区的建立）、区域发展项目（居住区经济开发、环境和洪水控制），主要的基础设施（港口、机场、终端、电站）及网络、城市公交换乘、高速公路、铁路和电信项目等。为了克服已知 BCA 的缺陷，竞争性评估方法被采用。希尔[101]的 GAM 也许是 MCE 方法中的第一个。GAM 设计出另一种使用量化指标用来反映研究对象的相关效用的方法。将一些目标引进评估矩阵中，以便研究出可用于评价效能的可量化标准。这已成为许多后来研究出的多目标评价方法比如层次分析法的共同特征。之后，MCE 的方法随着评价技术手段和规划评估工具的发展和应用而不断得到进展：一是它们电脑化复杂性相对水平不同，从简单的代数到多种数学函数；二是所需要的各种数据的数量和种类不同，他们呈交互性相关。最终，通过这种方法评估，为排序目标或者标准提供了从可能性目标的比较到解决冲突目标之间的平衡等方面的不同的途径和方法。

3. 第三代评价方法和基本理念

西方发达国家的政府为了尽量减少工业革命后快速城镇化发展中开发项目的负面影响，针对那些无序开发项目进行了规范和控制，强力推行质量管理的标准，以纠正市场导向而引起的问题与后果。规划的开发项目因此成为一种应对市场需求的融政府规划、开发商导向选址和项目规划为一体的措施。

纳撒尼尔·利奇菲尔德（Nathaniel Lichfield）[203]分析了英国的规划开发项目的实践，关于规划评价的作用，利奇菲尔德强调市场经济交易当中，私人成本、收益和社会成本收益不同，需要另一种方法来评价。他认为仅仅使用 BCA 方法在这里是不合适的。因此，他对 BCA 加以修正并运用于规划的开发项目评价中，做出详尽阐述和运用，形成 PBSA（Planning Balance Sheet Analysis）。本质上，PBSA 是一个分析影响的方式，它是为了揭示和分析主体规划或项目反馈的方法，用利奇菲尔德的话来讲就是"暗示"。在 PBSA 中，这些暗示从经济学角度理解就是项目的外部性问题，应当在项目的评估过程中进行评价。利奇菲尔德对评估理论和实践的贡献在欧洲影响很大。随着二十世纪七八十年代全世界的环境意识越来越强，最终，在项目的规划评估中将环境影响评价纳入其中，并以法律的形式确定下来，促使规划和项目决策过程中环境影响评价走上法制化的轨道。以法令形式的针对规划和项目环境影响评价的 EIA 方法，以及后来的社会影响评价 SIA（Social Impact Analysis）方法，都是受到 PBSA 方法的影响并在其基础上拓展和派生出来的方法。

4. 第四代评价方法和基本理念

第四代超出原始的经验主义而趋向于后实证主义主体交互式影响的相互作用。利奇菲尔德的 CIE 和达利亚·利奇菲尔德（Dalia Lichfield）的 DP（Dynamic Planning）就属于这一代。可以理解，CIE 既是一种事前、事后评价方法，也是一种倡导过程交互式的动态规划评价的方法。CIE 最重要的贡献就是对规划理念的更新和拓展。它没有过于重视实证科学分析的作用，而是强调更加交互式的规划评价范式，暗示评估方法应该是交互作用结果而不仅仅是单纯的分析工具。这实际上是一种规划评价范式上的变革。利奇菲尔德认为评价不仅存在于整个规划过程中的具体阶段，而且就某特殊的开发控制而言驱动着整个规划的交互过程。关于 CIE 的原则和分析过程，他在《社区影响评价》（*Community Impact Evaluation*）[203]中做出了具体的论述。该书讨论了城市、区域规划和决策，经济和社会的理论，包括经济学理论和实用主义理论，同时，对于近 30 种不同的规划评价方法都进行了评论。它将影响分析理论和方法与成本收益分析理论和方法加以结合，运用于规划及开发项目评价实践，创立了规划（成本收益）平衡表分析框架和社会影响分析或评价理论和方法。同时，该书还提供了他曾经做过的 50 个以上的案例研究概要。[204]

这种理论和方法简单地说就是分析新政策或者开发而可能导致的空间变化，进而针对因为这些变化而给那些引起这些变化的人和受这些变化影响的人所带来的在空间资源配置或者服务方面的获利或者受损的结果和后续影响进行分析和评价。通过利益相关者参与评价这些影响，从而寻找出不同的解决方案，再通过比较和评价这些方案，了解利益相关者的选择意向，最终由决策者确定最满意的方案，进行实施、检测和监督检查，并将实施结果反馈到政策制定和决策领域。

达利亚·利奇菲尔德的 DP 动态规划强调的是建立在对于"变化过程"的理解上。这种理论认为，人类生存的环境是经济、社会、物质、法律、服务以及多种因素相互作用的结果。而这些因素取决于做出决策和行动的利益相关者。项目的建设和开发，实际上是对现实环境造成了一定影响，而导致的后果将对所有的利益相关者产生影响。用经济学的观点来讲就是社会收益和社会外部性问题，即后果的有利和不利影响问题。而后果来源于相互作用的过程。规划就是用来修正或调整这些相互作用的过程。正因为规划是一种过程，因此它是不断变化发展的，规划的评估贯穿于规划整个过程中。规划的策略就是一种动态的过程管理，通过资源配备、相互作用和影响，直接的行动，或者法定约束等手段和交流途径，以协调不同利益相关者的意愿。

三、全面评价城市规划实施成效实践参考：英国皇家城镇规划学会（RIPI）的评价"工具包"[198]

城市规划实施成效的问题一直是世界各国规划政策和理论关注的重点。面对发展的不确定性现实，其核心在于如何界定和评价城市规划成效。如法卢迪[197]所言，规划是个学习过程。规划目标的实现度、空间建设与规划符合性固然重要，但评判规划成效更重要的是考量规划结果及所产生的社会、经济、环境影响是否有利于社会；是否有助于不断提高人类居住社区环境的品质，维护公共利益的公平，促进可持续发展目标的实现。基于这样一种规划成效的"实质性"认知和"社区影响评价"等基本理论，英国 RTPI 组织研发了用于评价城市规划实施结果和影响的操作性"工具包"，即《测评关联要素：规划结果评价指南》（以下简称《指南》）。其主旨是通过对规划实施结果和影响的评价，测评和追溯深层次关联要素，从而建立全周期的监测、评价、反馈和持续改进的机制，为政府确立和调整发展战略目标、优化政策决策与绩效管理目标、确定优先投资事项等提供重要依据。最终，促进联合国可持续发展目标（UN-SDGs）的更好落实。

该《指南》实质是对结果和影响评价的一个应用框架。适用于不同国家、不同领域的公共政策以及不同空间尺度、不同阶段和类型的规划的评价。广泛的适用性、应用的全过程性和周期性、结果的可视性可以说是该《指南》的重要特点。理解评价《指南》的方法论，对于我国建立长期、动态的国土空间规划与政策持续改进机制，实现可持续发展目标，具有重要的借鉴价值和实践指导意义。

（一）《指南》① 产生背景和目的

英国皇家城镇规划学会是英国唯一授予规划师特许地位（注册规划师）的学术机构，有超过 25 000 名会员。倡导通过规划的力量创造繁荣的地方和充满活力的社区。过去 30 年，英国面临的各种不确定性挑战，导致了规划在法规、政策层面的作用也发生了一些变化。有关对规划本质的理解和规划实践也越来越复杂，规划有效性问题也引起社会更多的关注。为了探索更有效的规划机制，追溯影响规划成效的深层次的关联要素，由爱尔兰、苏格兰、威尔士政府以及住房、社区和地方政府部和爱尔兰规划法规厅共同资助，RTPI 组织资深注册规划师、专家会员以及高校研究人员，基于现有规划过程、效率监测以及现行规划成效评价模式，在不同地方政府的直接参与下，共同合作完成了该项侧重于规划结果与影响的规划评价研究报告，以及《指南》的工具书，成果于 2020 年 11 月发布。

研究报告总体包括八个方面六个章节：工具包的应用概要、引言、测评规划结果的重要性、研究过程和发现、工具包的概念内涵、工具包的应用时机、建议以及附注（引用注释、参考文献、缩略语）。研究报告全面阐述了一个系统、实用的规划结果影响评价的整个形成过程。

---

① Kevin Murray Associates,University of Dundee,McCabe Durney Barnes,et al. Measuring What Matters：Planning Outcomes Research［EB/OL］.［2020-09-06］.https：//www.rtpi.org.uk/research/2020/november/measuring-what-matters-planning-outcomes-research/. 本章中有关图、表内容均引用于此文献。

（二）《指南》评价目标确定和总体思路

1. 以联合国可持续发展目标为基准，坚持多层次目标一致性原则

联合国可持续发展目标是世界各国建设发展的共同方向和目标，也是城市规划成效评价的基准。在英国当前的社会文化背景下，城市规划的有效性不仅应体现在营造宜居环境和提高土地利用经济效益、环境效益和社会效益上，还在于促进历史文化、自然资源的保护和实现人类社会与环境协调、可持续发展。从人类居住社区环境建设与发展的角度，规划体系的核心目的是通过依法管控土地使用和开发，更好地保障公共利益的实现，同时创造具有吸引力、设计优秀的可持续发展的场所空间，提高人们生活品质。英国已经研发了有关场所品质的诸多规范和准则。例如《地区价值和品质层级报告》《苏格兰政府的场所标准》等。广义地看，虽然规划结果如何影响健康、经济竞争力或者生物多样性等问题十分复杂，且影响要素并非源于规划一个领域，但城乡规划仍然是广泛的社会综合效益实现的基本路径。因此，国家和区域政策目标下的政府行政核心宗旨、可持续发展目标、关注场所营造和公共福祉的地方绩效目标之间能否达成一致并得到有效实现，都直接或间接地取决于城乡规划的政策、过程与实施结果。英国政府多年的研究和实践已经证实要落实联合国可持续发展目标的关键途径就是将可持续发展的目标通过立法和政策纳入政府的规划体系之中。英、法等国的有关可持续社区评价、可持续建设环境评价、可持续建筑评价和可持续场所评价等相关评价体系和工具为建构《指南》的主题和要素提供了重要借鉴。

基于这样的基本思路，研究报告在回顾和评析了联合国可持续发展目标（17 项）、国家战略目标、地方政府相关绩效目标评价模型和标准及其相互关系分析的基础上，明确提出《指南》的目标必须以联合国可持续发展目标为基准，评价的主题方向和要素应反映出联合国可持续发展目标、国家层面的战略目标以及地方政府绩效目标的多层次目标的一致性要求。

2. 可持续社区评价的总体框架和思路

研究报告认为，为了实现美好愿景，体现规划引领作用和发挥开发管控职能，规划应做到目标明确、过程监控和绩效透明。因此，为了促进规划更好地应对现实的复杂性和不确定性，需采取不断的由事前到事后的评估和反馈，通过试验、学习和能力建构提高规划的成效。由于影响规划政策制定和规划决策的因素广泛，涉及的问题综合且复杂，评价规划成效也需要在包容性框架之下，结合现有绩效评价模式，由不同政府、规划部门和规划体系的使用者通过合作的方式共同完成。基于可持续发展的基本目标，《指南》的研究团队通过分析和研究大量的相关成效评价模型以及指标体系，涵盖了不同的辖区、地理区域、空间尺度、规划类型，最终形成了可持续社区评价的总体框架（图 8.1）。在此基础上，研究报告明确了评价目标、建设活动产出、空间规划结果、结果的直接和间接影响之间的关系（图 8.2）。

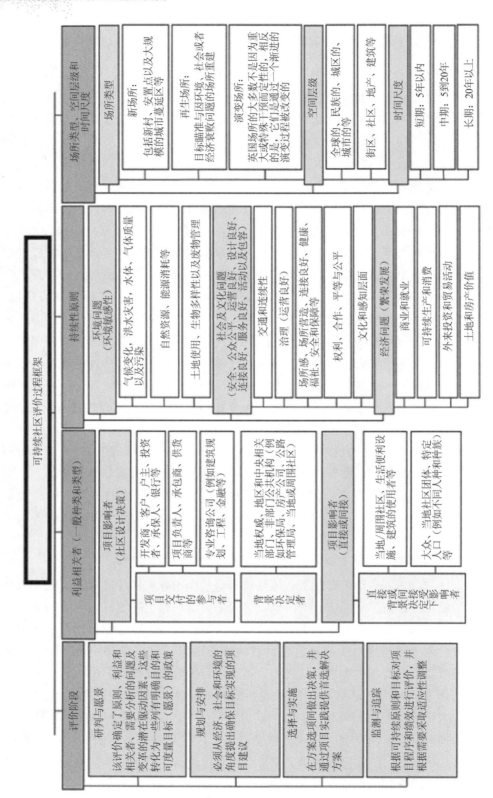

图8.1 英国可持续社区评价的总体框架

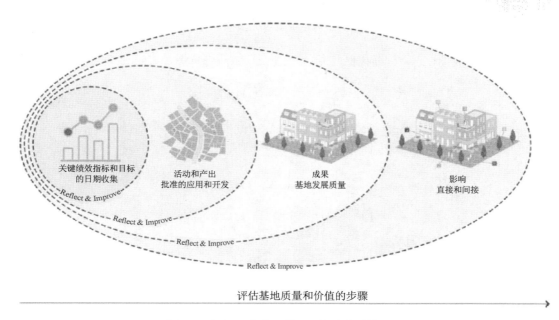

评估基地质量和价值的步骤

图 8.2　目标—产出—结果—影响的结构关系

虽然从操作层面来讲，不同层级、地方政府对于测评框架的具体范围和内容设定存在差异，但是，研究报告认为评价仍然存在三个不同层次的基本共性：

① 将国家、地区和地方政策关联，以建立分级评价框架（影响评价）；

② 监测核心规划服务的供给，重点放在投入、活动产出和结果上（结果评价）；

③ 监视和测评规划对地区环境价值和品质方面的贡献（输入、活动、输出评价）。

通过构建与可持续发展目标关联的规划结果（直接或间接影响）的评价主题和目标体系，《指南》将所有必要的信息和数据归集到一处进行综合"诊断"和评估，由原来关注规划的输出结果（目标符合性、空间符合性）转向追溯结果和影响的评价，以挖掘影响规划成效的各类深层次的要素。这正是《指南》在评价规划等公共政策方面的重要价值所在。

（三）《指南》的主要内容

1. 八个类别的评价主题

基于综合评价的基本思路，为了满足规划实践结果与国内、国际目标的一致性要求，《指南》综合了联合国可持续发展的 17 个目标领域，结合了英国、法国等国家战略和地方政府绩效评价目标体系和要求，建构了八个评价主题（图 8.3）。这八个主题反映的是与城乡规划职能实现有密切关联的相关领域。每个评价主题各自指标体系都是根据两方面要素和指标确定：一方面是国家、地区和地方政策目标要求和实际情况；另一方面是规划实施由低到高即第一层级（例如直接输出的规划编制、规划许可等）到第二层级的实际开发结果，再到更大范围的规划实施结果的直接或间接影响等指标。

图 8.3　结果或影响评价的八个主题

- 场所质量——基于设计和人
- 健康和福祉
- 环境——保护和改善
- 气候变化
- 家庭和社区
- 经济和市镇中心
- 活动
- 参与和服务

2. 测评关联要素：评价过程与层级

为了进一步阐明和全面理解测评关联要素过程，《指南》将评价分为应用决策的政策效应评价、物质空间开发结果评价、更加宽泛的直接和间接的规划影响评价三个层次（图 8.4）。

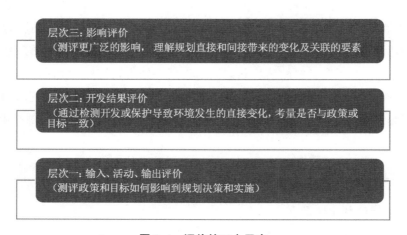

层次三：影响评价
（测评更广泛的影响，理解规划直接和间接带来的变化及关联的要素

层次二：开发结果评价
（通过检测开发或保护导致环境发生的直接变化，考量是否与政策或目标一致）

层次一：输入、活动、输出评价
（测评政策和目标如何影响到规划决策和实施）

图 8.4　评价的三个层次

大部分规划管理部门目前运用的都是层次一、层次二的评价。层次二侧重评价管理职责的绩效，层次三则是在层次一、层次二的基础上与可持续发展目标相关联的综合成效评价。

（四）基本评价工具

《指南》的基本评价工具是一个可用于不同空间尺度、范围的区域规划到城市开发项目的评价框架（表 8.1）。

表 8.1　《指南》中的基本评价框架

主题	参考/序号①	政策/目标②	目标/具体目标③	监测指标④	数据⑤	得分⑥
场所——设计+人						
健康+福祉						
环境——保护+改善						
气候变化						
家庭+社区						
经济+市镇中心						
出行活动						
过程和参与						

表中内容注释：

① 例如 1.1

② 明确与八个主题相关的政策或者监测的目标。这个资料来自法定规划及其政策，或者其他的不同层级战略或总体规划。

③ 清楚界定规划或者政策的具体目标。

④ 基于可获得的监测资料，确定合理的地方绩效评价指标体系，这些指标体系须和追溯的政策或目标主题直接关联。

⑤ 输入评价指标的数据，从评价的"基准线"开始，有可能会追溯到间隔 1、2 年或者 5 年的数据。这个数据库包括所获得的不同数据资源的记录。

⑥ 对于目标或具体目标检测指标进行数据测评。汇总不同主题的得分，用不同的可视化表格或图呈现（参见后文评价结果的可视化表达）。

（五）评价步骤

评价影响的过程可以分为五个步骤（图 8.5），每一个步骤的主要内容、方法和要求详见表 8.2。

图 8.5　评价影响的五个步骤

表 8.2　评价影响的五个步骤的具体内容

步骤1：范围界定
（1）明确界定需要进行追溯的规划和政策，以及测评的绩效，包括缘由； （2）包括界定需要测评的空间、时间和政策范围，以及该政策处于规划周期中的哪个阶段； （3）解释本阶段测评的目的（例如政策中期审查、专题审查、基准测评、五年评估）； （4）界定清楚目前测评过程以及有关政策绩效和数据的评估反馈； （5）确定怎样才能界定测评框架中的活动和选择用于测评输出或者结果的指标； （6）阐述任何支撑《指南》使用的假设； （7）建立项目团队并商定实施测评的程序（例如不同组织和团队间的数据获取和共享问题）
步骤2：搜集数据
（1）进一步确定追溯的规划和政策——这也许是取之于特定地点、区位、特定区域到战略或部门的间接影响（例如健康和福祉）； （2）将选定的政策与评价的八个主题逐一对应； （3）从可以获得的数据资料中确定追溯影响的指标； （4）与影响相关的可获得的数据应当是规划的直接或间接作用所致； （5）将所有检测规划方案、政策、政策目标、具体指标的相关数据来源进行汇总
步骤3：诊断评估
（1）测评数据趋势，获得总体绩效随时间变化的趋势； （2）运用定性评价方式支撑测评结果，包括通过团队访谈方式了解评估运用情况和局限性； （3）明确和理解政策在运用决策（例如规划申请和申诉）中的有效性； （4）找出数据和测评知识方面的任何差距，这些可以影响到未来数据和绩效提升
步骤4：测评影响
（1）评价并给绩效打分，包括进行内部或外部的团队测评打分； （2）评分和测评有多种形式，包括内部测评、外部测评和团队测评。为避免偏见应该采取平衡和客观的态度，以确保对结果的测评更加真实； （3）对于绩效目标值/政策成效、目标实现情况进行1—5分的赋值； （4）在同一目标主题下进行分数汇总和可视化呈现； （5）在最终的汇总得分之前考虑到具有不同战略重要性的不同政策的权重
步骤5：总结、解决和应用
（1）对规划方案、战略、政策的周期性绩效情况进行利弊分析； （2）反思政策和更高层次（例如国家和区域层面的战略和目标是否一致）； （3）评估政策的绩效与结果，以及政策是否起作用； （4）根据分析结果对战略/政策/规划目标进行必要的修订； （5）更新评价指标和测评过程，包括额外需要搜集的数据； （6）鉴别和分享所有测评过程中的经验教训； （7）将经验教训应用于下一个周期的绩效测评

（六）评价打分与结果的可视化

由于影响评价涉及的是八个不同主题领域的政策和规划，基于《指南》建构的八个评价主题、要素与可持续发展目标的关联性（表8.3），为提高可操作性，设定具有可比性的计分方式便于比较和分析，《指南》设立五个评分级别，每个级别都有评价绩效的基准和建议措施（表8.4）。

表8.3　八个评价主题与联合国17个可持续发展目标的对应关系

评价主题	对应的可持续发展目标（SDGs）
场所——设计+人	1. 消除贫穷；2. 消除饥饿；3. 健康的生活方式，促进各年龄段人群的福祉；9. 建设有风险抵御能力的基础设施，促进包容的可持续工业，并推动创新；11. 可持续城市和社区；12. 可持续消费和生产模式；15. 保护、恢复和促进可持续利用陆地生态系统；16. 和平、正义与强大的机构
健康+福祉	
环境——保护+改善	3. 健康的生活方式，促进各年龄段人群的福祉；6. 清洁饮水和卫生设施；7. 可负担清洁能源；11. 可持续城市和社区；13. 应对气候变化和影响的行动；14. 保护与可持续利用水生物系统；15. 保护、恢复和促进可持续利用陆地生态系统
气候变化	
家庭+社区	3. 健康的生活方式、促进各年龄段人群的福祉；4. 确保包容、公平可支付的优质教育，促进全民享有终身学习机会；5. 实现性别平等；8. 促进持久、包容、可持续的经济增长，实现充分和生产性就业，人人有体面工作；9. 建设有风险抵御能力的基础设施，促进包容的可持续工业，并推动创新；10. 减少国家内部和国家之间的不平等和差距；11. 可持续城市和社区
经济+市镇中心	
出行活动	
过程和参与	5. 实现性别平等；10. 减少国家内部和国家之间的不平等和差距；16. 和平、正义与强大的机构；17. 促进基于目标实现的伙伴关系

表8.4　结果或影响评分表与对应措施

得分	性能基准测评	建议措施
5	进展优异	与他人分享经验
4	进展良好	可以考虑提高政策目标（更高的期望）
3	进展一般	开展测评并重点改善政策的执行，提出更高的期望
2	进展缓慢	开展测评并重点改善政策的执行，提出更高的期望
1	没有取得进展	立即开展测评并重审政策及其执行情况

评价结果的可视化表达与通俗易懂是《指南》的一个重要特点。一方面，八个评价主题采用不同的色彩予以区别；另一方面，对于评价结果运用从红色到绿色的变化凸显从劣至优。《指南》作为一种实用的"工具"，是用来揭示和改进规划结果或影响的重要手段，因此，对于所有的规划实施过程的利益相关者而言，评价的结论以及随后的反馈性措施至关重要。为了便于利益相关者理解、参与讨论和分析，《指南》采用了线性平衡表（图8.6）和雷达饼图（图8.7）两种可视化途径，展现八个评价主题类别的得分汇总结果。总体结果一目了然，通过色彩①的变化就能迅速识别那些需要进行改进

---

① 本书图为黑白。

的主题类别和政策领域。这为进一步深层次分析和改进提供了明确而重要的指引。

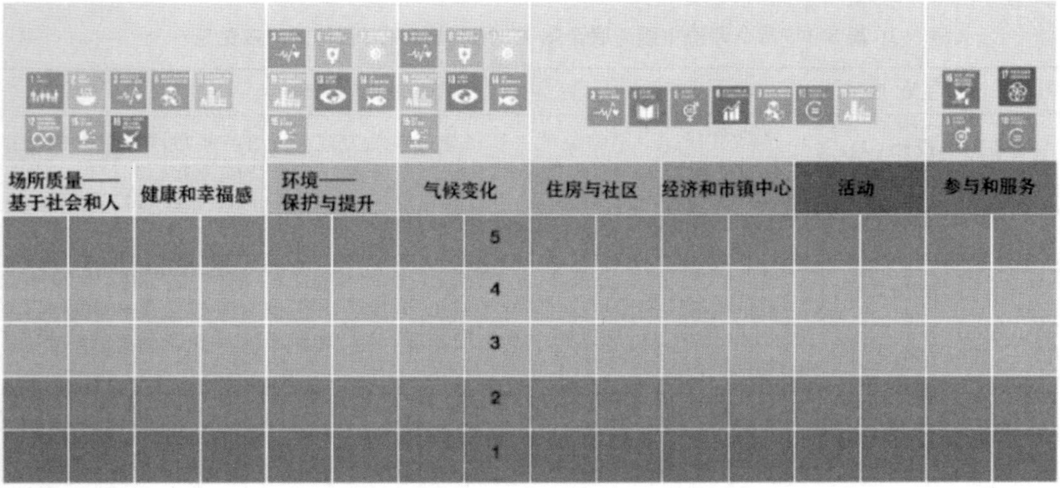

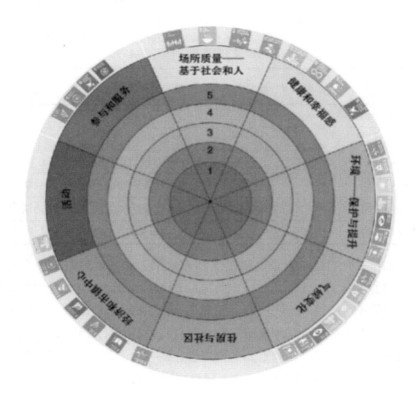

场所质量——基于社会和人
健康和幸福感
环境——保护与提升
气候变化
住房与社区
经济和市镇中心
活动
参与和服务
5
4
3
2
1

图 8.6　线性平衡表

场所质量——基于社会和人
健康和幸福感
环境——保护与提升
气候变化
住房与社区
经济和市镇中心
活动
参与和服务
5
4
3
2
1

图 8.7　雷达饼图

圆形雷达饼图从外部到内部，线性平衡表自上而下，代表了自“优”至“劣”的评价结果。

（七）评估结果分析和反馈闭环

《指南》的目的是建构监测、评价、应用、学习的周期性循环改进机制（图 8.8，表 8.5）。为了追溯深层次的关联因素，最后的"总结、解决和应用"环节非常重要。主要途径是通过对核心问题（图 8.9）的回答与测评，进行规划和目标之间的一致性分析，从而不断追溯相关联的影响要素，形成措施，促进系统改进。

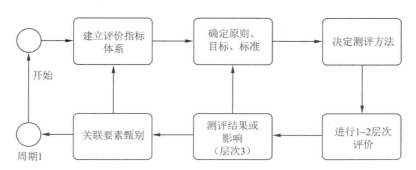

图 8.8　《指南》周期循环评价程序

表 8.5　一个评价周期的基本程序指引

（1）审查测评
是否正监测输入、活动和产出？开发结果是否得到检测？是否检测了地区影响（质量和价值）？ 得分是否与地方/地区/国家计划和国家规划的期望结果高度吻合？ 是否在需要的地方建立了关键绩效指标、SMART① 目标或其他指标？
（2）解决出现的问题
输入——需要捕获哪些数据才能进行有效监测？ 活动和产出——需要捕获哪些数据才能进行有效监测？ 结果——需要捕获哪些数据才能进行有效监测？ 影响——需要捕获哪些数据才能进行有效监测？ 在政策领域上需要制定哪些政策才能与地方、地区、国家计划和国家结果更紧密地契合？
（3）实施措施
政策制定与地方、地区、国家计划和国家目标性结果相一致。 制定可以测度与衡量的目标、指标系统。 确定要开始监测的现有数据。 确定未来的数据要求。
这样就完成了一个周期的反馈循环，并进入下一监测周期。

---

① SMART——Specific（具体的），Measurable（可度量的），Achievable（可获得的），Realistic（真实的），and Timely（及时的）。

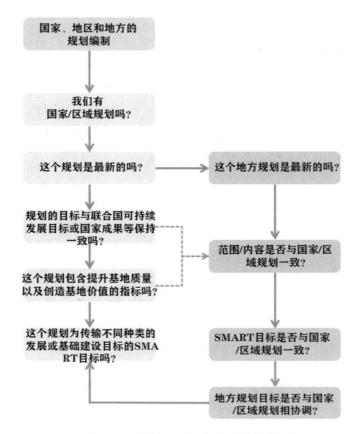

图 8.9　调整和设定目标的评价指引

（八）《指南》的特点及对我国规划实施评估的启示

　　该《指南》实质是对结果和影响进行评价的一个框架，可以用于不同国家、不同领域的政策以及不同空间尺度规划的评价。同时，可用于规划全生命周期评价。广泛的适用性、应用的全过程与周期性、结果的可视性与通俗易懂可以说是该《指南》的主要特点。

　　首先，在规划开始阶段，该《指南》可用作规划准备过程的一个反思性分析工具，即通过对规划实施结果的评估，揭示该规划在其生命周期中所产生的影响，作为更新规划和制定政策的重要借鉴。其次，可用于绩效测评，包括诊断、评估和实施过程的周期性结果监控，以便为调整和完善城市新建或更新的管理决策提供基础性证据。再次，可用于规划实施过程规划方案或政策的评价，以便调整和完善规划和政策；最后，作为一个实用性工具，可用来全面评价有关申诉制度、政策与规划决策结果所产生的影响。为保证规划决策与国家、地方政策一致，提供公开透明的评判与监督途径。

　　该《指南》的另外一个特点和贡献就是将规划结果和影响的评价与八个主题的多层级目标体系进行关联。明确国家可持续发展的战略要求和地方绩效基准，根据战略、规划或政策目标，设定了简便可操作、可比、可视化的打分方法，了解什么主题下哪些方面起作用了，哪些没有起作用，确定可能的原因和关联要素，以及今后需要改进的地方，促进了地方规划成效的提高。另外，还促进了跨政策部门、不同评价主题内容的整合，提高了地方层面规划结果和影响的公开透明度，促进了不同利益相关者之间的信息共享，为可持续发展提供了重要的管理和决策建议。

我国 2019 年城镇化率突破 60%。基于我国国情，大中城市的更新发展和乡村振兴成为我国城乡规划和建设发展的核心内容。同年，《中共中央、国务院关于建立国土空间规划体系并监督实施的若干意见》明确要建立国土空间规划体系，建立"多规合一"的规划编制审批体系、实施监督体系、法规政策体系和技术标准体系。规划实施涉及更加多元的政府和非政府主体，规划成效问题也更加复杂，并受多因素的影响。城市更新、乡村振兴的规划实施结果和影响问题更加显著和重要。"绿水青山就是金山银山""乡愁""提升人居环境品质"等重要的发展理念，本质上就是对城乡建设结果和影响的关注。

城乡规划实施评估是我国规划实践的法定要求。自然资源部 2021 年最新推出的《国土空间规划城市体检评估规程》（以下简称《规程》）明确了一年一体检、五年一评估的要求。评价由安全、创新、协调、绿色、开放、共享 6 大主题 18 个要素 68 个指标系统构成。（表 8.6）其内容全面，基本思路是针对资源环境保护利用、社会经济发展和空间建设等各项规划目标实现度的"符合性"评价，实质上属于规划的输入与输出结果之间一致性评价。值得一提的是与原先的《城市总体规划实施评估办法（试行）》比较，新版的城市体检评估规程明确了"坚持目标导向、坚持问题导向、注重可操作性、注重全过程应用"的要求，并明确将"年度规划实施社会满意度评价报告"作为成果之一。由此可见，规划实施结果和影响已经成为我国规划实施成效评判的重要内容。

表 8.6　现行国土空间规划城市体检评估中的评价主题和要素

评价主题	评价要素
安全	底线控制、粮食安全、水安全、防灾减灾与城市韧性
创新	创新投入产出、创新环境
协调	城乡融合、陆海统筹、地上地下统筹
绿色	生态保护、绿色生产、绿色生活
开放	网络联通、对外交往、对外贸易
共享	宜居、宜养、宜业

但是，如何"注重全过程应用"？如何将影响社会满意度的各方面因素、各相关部门和过程中问题揭示出来？如何将规划实施的结果和影响与可持续、绿色"双碳"目

标的实现及其有效或不利因素挖掘出来？比较英国 RTPI《指南》的基本思路与方法论，可以得出以下启示和重要借鉴：

首先，《指南》的八项评价主题明确，且和联合国可持续发展目标逐一对应，其特点和极具价值之处是强调指标的确定不仅包含国家、区域、地方的各层级、各方面目标要求，还将规划实施全过程的直接输出（规划编制、规划许可等）、规划结果（开发建设）以及规划的直接和间接影响的三个层次的要素都纳入评价，构建"目标—产出—结果—影响"全过程关联要素的评价思路和模型。如果仅仅评价规划实施的"产出"结果（前文的第一、二层次评价），而不去测评和追溯结果及其影响的关联要素（第三层次评价），那么规划成效评价的作用和意义则难以全面体现。

其次，《指南》具有应用的广泛适用性，适用于不同国情、不同组织机构、不同规模、不同类型的规划实施评估。由于《指南》将八个主题和联合国可持续发展的目标相关联，提供的是一个设立了全面评价的模型，各国家或者组织机构都可以根据这样的评价框架，结合各自国情和发展目标要求，建构不同的评价指标体系，以便用于不同区域、规模，甚至具体项目的实施成效评价，以达到提升成效的目的。

最后，比较《指南》和《规程》的评价要素与内涵，《指南》将"过程与参与"（关联可持续发展目标有：5. 实现性别平等；10. 减少国家内部和国家之间的不平等和差距；16. 和平、正义与强大的机构；17. 促进基于目标实现的伙伴关系）作为八大评价主题之一。在我国《规程》中，并没有明确有关"过程与参与"的评价要求。过程是连接目标与实现结果的核心环节。对于过程的关注、评价和全面强化，正是我国规划实施成效提升的关键所在。

评价规划成效的关键是考量规划结果及所产生的社会、经济、环境影响是否有利于、是否有助于社区环境品质提升和促进城乡可持续发展。英国 RTPI《指南》虽然还存在需要不断完善的方面，但是，作为规划结果或影响的动态监测与周期循环改进的全过程评价工具，对于优化我国国土空间规划体系、提高城乡规划实施成效具有重要的借鉴价值。

附　图

联合国可持续发展目标和英国有关目标框架

附图 1　联合国可持续发展的 17 项目标

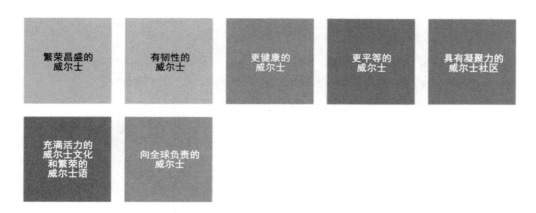

附图 2　威尔士的幸福目标框架

附图 3　爱尔兰国家战略目标框架

附图 4　苏格兰的国家绩效目标框架

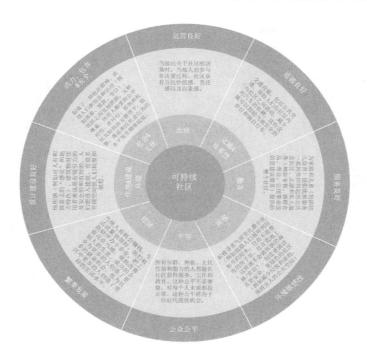

附图5　叶轮英国可持续社区评价（Egan-Wheel）

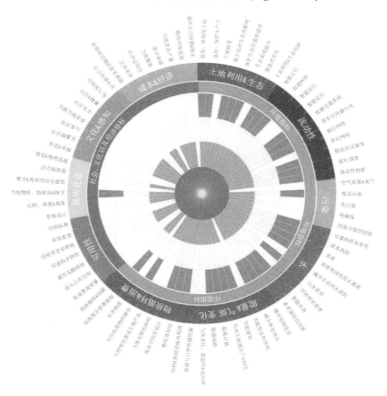

附图6　SuBETool（Sustainable Built Environment SuBETool Framework）——可持续的建设环境工具

附图 7   英国皇家建筑学会（RIBA）可持续建筑评价

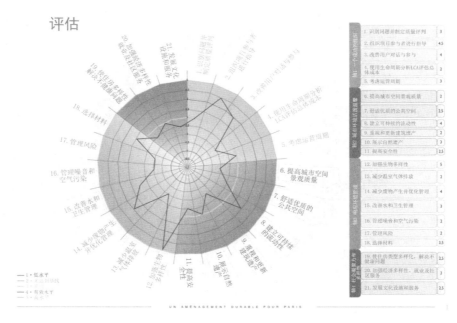

附图 8   城市场所可持续性评价工具（法国）

说明：附图 5 至附图 8 为英、法等国有关可持续社区的评价工具

参考文献

［1］ Susan S. Fainstein,James DeFilippis. Readings in Planning Theory［M］.Fourth Edition,WILEYBlackwell,2016.

［2］ Friedmann,J. Planning in the Public Domain from Knowledge to Action［M］.Princeton:Princeton University Press,1987.

［3］ Desmond F. Moore. Principles and Applications of Tribology,A volume in Pergamon International Library of Science,Technology,Engineering and Social Studies:International Series in Materials Science and Technology［M］.Pergamon,1975.

［4］ Moor,T. Why Allow Planners to Do What They Do? A Justification from Economic Theory［J］.Journal of the American Institute of Planners,1978,44(04):387-398.

［5］ Rittel,H.,Webber,M. Dilemmas in a General Theory of Planning［J］. Policy Sciences,1973,4(02):155-169.

［6］ Allmendinger,P. Planning in Post Modern Times［M］. New York:Taylor & Franci,2001.

［7］ Christensen,K.S. Coping with Uncertainty in Planning［J］.American Planning Association Journal,1985,51(01):63-73.

［8］ Faludi,A. A Reader in Planning Theory［M］.Oxford:Pergamon Press,1973.

［9］ Mingers,J.,Rosenhead,J. Rational Analysis for aProblematic World Revisited:Problem Structuring Methods for Complexity,Uncertainty and Conflict［M］.2nd ed. Hoboken:Wiley,2001.

［10］ Faludi,A. Decision-centred View of Environmental Planning［M］.Oxford:Pergamon Press,1987:20.

［11］ Mastop,J.,Faludi,A. Evaluation of Strategic Plans:the Performance Principle［J］. Environment and Planning B:Planning and Design,1997,24(06):815-832.

［12］ Lange,M.,Mastop,H.,Spit,T. The Performance of National Policies［J］.Environmental and Planning B:Planning and Design,1997,24(06):845-858.

［13］ Van Damme,L.,Galle,M.,Pen-Soetermeer,M.,et al. Improving the Performance of Local Land-Use Plans［J］.Environment and planning B:Planning and design,1997,24(06):833-844.

［14］Needham, D., Zwanikken, T., Faludi, A. A Strategies for Improving the Performance of Planning: Some Empirical Research[J]. Environment and Planning B: Planning and Design, 1997, 24(06): 871-880.

［15］Taylor, N. Urban Planning Theory since 1945[M]. London: SAGE Publications, 1998.

［16］刘昆轶, 柏巍. 城市规划理论演进的思想溯源[J]. 上海城市规划, 2008 (01): 9-14.

［17］Yiftachel, O. Towards a New Typology of Urban Planning Theories[J]. Environment and Planning B: Planning and Design, 1989, 16(01): 23-39.

［18］Healey, P., Mcdougall, G., Thomas, M. Planning Theory: Prospects for the 1990s [M]. Oxford: Pergamon, 1991.

［19］王丰龙, 刘云刚, 陈倩敏, 等. 范式沉浮: 百年来西方城市规划理论体系的建构[J]. 国际城市规划, 2012, 27 (01): 75-83.

［20］李强, 张鲸. 理性与西方城市规划理论[J]. 城市发展研究, 2019, 26 (04): 17-24.

［21］曹康, 王晖. 从工具理性到交往理性: 现代城市规划思想内核与理论的变迁 [J]. 城市规划, 2009, 33 (09): 44-51.

［22］何明俊. 西方城市规划理论范式的转换及对中国的启示[J]. 城市规划, 2008 (02): 71-77.

［23］仇保兴. 19 世纪以来西方城市规划理论演变的六次转折[J]. 规划师, 2003 (11): 5-10.

［24］李东泉. 从公共政策视角看 1960 年代以来西方规划理论的演进[J]. 城市发展研究, 2013, 20 (06): 36-42.

［25］尼格尔·泰勒. 1945 年后西方城市规划理论的流变[M]. 北京: 中国建筑工业出版社, 2006.

［26］McLoughlin, J.B. Urban and Regional Planning: A Systems Approach[M]. London: Faber, 1969.

［27］Long, N.E. Planning and Politics in Urban Development[J]. Journal of the American Planning Association, 1959, 25(4): 117-169.

［28］Davidoff, P. Advocacy and Pluralism in Planning[J]. Journal of the American Institute of Planners, 1965, 31(04): 331-338.

［29］Habermas, J. Communication and the Evolution of Society[M]. Cambridge: Polity Press, 1991.

［30］Healey, P. Collaborative Planning in a Stakeholder Society[J]. The Town Planning Review, 1998, 9(01): 1-21.

[31] Innes, J. E. Information in Communicative Planning [J]. Journal of the American Planning Association, 1998, 64(01): 52-63.

[32] Fainstein, S.S. Planning Theory and the City [J]. Journal of Planning Education and Research, 2005, 25(02): 121-130.

[33] Forester, J. Planning In the Face of Conflict: Negotiation and Mediation Strategies in local Land Use Regulation [J]. Journal of the American Planning Association, 1987, 53(03): 303-314.

[34] Faludi, A. Patterns of Doctrinal Development [J]. Journal of Planning Education and Research, 1999, 18(04): 333-344.

[35] 史舸，吴志强，孙雅楠. 城市规划理论类型划分的研究综述 [J]. 国际城市规划，2009，23（01）：48-55.

[36] 本奈沃洛. 西方现代建筑史 [M]. 天津：天津科学技术出版社，1996：57.

[37] 马克思，恩格斯. 马克思恩格斯选集（第四卷）[M]. 北京：人民出版社，1972：109.

[38] 约翰·R. 拉瓦蒂. 城市革命 [M] // 北京市社会科学研究所城市研究室. 国外城市科学文选. 贵州：贵州人民出版社，1984：36.

[39] 罗小未. 外国近现代建筑史 [M]. 北京：中国建筑工业出版社，2004：2.

[40] 孙施文. 现代城市规划理论 [M]. 北京：中国建筑工业出版社，2007：70-178.

[41] 中国大百科全书总编辑委员会. 中国大百科全书：建筑、园林、城市规划 [M]. 北京：中国大百科全书出版社，1988.

[42] 查尔斯·狄更斯. 艰难时世 [M]. 上海：上海译文出版社，1978：96.

[43] 埃比尼泽·霍华德. 明日的田园城市 [M]. 北京：商务印书馆，2000：18.

[44] 帕特里克·格迪斯. 进化中的城市：城市规划与城市研究导论 [M]. 李浩，吴骏莲，叶冬青等译. 北京：中国建筑工业出版社，2012.

[45] 曼弗雷多·塔夫里，弗朗切斯科·达尔科. 现代建筑 [M]. 北京：中国建筑工业出版社，2000：69.

[46] 沈玉麟. 外国城市建设史 [M]. 北京：中国建筑工业出版社，1989：170-171.

[47] 张京祥. 西方城市规划思想史纲 [M]. 南京：东南大学出版社，2005：112-128.

[48] 叶锦远. 国外城市空间结构理论简介 [J]. 外国经济与管理，1985（06）：22-24.

[49] 张舒. 西方城市地域结构理论的评介 [J]. 辽宁大学学报（哲学社会科学版），2001，（05）：84-88.

[50] 尼格尔·泰勒. 1945 年后西方城市规划理论的流变 [M]. 北京：中国建筑工业出版社，2006：61.

[51] 罗伯塔·E. 勒纳，斯坦迪什·米查姆，爱德华·麦克纳尔·伯恩斯. 西方文

明史［M］．北京：中国青年出版社，2003．

［52］Massey，D．International Migration and Economic Development［M］．Chicago：Population Research Center，University of Chicago，1982．

［53］Bluestone B，Harrison B．The Deindustrialization of America：Plant Closings，Community Abandonment and the Dismantling of Basic Industry［M］．New York：Basic Books，1982．

［54］曼纽尔·卡斯泰尔．信息化城市［M］．南京：江苏人民出版社，2001．

［55］阿尔德伯特，德尼兹·加亚尔，贝尔纳代特·德尚．欧洲史［M］．海口：海南出版社，2014．

［56］Hall，Peter．and Jones，M．Urban and Regional Planning［M］．London：Routledge，2002．

［57］李淑珍．当代世界经济与政治［M］．北京：北京大学出版社，2003．

［58］Grenville，J．A History of the World in the Twentieth Century［M］．Cambridge：Belknap Press，2000．

［59］费菁，傅刚．波普艺术和建筑［J］．世界建筑，2001（09）：83-85．

［60］方澜，于涛方，钱欣．战后西方城市规划理论的流变［J］．城市问题，2002（01）：10-13．

［61］顾朝林．城市社会学［M］．南京：东南大学出版社，2002．

［62］唐子来．西方城市空间结构研究的理论和方法［J］．城市规划汇刊，1997（06）：1-11．

［63］Alonso，W．Location and Land Use：Toward a General Theory of Land Rent［M］．Cambridge：Harvard University Press，London：Oxford University Press，1964．

［64］Massey，D．Social Structure，Household Strategies，and the Cumulative Causation of Migration［J］，Popul Index．1990；56(1)：3-26．

［65］Gray，F．Non-Explanation in Urban Geography［M］．London：The Royal Geographical Society(with the Institute of British Geographers)，1975，7(04)：228-235．

［66］Jacobs，J．The death and life of great American cities［M］．New York：Vintage Books，1961．

［67］方可，章岩．《美国大城市生与死》之魅力缘何经久不衰？：从一个侧面看美国战后城市更新的发展与演变［J］．国外城市规划，1999（04）：26-29．

［68］俞孔坚．高悬在城市上空的明镜：再读《美国大城市的死与生》［J］．北京规划建设，2006（03）：97-98．

［69］方可．简·雅各布斯关于城市多样性的思想及其对旧城改造的启示：简·雅各布斯《美国大城市的生与死》读后［J］．国外城市规划，1998（01）：49-52．

［70］Cullingworth，J．，Caves，R．Planning in the USA：policies，issues and processes［M］．3rd ed．London：Routledge，2009．

［71］周勤．城市的生命力和城市规划科学：读《美国大城市的死与生》［J］．世界建筑，1987（05）：66-69.

［72］Roger, M. Is There Still Life in The Death and Life？［J］.Journal of the American Planning Association,1998.

［73］刘国新，王君华．近现代西方城市规划理论综述［J］．特区经济，2006（05）：343-344.

［74］张捷，赵民．新城规划的理论与实践：田园城市思想的百年演绎［M］．北京：中国建筑工业出版社，2005：309.

［75］万强，钟栎娜．西方城市设计与社会思潮的相互呼应［J］．规划师，2007（01）：87-89.

［76］Hall, P. The Containment of Urban England［M］. London：George Allen and Unwin,1973.

［77］王凯，陈明．从西方规划理论看我国城市规划理论的转型与发展［J］．南方建筑，2016（05）：19-22.

［78］陈育霞．诺伯格-舒尔茨的"场所和场所精神"理论及其批判［J］．长安大学学报（建筑与环境科学版），2003（04）：30-33.

［79］邓波，罗丽，杨宁．诺伯格-舒尔茨的建筑现象学述评［J］．科学技术与辩证法，2009，26（02）：54-59.

［80］郭红莫鑫．诺伯格-舒尔茨的场所理论评析［J］．四川建筑，2004（05）：15-16.

［81］李梦一欣．概念现象诠释凯文·林奇《城市意象》中的思维与概念［J］．风景园林，2011（02）：116-118.

［82］汪原．凯文·林奇《城市意象》之批判［J］．新建筑，2003（03）：70-73.

［83］顾朝林，宋国臣．城市意象研究及其在城市规划中的应用［J］．城市规划，2001（03）：70-73.

［84］毛自斐，岳斌．可意象的城市：读凯文·林奇《城市意象》后的思考［J］．美与时代（城市版），2020（03）：128-129.

［85］Lynch, K. Good City Form［M］.Cambridge, Mass：MIT Press,1960.

［86］张乐，魏巍．凯文·林奇生平及其思想［J］．山西建筑，2008（34）：65-66.

［87］李哲，肖蓉．且留精神筑家园：兼论《设计结合自然》及麦克哈格［J］．建筑与文化，2010（09）：39-41.

［88］杨滨章，赵春丽.关于"设计结合自然"的几点思考［C］∥陈植造园思想国际研讨会暨园林规划设计理论与实践博士生论坛. 2009.

［89］伊恩·伦诺克斯·麦克哈格．设计结合自然［M］．天津：天津大学出版社，2006.

［90］ Alexander,J. Modern, Anti, Post, Neo［J］. New Left review, 1995, 210（210）：63-101.

［91］ 查尔斯·詹克斯. 后现代建筑的语言［M］. 北京：中国建筑工业出版社，1986.

［92］ Harper,T., Stein, S. Out of the Postmodern Abyss：Preserving the Rationale for Liberal Planning［J］.Journal of Planning Education & Research,1995,14（04）:233-244.

［93］ Habermas, J. The Theory of Communicative Action ［M］. Cambridge：Polity Press,1989.

［94］ Innes,J E. Planning Theory's Emerging Paradigm：Communicative Action and Interactive Practice［J］.Journal of Planning Education & Research,1992,14（03）:183-189.

［95］ Waldheim,C. The Landscape Urbanism Reader［M］.New York：Princeton Architectural Press,2006.

［96］ Corner,J. "Landscape as Urbanism",in The Landscape Urbanism Reader［M］.New York：Princeton Architectural Press,2006.

［97］ Healey,P. Relational Complexity and the Imaginative Power of Strategic Spatial Planning［J］.European planning studies,2006,14（04）:525-546.

［98］ Viner,J. Full Employment at Whatever Cost ［J］. The Quarterly Journal of Economics,1950, 64（03）:385-407.

［99］ 曼纽尔·卡斯特尔. 网络社会的崛起 ［M］. 北京：社会科学文献出版社，2000.

［100］迈克尔·巴蒂. 新城市科学 ［M］. 北京：中信出版集团、中信出版社，2019.

［101］ Hillier,B., Hanson.J. The Social Logic of Space［M］.Cambridge：Cambridge University Press,1984.

［102］ Chase,J.,Crawford, M., Kaliski, J. Everyday Urbanism［M］.New York：Monacelli Press,2008.

［103］ Lefebvre,H. Critique of Everyday Life：The One-Volume Edition［M］. London：Verso Press,2014.

［104］ Debord,G. La socie'te' du spectacle［M］.Paris：Gallimard,1996.

［105］ Certeau,M. The Practice of Everyday Life［M］.Berkeley：University of California Press,1984.

［106］ Finn,D. DIY Urbanism：Implications for Cities［J］.Journal of urbanism, 2014, 7（04）:381-398.

［107］ Lydon,M., Garcia, A.Tactical Urbanism：Short-term Action for Long-term Change［M］.Washington,DC：Island Press,2015.

［108］Fredericks，J.，Hespanhol，L.，Parker，C.，et al. Blending Pop-Up Urbanism and Participatory Technologies：Challenges and Opportunities for Inclusive City Making［J］.City，Culture and Society，2018，12：44-53.

［109］Hou，J. Insurgent Public Space：Guerrilla Urbanism and the Remaking of Contemporary Cities［M］.London：Routledge，2010.

［110］Madanipour，A. Temporary Use of Space：Urban Processes between Flexibility，Opportunity and Precarity［J］.Urban Studies（Edinburgh，Scotland），2018，55（05）：1093-1110.

［111］Bibri，S.，Krogstie，J. Smart Sustainable Cities of the Future：An Extensive Interdisciplinary Literature Review［J］.Sustainable Cities and Society，2017，31：183-212.

［112］Angelidou，M. Smart Cities：A Conjuncture of Four Forces［J］.Cities，2015，47：95-106.

［113］Giffinger，R.，Gudrun，H. Smart Cities Ranking：An Effective Instrument for the Positioning of the Cities？［J］.Architecture City and Environment，2010，4（12）：7-26.

［114］Nam，T.，Pardo，T.A. Conceptualizing Smart City with Dimensions of Technology，People，and Institutions［C］.International Digital Government Research Conference：Digital Government Innovation in Challenging Times，2012.

［115］Caragliu，A.，Del，Bo C. Nijkamp P. Smart Cities in Europe［J］.Journal of Urban Technology，2011，18（02）：65-82.

［116］Kummitha，R.，Crutzen，N. How do We Understand Smart Cities？ An Evolutionary Perspective［J］.Cities，2017，67：43-52.

［117］Smart Nation and Digital Government Office，Smart Nation：The Way Forward［Z］.2018.

［118］Costa，F.，Newman，P.，Thornley，A.Urban Planning in Europe：International Competition，National Systems and Planning Projects［J］.Journal of economic dynamics and control，1998，30（03）：559-560.

［119］于立. 中国城市规划管理的改革方向与目标探索［J］. 城市规划学刊，2005（06）：64-68.

［120］Arnold，Van der Valk . The Dutch Planning Experience［J］.Landscape and Urban Planning，2002，58（02）：201-210.

［121］乔艺波，罗震东. 从空间规划到环境规划：荷兰空间规划体系中规划权划分的流变.［J］. 国际城市规划，2022，37（5）：49-53.

［122］周静，沈迟. 荷兰空间规划体系的改革及启示［J］. 国际城市规划，2017，32（03）：113-121.

［123］周静，胡天新，顾永涛. 荷兰国家空间规划体系的构建及横纵协调机制［J］. 规划师，2017，33（02）：35-41.

［124］崔悦，吴婧．荷兰《环境与规划法》改革方向及其政策启示［J］．中国环境管理，2021，13（04）：78-83.

［125］田青．国外空间规划决策管理体系对我国空间规划改革的启示［J］．城市建筑，2019，16（06）：196-198.

［126］牛赓，翟国方，朱碧瑶．荷兰的空间规划管理体系及其启示［J］．现代城市研究，2018（05）：39-44.

［127］张书海，冯长春，刘长青．荷兰空间规划体系及其新动向［J］．国际城市规划，2014，29（05）：89-94.

［128］蔡玉梅，高延利，张丽佳．荷兰空间规划体系的演变及启示［J］．中国土地，2017（08）：33-35.

［129］Buchanan，C. Traffic in Towns：A Study of the Long Term Problems of Traffic in Urban Areas/Reports of the Steering Group and Working Group appointed by the Minister of Transport London：HMSO［Z］.1963.

［130］孙施文．英国城市规划近年来的发展动态［J］．国外城市规划，2005（06）：11-15.

［131］英国政府．Planning and Compulsory Purchase Act（英国规划与强制购买法）. London：HOSO［Z］.2004.

［132］于立．国外规划体系改革引发的思考［J］．城市规划，2003（06）：90-92.

［133］肖莹光，赵民．英国城市规划许可制度及其借鉴［J］．国外城市规划，2005（04）：49-51.

［134］周姝天，翟国方，施益军．英国空间规划的指标监测框架与启示［J］．国际城市规划，2018，33（05）：126-131.

［135］于立，曹曦东．英格兰空间规划改革后的体系及启示［J］．开发研究，2020（04）：5-10.

［136］Roodbol-Mekkes，P，，van den Brink，A. Rescaling Spatial Planning：Spatial Planning Reforms in Denmark，England，and the Netherlands［J］.Environment and Planning C：government and policy,2015,33(01):184-198.

［137］Boddy，M.，Hickman，H. Between a Rock and a Hard Place：Planning Reform，Localism and the Role of the Planning Inspectorate in England［J］.Planning Theory & Practice，2018,19(02):198-217.

［138］姚瑞，于立，陈春．简化规划程序，启动"邻里规划"：英格兰空间规划体系改革的经验与教训［J］．国际城市规划，2020，35（05）：106-113.

［139］韩胜发，韩会东．英国国家规划政策框架的经验与启示：2020/2021 中国城市规划年会暨 2021 中国城市规划学术季［C］，中国四川成都，2021.

［140］Vigar，G. Planning Governance and Spatial Strategy in Britain：An Institutionalist

Analysis[M].Basingstoke:Macmillan,2000.

［141］李经纬，田莉．价值取向与制度变迁下英国规划法律体系的演进、特征和启示［J］．国际城市规划，2022，37（02）：97-103.

［142］贾宁，于立，陈春．英国空间规划体系改革及其对乡村发展与规划的影响［J］．上海城市规划，2019（04）：85-90.

［143］于立，陈春，姜涛．空间规划的困境、变革与思考［J］．城市规划，2020，44（06）：15-21.

［144］ROYAL TOWN PLANNING INSTITUTE. A New Vision for Planning：Delivering Sustainable Communities，Settlements and Places——Mediating Space，Creating Place[Z].London：RTPI,2000.

［145］Healey,P. The Treatment of Space and Place in the New Strategic Spatial Planning in Europe[J].International journal of urban and regional research,2004,28(01):45-67.

［146］Roodbol-Mekkes, P., van den Brink, A. Rescaling Spatial Planning：Spatial Planning Reforms in Denmark，England，and the Netherlands[J].Environment and Planning C：government and policy,2015,33(01):184-198.

［147］Boddy,M.，Hickman,H. Between a Rock and a Hard Place：Planning Reform，Localism and the ole of the Planning Inspectorate in England[J].Planning Theory & Practice,2018,19(02):198-217.

［148］于立，姚瑞，曹曦东，等．区域规划的必要性与困境：从英格兰废止"区域空间战略"所引发的思考［J］．城市发展研究，2021，28（04）：14-21.

［149］周姝天，翟国方，施益军．英国空间规划经验及其对我国的启示［J］．国际城市规划，2017，32（04）：82-89.

［150］Reimer M,Getimis P,Blotevogel H. Spatial Planning Systems and Practices in Europe：A Comparative Perspective on Continuity and Changes[M].London：Routledge,2014.

［151］Rheistern M. International Encyclopedia of social sciences，Vol.9[M].New York：Macmillan & Free Press,1968.

［152］Thomas D, Minett J, Hopkins S, et al. Flexibility and Commitment in Planning：AComparative Study of Local Planning and Development in the Netherlands and England[M]. The Hague：Martinus Nijhoff Publisher,1983.

［153］牛霞飞，郑易平．美国政治文化的特点及其对政治制度稳定性的影响［J］．世界经济与政治论坛，2016（05）：44-64.

［154］弗朗西斯·福山，安桂芹．美国政治制度的衰败［J］．当代世界与社会主义，2014（05）：124-130.

［155］孙施文．美国的城市规划体系［J］．国外城市规划，1999（07）：43-46.

［156］孙晖，梁江．美国的城市规划法规体系［J］．国外城市规划，2000（01）：

19-25.

［157］Knaap,G.J. Using Incentives to Combat Sprawl:Maryland's Evolving Approach to Smart Growth［M］.New Hampshire,Hollis:Puritan Press Inc,2015.

［158］William,F. Will Climate Change Save Growth Management in California? In Planning for States and nation-states in the U.S. and Europe［M］.New Hampshire,Hollis:Puritan Press Inc,2015.

［159］胡若函. 探索美国地方规划制度设计的价值体系：以美国 4 个城市为例［M］.中国城市规划学会，成都市人民政府. 面向高质量发展的空间治理：2020 中国城市规划年会论文集（11 城乡治理与政策研究）.北京：中国建筑工业出版社，2021：928-937.

［160］Chen,X. Urban Planning Management System in Los Angeles:An Overview［J］.Theoretical and Empirical Researches in Urban Management,2009,4(2(11)):50-63.

［161］McLoughlin,J.B. Urban and Regional Planning:A Systems Approach［M］.London:Faber,1969.

［162］Davidoff,P.,Reiner,T."A Choice Theory of Planning",in A Reader in Planning Theory［M］.Oxford:Pergamon Press,1973.

［163］Fainstein,S. New Directions in Planning Theory［J］.Urban Affairs Review(Thousand Oaks,Calif.),2000,35(04):451-478.

［164］Stone,C.N. Regime Politic:Governing Atlanta,1946—1988［M］.Lawrence,Kan:University Press of Kansas,1989.

［165］Healey,P. Collaborative Planning:Shaping Places in Fragmented Societies［M］.Houndsmills,England:Macmillan,1997.

［166］Chien,N.Y. Institutional choices and designs in neighbourhood management and governance［Z］.Unpublished phD,Cardiff University,Cardiff,2005.

［167］周国艳. 西方新制度经济学理论在城市规划中的运用和启示［J］. 城市规划，2009，33（08）：9-17.

［168］苗金萍. 新制度经济学理论述评［J］. 甘肃科技纵横，2004（06）：104-106.

［169］道格拉斯·C. 诺思. 制度、制度变迁与经济绩效［M］. 上海：上海人民出版社，2008.

［170］North,D.C. Institutions,Institutional Change and Economic Performance［M］.Cambridge:Cambridge University Press,1990.

［171］Alexander,E.R. A Transaction-Cost Theory of Land Use Planning and Development Control［J］.Town Planning Review,2001,72(01):45-75.

［172］Alexander,E.R. To Plan or Not to Plan,That is the Question:Transaction Cost Theory and its Implications for Planning[J].Environment and Planning B:Planning and Design 1994,21(03):341-352.

[173] Alexander,E.R.Governance and Transaction Costs in Planning Systems:A Conceptual Framework for Institutional Analysis of Land-Use Planning and Development Control——The Case of Israel[J].Environment and Planning B:Planning and Design 2001,28(05):755-776.

[174] Alexander,E.R.A Transaction Cost Theory of Planning[J].Journal of the American Planning Association,1992,58(02):190-200.

[175] Alexander,E.R.,Faludi,A.Planning and Plan Implementation:Notes on Evaluation Criteria[J].Environment and Planning B:Planning and Design,1989,16(02):127-140.

[176] Chung,L.L.W. The Economics of Land-Use Zoning:A Literature Review and Analysis of the Work of Coase[J].Town Planning Review,1994,65(01):77-98.

[177] Webster,C. Analytical Public-Choice Planning Theory:A Response to Poulton[J].To Planning Review,1998,69(02):191-209.

[178] Pennington,M. Planning and the Political Market:Public Choice and the Politics of GovernmentFailure[M].London:Athlone,2000.

[179] Webster,C.,Adams,D.,Pearce,B.,et al. The New Instituional Economics and the Evolution of Modern Urban Planning:Insights,Issues and Lessons[J].Town Planning Review,2005,76(04):455-484.

[180] Lawrence Lai,Wai Chung. The Economics of Land-Use Zoning:A Literature Review and Analysis of the Work of Coase[J].Town Planning Review,1994,65(01):77-98.

[181] Webster,C.,Lai,L.W. Property Rights Planning and Markets:Managing Spontaneous Cities[M].Cheltenham:Edward Elgar,2003:6.

[182] Webster,C.J.Public Choice,Pigouvian and Coasian Planning Theory[J].Urban Studies(Edinburgh,Scotland),1998,35(01):53-75.

[183] Webster,C.,Lai,L.W. Property Rights Planning and Markets:Managing Spontaneous Cities[M].Cheltenham:Edward Elgar,2003.

[184] Diermeier,D.,Krehbiel,K. Institutionalism as a Methodology[M].New York:Stanford University,Northwestern University,2001.

[185] North,D.C. Institutions,Institutional Change and Economic Performance[M].Cambridge:Cambridge University Press,1990.

[186] Buchanan,J.M.,Tullock,G. The Calculus of Consent:Logical Foundations of Constitutional Democracy[M].Ann Arbor:University of Michigan Press,1965.

[187] Starr,P. The Meaning of Provitization[J].Yale Law and Policy Review,1988,6:6-41.

［188］ Hardin，R. Collective Action［M］.London：RFF Press，1982.

［189］ Arrow，K.J. Social Choice and Individual Values［M］.New Haven：Yale University Press，1963.

［190］ Downs，A. An Economic Theory of Democracy［M］. New York：Harper and Row，1957.

［191］ Olson，M. The Logic of Collective Action：Public Goods and the Theory of Groups［M］.Cambridge：Harvard University Press，1965.

［192］ Hindess，B. Choice，Nationality and Social Theory［M］.London：The Academic Division of Unwin Hyman Ltd，1988.

［193］ Pennington，M. Planning and the Political Market：Public Choice and the Politics of Government Failure［M］.London：Athlone Press，2000.

［194］ Coase，R. H. The Nature of the Firm［J］. Economica（London），1937，4（16）：386−405.

［195］ Harvey，L. Analytic Quality Glossary.，Quantity Research International［J］.http：//www.qualityresearchinternational.com/glossary.

［196］ Talen，E. Do Plans Get Implemented？ A Review of Evaluation in Planning［J］. Journal of planning Literature，1996（10）：248−259.

［197］ Faludi，A. The Performance of Spatial Planning［J］.Planning，practice & research，2000，15（04）：299−318.

［198］ 周国艳，陈雪明. 英国皇家城镇规划学会《测评关联要素——规划结果评价指南》介绍［J］. 国际城市规划，2022，37（06）：143−149.

［199］ Guba，E.G.，Lincoln，Y. S. Fourth generation evaluation［M］.Newbury Park，CA：Sage.1989.

［200］ Alexander，ER（ed）. Evaluation in Planning：Evolution and Prospects［M］.Aldershot，Hamps：Ashgate.2006.

［201］ F Söderbaum. TM Shaw-Theories of new regionalism［M］.New York：PalgraveMacmillan，2003.

［202］ Alexander，E. R. Rationality revisited：planning paradigms in a post-postmodernist perspective［J］.Journal of Planning Education and Research 19（3）：242−256.

［203］ Marglin，S. A. Public Investment Criteria（Routledge Revivals）：Benefit-Cost Analysis for Planned Economic Growth（1st ed.）［M］.London：Routledge.1967.

［204］ 周国艳. 西方城市规划有效性评价的理论范式及其演进［J］. 城市规划，2012（11）：58−66。

［205］ 周国艳，于立. 西方现代城市规划理论概论［M］. 南京：东南大学出版社，2010.